J. LEDAY

# Manuel

*de*

# Chimie

Rédigé conformément
aux plus récents programmes

PARIS

J. DE GIGORD, Éditeur

RUE CASSETTE, 15

—

1920

# Manuel de Chimie

# Manuel de Chimie

J. LEDAY

# Manuel

## de

# Chimie

Rédigé conformément
aux plus récents programmes

PARIS

J. DE GIGORD, Éditeur

RUE CASSETTE, 15

1920

# PROGRAMME DE CHIMIE POUR LA CLASSE DE PHILOSOPHIE

Air. — Oxygène. — Azote.
Eau pure; analyse, synthèse. Eaux potables.
Hydrogène.
Acide chlorhydrique. — Chlore.
Électrolyse du chlorure de sodium. — Sodium, soude caustique.
Ammoniaque.
Corps simples : métalloïdes, métaux. — Corps composés.
Principe de la conservation de la matière. — Lois des proportions définies. — Lois des volumes.
Symboles. — Notation atomique; formules.
Nomenclature; acides, bases et sels.
Soufre; anhydride sulfureux; acide sulfurique; hydrogène sulfuré.
Acide azotique.
Phosphore.
Carbone; combustibles naturels et artificiels; anhydride carbonique; oxyde de carbone.
Propriétés pratiques des métaux et des alliages.
Chlorure de sodium, carbonate de sodium.
Chaux, plâtre.
Fer. — Cuivre et alliages.
Argent et or; alliages monétaires.

## Chimie organique.

Carbures d'hydrogène. — Méthane; pétroles. — Éthylène. — Acétylène. — Benzène.
Gaz de l'éclairage.
Alcool éthylique; fermentation alcoolique.
Acide acétique; vinaigre, fermentation acétique.
Éthers sels; corps gras; acides gras.
Glycérine; bougies et savons.
Saccharose; glucose.
Matières organiques azotées : albumines.

# PROGRAMME DE CHIMIE POUR LE BREVET SUPÉRIEUR

## *Première année.*

Indications générales sur les appareils utilisés en chimie.

Étude sommaire de l'eau, de l'hydrogène, de l'oxygène, du carbone, de l'oxyde de carbone et du gaz carbonique, en se bornant à ce qui est indispensable pour l'exposé des lois des combinaisons.

Analyse et synthèse. — Corps simples et composés.

Lois des combinaisons en poids et en volumes.

Nombres proportionnels. — Symboles et formules chimiques. — Poids moléculaires. — Poids atomiques. — Valence des atomes.

Nomenclature chimique. — Acides, bases, sels. — Équations chimiques.

Hydrogène (compléments). — Oxygène (compléments). — Eau (compléments). — Eau oxygénée.

Chlore. — Acide chlorhydrique. — Chlorures. — Chlorures de chaux. — Eau de Javel. — Chlorates.

Brome, iode, fluor (en s'attachant surtout aux analogies que ces corps présentent avec le chlore). — Acide fluorhydrique.

Soufre (insister sur les analogies avec l'oxygène). — Acide sulfhydrique. — Sulfures.

Anhydride sulfureux.

Acide sulfurique. — Sulfates.

Azote. — Air atmosphérique; gaz constitutifs. — Ammoniac. — Fixation de l'azote par les végétaux. — Sels ammoniacaux. — Engrais ammoniacaux.

Acide azotique. — Azotates de sodium et de potassium. — Nitrification. — Poudre noire.

Phosphore blanc et phosphore rouge.

Acide phosphorique. — Phosphates de calcium. — Engrais phosphatés.

Anhydride arsénieux.

Carbone et oxyde de carbone (compléments). — Anhydride carbonique (compléments). — Carbonates. — Acide cyanhydrique; Cyanures.

Silice. — Silicates.

Acide borique. — Borax.

## *Deuxième année.*

Généralités sur les métaux. — Alliages.

Généralités sur les oxydes, les hydrates métalliques et les sels.

Sodium. — Soude.

Potassium. — Potasse. — Origine des sels de potassium. — Chlorure et carbonate.

Chaux. — Sulfate et carbonate de calcium. — Rôle de ces sels en agriculture.

Étude sommaire de la baryte, du bioxyde de baryum, du sulfate et de l'azotate de baryum.

Aluminium. — Alumine. — Sulfate d'aluminium et aluns. — Silicate d'aluminium.

Chromate et bichromate de potassium.

Fer. — Oxydes. — Sulfate ferreux. — Chlorure ferrique.

Notions générales de métallurgie.

Métallurgie du fer. — Fontes et aciers.

Zinc. — Oxyde et sulfate.

Nickel. — Étain. — Oxyde et chlorures d'étain.

Plomb. — Action sur les eaux. — Oxydes. — Carbonate.

Cuivre. — Principaux alliages (bronze, laiton, maillechort).

Mercure. — Argent. — Or. — Platine.

Carbures d'hydrogène : méthane (mention du chloroforme). — Carbures saturés; pétroles. — Éthylène, acétylène. — Gaz de l'éclairage.

Fonction alcool. — Alcool éthylique. — Alcool méthylique. — Distillation du bois (obtention simultanée de l'alcool méthylique, de l'acide acétique, de l'acétone, de la créosote).

Fonction éther. — Éthers oxydes (éther ordinaire). — Éthers sels (éthérification, saponification).

Fonctions aldéhydes et cétones. — Formol. — Chloral. — Acétone.

Fonction acide. — Acide acétique.

Fonction amide. — Urée.

Notions sommaires sur les composés polyatomiques ou à fonctions multiples.

Corps gras naturels. — Glycérine. — Acides gras.

Acide oxalique. — Acide tartrique.

Glucose. — Saccharose.

Dextrines. — Gommes.

Matières amylacées. — Amidon.

Celluloses. — Nitrocelluloses. — Poudres pyroxylées. — Papier.

Industrie du goudron de houille. — Série aromatique.

Benzène et Toluène. — Phénol. — Acide picrique. — Nitrobenzène. — Aniline et matières colorantes qui en dérivent. — Tannins et tannage des peaux.

Naphtalène et naphtols (notions sommaires).

Essence de térébenthine. — Camphre et essences diverses.

Notions générales sur les alcaloïdes naturels extraits des végétaux et des animaux.

Substances azotées de l'organisme. — Albumine. — Fibrine. — Caséine. — Peptones. — Hémoglobine. — Gélatine.

# CHIMIE

## CHIMIE MINÉRALE

### PREMIÈRE LEÇON

## CONSEILS POUR LES MANIPULATIONS

Matériel. — Chauffage. — Réfrigération. — Décantation. — Montage
d'un appareil. — Précautions à prendre. — Contre poisons.

Les opérations manuelles en chimie offrent un grand intérêt; ce sont
des exercices pratiques profitables. Mais les manipulations chimiques
demandent certaines précautions. Il est nécessaire que l'expérimenta-
teur soit guidé à ses débuts.

### MATÉRIEL

**1. — Lampe à alcool.** — La lampe est en verre. La mèche, en
fils non tressés, est grosse et
lâche. Elle doit dépasser le col
de la lampe d'un centimètre environ. La lampe est remplie à
moitié d'alcool dénaturé.

Il ne faut jamais remplir la
lampe quand elle est chaude. Si
la lampe allumée est renversée,
et si l'alcool répandu s'enflamme,
on l'éteint au moyen d'un linge
mouillé dont on recouvre le tout,
en laissant le moins d'air possible.

**2. — Filtre en papier.**
— Le papier non collé sert à fil-

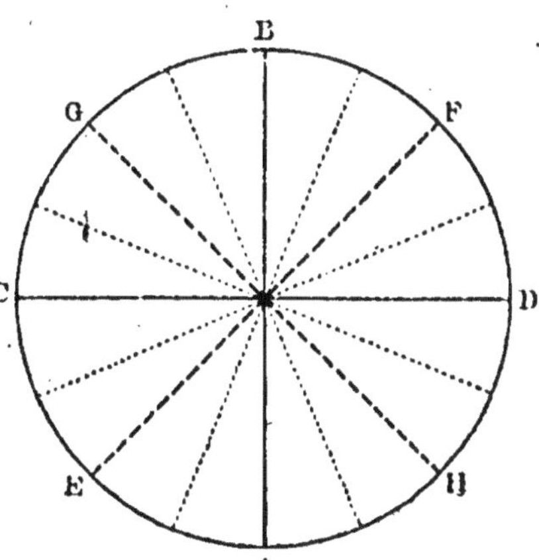

ig. 1. — Filtre en papier ouvert.

trer une liqueur contenant un corps solide insoluble. Le papier dont on se sert est analogue au papier buvard. La feuille, découpée en

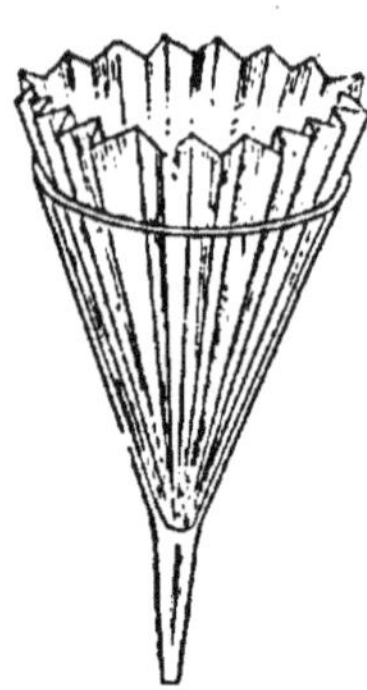
Fig. 2. — Filtre en papier plié.

cercle, est pliée d'abord suivant deux diamètres perpendiculaires entre eux AB et CD (fig. 1); puis dépliée et repliée de nouveau, selon deux autres diamètres perpendiculaires entre eux EF et GH, qui divisent en deux parties égales chacun des quatre angles droits déjà formés. On déplie et l'on replie encore suivant des diamètres qui divisent chacun des huit angles en deux parties égales. S'il était nécessaire on diviserait encore de la même manière les seize angles formés en trente-deux angles nouveaux, égaux entre eux.

Lorsque les plis sont bien marqués, on applique les angles les uns sur les autres, de manière à obtenir un cornet dont les parois seraient celles d'un éventail; le cornet obtenu de la sorte est placé dans un entonnoir en verre (fig. 2).

**3. — Bouchons.** — Les bouchons qui obturent les flacons dans lesquels on prépare les gaz, laissent toujours passer un ou deux tubes. Il faut alors les percer. On ne doit employer que des bouchons de bonne qualité, dont le liège est bien homogène.

On amollit d'abord le bouchon en le roulant sur une table, pressé par un objet lourd, une brique par exemple. On le perce ensuite avec une vrille et l'on agrandit convenablement les trous à l'aide d'une petite lime ronde.

On rentre un tube dans un bouchon, non pas directement, mais par un mouvement hélicoïdal.

**4. — Tubes.** — Il est souvent nécessaire de couper un tube. On le fait à la lime. Avec l'arête légèrement mouillée de la lime, on grave un trait sur le tube, perpendiculairement à son axe. On saisit le tube des deux mains, chaque pouce près du trait gravé, et l'on fait un effort de flexion. Le tube se brise nettement en deux. Mais les bords sont tranchants : ils peuvent couper les doigts. On les arrondit en les ramollissant à la lampe : on les « borde ».

On peut avoir besoin de courber un tube. On le chauffe dans la flamme en le tournant sans cesse. Il se ramollit. Aussitôt que le bout libre commence, en raison de son poids, à faire un angle avec le bout tenu à la main (le sommet est au point chauffé), on achève la courbure lentement à la main, sans sortir le tube de la flamme.

Pour effiler un tube, on le chauffe sur un point, comme ci-dessus, jusqu'au rouge. On le sort à ce moment de la flamme et on l'étire en le tournant, jusqu'à ce qu'il se sépare en deux.

On ferme le bout d'un tube en le chauffant au rouge jusqu'à ce qu'une goutte de verre soit formée par la fusion. On le retire alors de la flamme, on le relève et on le tourne jusqu'à ce que la petite masse de verre réduite au bout du tube en une pâte visqueuse, s'agglomère complètement. On souffle de temps en temps dans le tube pour arrondir le fond.

Deux tubes sont soudés entre eux de la manière suivante : on chauffe simultanément les deux extrémités dans la même flamme. Lorsque les bouts sont suffisamment ramollis, on les appuie l'un contre l'autre, sans cesser de les chauffer. On souffle de temps en temps dans le tube en le tournant, pour rendre les parois de la région de la soudure aussi unies que possible.

## CHAUFFAGE

5. — On chauffe les substances soit dans des ballons ou des cornues en verre, soit dans des cornues en grès, soit dans des creusets en terre réfractaire. Les flacons et les bocaux en verre ne vont pas au feu, mais peuvent être chauffés au bain-marie.

Les récipients sont chauffés à la flamme d'une lampe à alcool, d'un bec de gaz, au moyen d'un support en fer, ou sont placés sur un fourneau en terre réfractaire, séparés du charbon par un triangle en fer.

Lorsqu'on a besoin de chauffer dans un bain de sable, on emplit de sable une casserole en terre cuite et l'on rentre dans le sable le corps à chauffer.

## RÉFRIGÉRATION

6. — La réfrigération est un refroidissement artificiel. C'est au moyen de la réfrigération, par exemple, qu'on liquéfie les vapeurs. Dans ce cas, la réfrigération est effectuée à l'aide d'un alambic.

On abaisse la température d'un corps avec un mélange réfrigérant. Les mélanges réfrigérants les plus employés sont composés des substances suivantes

1° 2 parties de neige ou glace pelée et 1 partie de sel marin;

2° 1 partie de sulfate de sodium et 1 partie d'acide chlorhydrique;

3° 1 partie de chlorhydrate d'ammoniaque et 1 partie d'eau.

## DÉCANTATION

**7.** — La décantation consiste à séparer un liquide du dépôt solide qu'il a fait. Lorsqu'un liquide tient en suspension un corps solide en poussière, on le laisse reposer jusqu'à ce qu'il soit devenu clair. Alors on penche le vase doucement et l'on verse le liquide sans remuer le dépôt.

## MONTAGE D'UN APPAREIL

**8. — Préparation d'un gaz à froid.** — On obtient, par exemple, de l'hydrogène en versant de l'acide sulfurique étendu d'eau sur des rognures de zinc.

On introduit dans un flacon à deux tubulures à fond plat (fig. 3) des rognures de zinc avec un peu d'eau. La tubulure à entonnoir descend jusqu'au fond du flacon; la tubulure à dégagement du gaz produit, appelant encore tube abducteur, descend seulement de quelques centimètres au-dessous du bou-

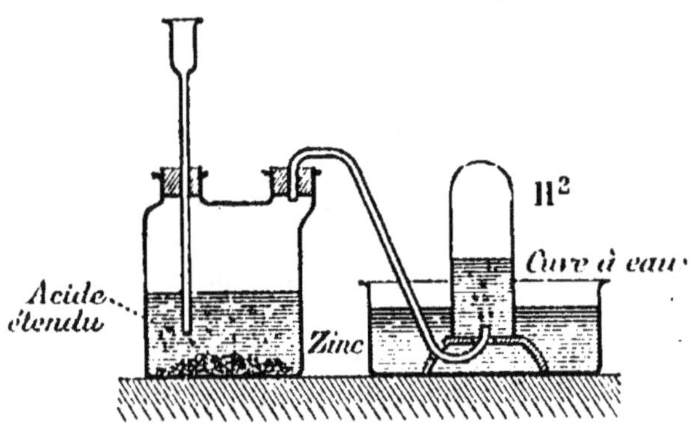


Fig. 3. — Préparation de l'hydrogène.

chon. On ferme le flacon et l'on engage le tube à dégagement sous un têt.

Un têt est une espèce de soucoupe renversée, qui présente, sur la paroi de côté une échancrure pour l'introduction du tube, et sur le fond un trou pour le passage du bout du tube recourbé *ad hoc*.

Le têt repose dans une cuve à eau. Ayant empli une éprouvette d'eau, on ferme son orifice avec la main, on la retourne et on l'engage dans l'eau de la cuve. A ce moment seulement on retire la main qui ferme l'orifice; l'éprouvette reste pleine d'eau en raison de la pression atmosphérique qui fait pression sur l'eau de la cuve. On la pose sur le têt. L'extrémité du tube de dégagement aboutit donc à l'éprouvette.

Par la tubulure à entonnoir, on verse maintenant dans le flacon, par petites quantités à la fois, de l'acide sulfurique.

L'hydrogène, formé par suite de la réaction qui se produit, se dégage par le tube qui va à la cuve, et les bulles de gaz, traversant l'eau de l'éprouvette, vont se loger au sommet de ladite éprouvette. L'eau de l'éprouvette est refoulée à mesure dans la cuve.

## 9. — Préparation d'un gaz à chaud. — En décomposant

le chlorure de potassium par la chaleur, on obtient de l'oxygène. Le sel est introduit dans un ballon en verre (fig. 4). Celui-ci est muni d'un tube à dégagement, comme dans la préparation ci-dessus.

La chaleur fait fondre le sel et l'oxygène produit se dégage.

Dans le cas où le gaz est

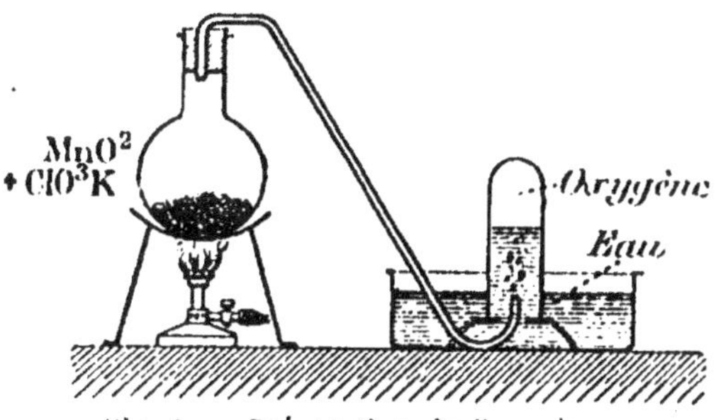


Fig. 4. — Préparation de l'oxygène.

soluble dans l'eau, on remplace, pour le recueillir, l'eau par le mercure.

## 10. — Manière de recueillir un gaz soluble dans l'eau et qui attaque le mercure. — Un semblable gaz est

recueilli par déplacement de l'air, en raison de la différence de sa densité avec celle de l'air. Le tube à dégagement arrive dans un flacon non bouché, par conséquent, plein d'air. Lorsque le gaz, par exemple de l'ammoniac, est plus léger que l'air, on retourne le flacon, son ouverture en bas : le gaz qui arrive, monte dans le flacon, chassant l'air à mesure; si le gaz, par exemple du chlore, est plus lourd que l'air, on maintient le flacon, son ouverture en haut : le gaz s'y déverse et remplace l'air qui monte à mesure pour être rejeté au dehors.

## 11. — Comment on recueille un gaz. — On soulève un

peu l'éprouvette, sans la sortir de l'eau de la cuve; on glisse au-dessous une soucoupe sur laquelle on la fait reposer, et l'on sort enfin, disposée ainsi, l'éprouvette de l'eau. On peut conserver le gaz de cette manière jusqu'au moment de l'employer.

## 12. — Précautions à prendre dans la préparation

d'un gaz. — Lorsqu'on prépare un gaz, il peut se produire ce que l'on appelle l'*absorption*. C'est un phénomène souvent dangereux; il provoque l'explosion du ballon qui vole en éclats.

Considérons l'appareil avec lequel nous venons de préparer l'oxygène.

Supposons qu'au moment où le ballon est plein de gaz, la lampe s'éteigne.

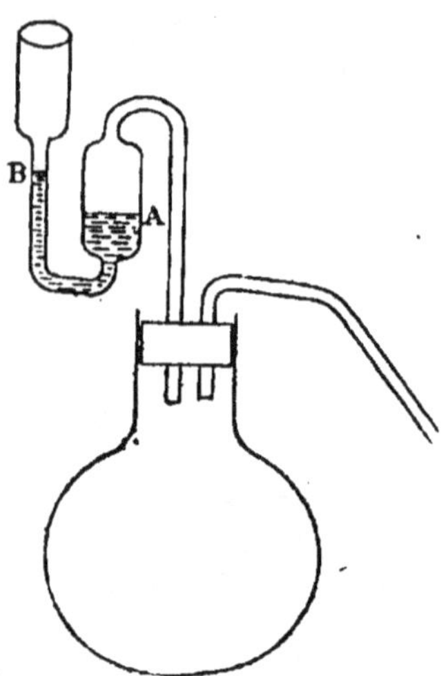

Fig. 5. — Tube de sûreté.

Alors le ballon se refroidit et le gaz également. Sa pression diminue donc. Si elle devient inférieure à la pression atmosphérique, l'eau de la cuve rentre dans le ballon. Au contact de ce froid subit, le verre se brise.

On évite cet inconvénient au moyen d'une *tube de sûreté*. C'est un tube à entonnoir recourbé (fig. 5), renflé en ampoule à la courbure en A. L'ampoule est remplie d'eau. L'extrémité inférieure, qui traverse le bouchon, s'arrête à un ou deux centimètres au-dessous.

Il est aisé de concevoir que le tube de sûreté fonctionne comme un manomètre. En effet, lorsque la pression dans le ballon augmente, l'eau de l'ampoule est refoulée par exemple en B; si la pression dans le ballon au contraire diminue, la pression atmosphérique fait rétrograder l'eau de l'ampoule dans la direction du ballon. Enfin si la pression dans le ballon devient trop élevée, l'eau de l'ampoule est chassée et se déverse à l'extérieur.

Avant d'éteindre la lampe, il est donc nécessaire d'enlever le tube à dégagement de la cuve à eau.

REMARQUE.

Quand on fait brûler un corps dans un gaz recueilli dans un flacon, il faut toujours verser un peu d'eau au fond du flacon pour éviter les accidents de rupture.

**15. — Soins à observer après chaque expérience**. — Lorsqu'une expérience est terminée, il est indispensable de nettoyer à fond les appareils avant de les remettre en place. Le plus léger résidu laissé dans un récipient pourrait produire dans une expérience ultérieure, en présence d'autres substances, des réactions capables pour le moins de fausser le résultat attendu.

## PRÉCAUTIONS A PRENDRE — CONTRE POISONS

**14. — Acide sulfurique.** — L'acide sulfurique est le plus énergique de tous les acides. Aussi est-il d'un maniement dangereux. Comme il se combine très facilement avec l'eau, c'est l'acide sulfurique qu'on choisit le plus souvent lorsqu'on a besoin d'un acide étendu. Sa combinaison avec l'eau dégage beaucoup de chaleur. Si l'on versait l'eau dans l'acide, il se produirait une vaporisation intense, qui déterminerait une explosion. Le liquide serait projeté au dehors, risquant de brûler les mains et le visage : brûlure profonde, grave, car l'acide sulfurique attaque tous les métaux, sauf l'or et le platine; il carbonise le bois; il ronge les chairs. En conséquence, **il faut verser l'acide dans l'eau, très lentement, et agiter en même temps le mélange avec une baguette de verre.**

## 15. — Empoisonnement par les produits chimiques. Traitement conseillé en attendant le médecin [1].

*Sels de cuivre.* — Les sels de cuivre provoquent ordinairement de violents vomissements : ils sont alors leur propre antidote. Si les vomissements ne se produisent pas, faire vomir. Faire boire ensuite de l'eau albumineuse (quatre blancs d'œufs délayés dans un litre d'eau). Après chaque verre d'eau faire vomir de nouveau, car un excès d'albumine redissoudrait le composé. L'albumine forme avec le sel un composé insoluble.

*Sels de plomb.* — Faire vomir. Faire boire du lait ou de l'eau albumineuse. Administrer du sulfate de sodium qui provoque la formation d'un sulfate de plomb insoluble.

*Sels de mercure.* — Faire vomir. Faire boire de l'eau albumineuse. Faire vomir de nouveau après chaque verre.

*Anhydride arsénieux.* — Si les vomissements provoqués ordinairement par l'arsenic ne se sont pas produits, faire vomir. Administrer ensuite de l'hydrate de fer gélatineux dont la pharmacie a toujours une provision. Le D<sup>r</sup> Fonzes-Diacon recommande de l'administrer par doses répétées d'environ 8 grammes en suspension dans l'eau sucrée, en ayant soin de faire vomir après chaque ingestion. Le patient doit, dit le docteur, en avaler des doses assez considérables (100 à 200 grammes).

*Phosphore.* — Faire vomir. Faire boire toutes les demi-heures une cuillerée à bouche d'eau dans laquelle on a fait dissoudre de l'essence de térébenthine (2 grammes d'essence environ par 110 grammes d'eau). Ne donner aucun corps gras, ni œufs, ni lait.

---

1. On consultera avec fruit le *Précis de Toxicologie* du D<sup>r</sup> Fonzes-Diacon, docteur ès sciences, agrégé de chimie et de toxicologie, professeur de chimie minérale à l'École supérieure de Pharmacie de Montpellier. Paris, A. Maloine, éditeur.

**Brûlures par le phosphore.** — Laver la plaie avec de l'eau dans laquelle on a délayé de la magnésie.

**Acide chlorhydrique.** — Absorbé sous le nom d'*esprit de sel.* Faire vomir, administrer de la magnésie hydratée; à défaut, de l'eau de savon.

**Acide oxalique.** — Absorbé sous le nom d'eau de cuivre. Faire vomir, administrer de la magnésie hydratée; à défaut, de l'eau de chaux.

**Acide sulfhydrique.** — Pratiquer la respiration artificielle. Faire pénétrer de l'oxygène dans les poumons au moyen d'un soufflet, à défaut d'un ballon d'oxygène qu'on trouve chez le pharmacien. Passer de temps en temps près des narines un flacon d'ammoniaque pour provoquer la respiration.

**Oxyde de carbone.** — Pratiquer la respiration artificielle. Faire vomir. Faire pénétrer de l'oxygène dans les poumons.

---

DEUXIÈME LEÇON

## NOTIONS PRÉLIMINAIRES

Définition de la chimie. — Corps simples, corps composés. — Mélanges. — Combinaisons. — Synthèse, analyse. — Dissociation. — Différents états de la matière. — Cristallisation. — Principes de thermochimie.


**16. — Définition de la chimie.** — Rappelons sommairement ce que nous avons dit dans notre *Manuel de Physique* sur la matière : Tout ce qui peut être pesé avec une balance est matière.

Un corps est une portion de matière qui occupe une place dans l'espace. Tout corps a une étendue limitée par trois dimensions : longueur, largeur, hauteur.

Les corps peuvent être divisés en parties de plus en plus petites. On admet cependant qu'il arrive un moment où l'on ne peut plus partager physiquement les particules d'un corps. Ces particules sont nommées **molécules**. La chimie admet que la molécule puisse encore se subdiviser par l'effet de réactions en parties nommées **atomes**.

Tous les corps peuvent être plus ou moins comprimés : ils diminuent alors de volume.

Certains corps ont encore une propriété : l'élasticité, qui est la faculté qu'a un corps de reprendre sa forme initiale, dès que l'action qui le déforme cesse d'agir.

Les corps sont observés encore à un autre point de vue. Deux corps mis en présence, dans certaines conditions, peuvent réagir l'un sur l'autre, en donnant un ou plusieurs autres corps stables et doués de propriétés très différentes. L'étude de ces corps, de leurs propriétés, des combinaisons auxquelles ils se prêtent, constitue la *chimie*.

Lorsqu'on entretient un morceau de fer à l'état humide, il se recouvre d'une pellicule jaunâtre appelée *rouille*, qui n'a aucune des propriétés du fer. C'est un corps nouveau dû à la combinaison de l'oxygène de l'air avec le fer : il s'est formé de l'*oxyde de fer*.

**17. — Corps simples, corps composés.** — On dit qu'un corps est **homogène lorsque toutes ses parties présentent les mêmes propriétés.** Le sucre est un corps homogène.

Un corps est **hétérogène lorsque toutes ses parties ne présentent pas les mêmes propriétés.** Le granit est hétérogène, parce qu'il est formé de trois composés différents : quartz, mica, feldspath, agglomérés par petites parcelles qui forment entre elles comme une pâte, mais qui ont des propriétés distinctes.

Les corps homogènes sont des corps simples ou des corps composés.

Les **corps simples sont ceux dans lesquels on ne trouve qu'une seule espèce de matière,** quel que soit le moyen employé pour les amener à des formes plus simples. Le soufre, le fer, sont des corps simples. Il existe de 80 à 85 corps simples actuellement connus.

Les **corps composés sont ceux dont on peut retirer des espèces différentes.** Ils résultent de l'union de deux ou plusieurs corps simples ou composés suivant des proportions **définies et invariables.** Le sel marin, le plâtre sont des corps composés.

**18. — Mélanges.** — On appelle mélange **l'ensemble de plusieurs substances dont on peut faire varier les proportions, qui n'ont entre elles d'autre lien que celui de leur juxtaposition, et que l'on peut facilement séparer les unes des autres.** Ainsi l'air, formé d'oxygène et d'azote, gaz qui conservent chacun leurs propriétés particulières, est un mélange.

**19. — Combinaisons.** — **Une combinaison est l'union intime de deux ou plusieurs corps entre eux.** Cette union a donné naissance à un nouveau corps, qui a des propriétés spécifiques distinctes de celles des corps constituants. Remuons ensemble de la limaille de fer et du soufre en poudre, nous obtenons un mélange : le soufre garde ses propriétés et le fer les siennes; et on peut séparer aisément le fer du soufre au moyen d'un aimant (fig. 6). Si l'on place le mélange dans une cuiller fortement chauffée (fig. 7), une vive incandescence se produit et les deux corps se combinent : il ne reste plus ni soufre ni fer. Le nouveau corps formé, substance noirâtre, qui

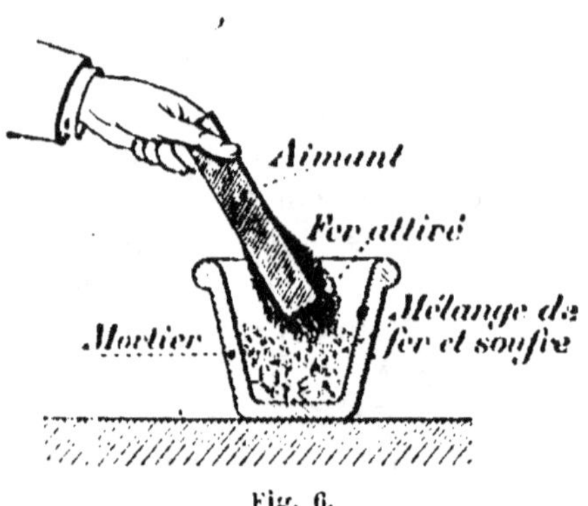

Fig. 6.

a des propriétés tout autres que celles du soufre ou du fer, est du sulfure de fer. Ajoutons que le **fer et le soufre se sont combinés dans des proportions fixes :** 32 grammes de soufre pour 56 grammes de fer. S'il y a par exemple un excès de soufre, cet excès restera à l'état libre, en dehors de la masse de sulfure de fer formé.

**20. — Synthèse, analyse.** — Les corps simples et les corps composés sont le siège de phénomènes chimiques qu'on appelle **combinaisons et décompositions.** Lorsqu'on forme un corps

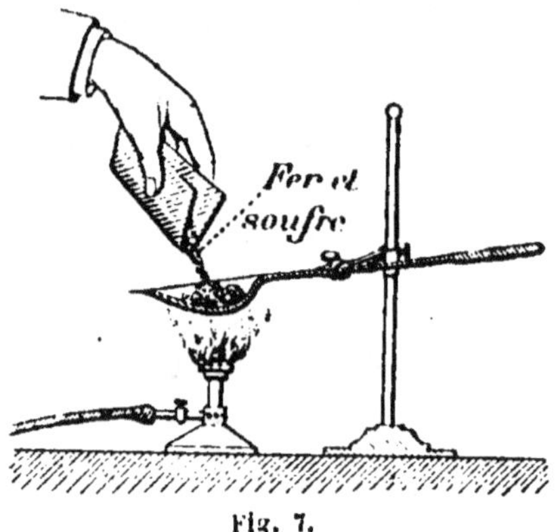

Fig. 7.

composé à l'aide de deux ou plusieurs corps simples, on fait une **synthèse;** combiner du soufre et du fer, c'est faire la synthèse du sulfure de fer. Au contraire, séparer les corps simples qui ont constitué un corps composé, c'est faire une **analyse.**

L'électrolyse est une analyse. Faisons traverser par le courant électrique une dissolution de sulfate de cuivre. Lorsque le courant passe, le cuivre, en effet, se porte sur une électrode et les autres éléments du sulfate de cuivre sur l'autre électrode.

L'analyse est **qualitative** quand elle a pour but de faire connaître l'espèce des éléments qui entrent dans un corps composé; elle est **quan-**

titative quand elle détermine les proportions dans lesquelles ces éléments sont combinés.

L'analyse décompose donc en ses éléments un corps composé, et la synthèse au contraire recompose un corps composé à l'aide de ses éléments.

**21. — Dissociation.** — On peut décomposer par la chaleur certains corps dont les éléments séparés ne se recombinent pas à la température de l'expérience. C'est un phénomène de décomposition incomplète auquel on a donné le nom de *dissociation*.

On distingue deux cas :

1° Dissociation d'un système hétérogène. Les produits de la décomposition sont un corps solide et un gaz. Ex. : carbonate de calcium qui donne de la chaux et du gaz carbonique ;

2° Dissociation d'un système homogène. Les produits de la décomposition sont un mélange de gaz. Ex. : vapeur d'eau donnant de l'hydrogène et de l'oxygène.

Pour certains corps, la dissociation croît avec la température, puis, à partir d'une certaine limite, la dissociation au contraire décroît bien que la température continue d'augmenter. Ces corps ont donc un *maximum de dissociation*.

L'eau qui se dégage d'un corps à l'état de vapeur, a une certaine **tension de dissociation**. Si la tension de dissociation est plus grande que la tension de la vapeur d'eau contenue dans l'air ambiant, le corps perd de l'eau : il est **efflorescent**. Ex. : sulfate de sodium hydraté. Si la tension de dissociation est moindre que celle de cette vapeur, c'est le contraire qui se passe : au lieu de dégager de la vapeur, le corps en absorbe. Alors il fond peu à peu. Il est **déliquescent**. Ex. : potasse.

**22. — Catalyse.** — On désigne sous le nom de *catalyse*, la cause d'un phénomène qui ne s'accomplit qu'en présence de certains corps. C'est la présence de ce corps qui détermine la réaction. Un catalyseur est donc une substance susceptible de déterminer une réaction sans éprouver elle-même aucune altération.

**23. — Allotropie.** — L'allotropie est l'état sous lequel un même corps simple se présente sous des aspects différents et avec des propriétés physiques et chimiques également différentes. Ainsi le phosphore affecte deux états allotropiques différents : le phosphore blanc vénéneux et le phosphore rouge sans danger.

Il est aussi des composés qui jouissent de la même propriété de se présenter sous des états différents avec des propriétés également différentes. Dans ce cas, on dit que ces corps sont **isomères**, qu'ils se présentent sous des **états isomériques**.

# DIFFÉRENTS ÉTATS DE LA MATIÈRE

**24.** — Rappelons encore sommairement ce que nous avons dit dans notre *Manuel de Physique* :

La matière peut se présenter sous trois états : solide, liquide et gazeux. Disons d'abord que les molécules constitutives d'un corps solide ou liquide restent agglomérées, parce qu'elles exercent les unes sur les autres des attractions réciproques. La force qui les unit est appelée **cohésion.** Les molécules des corps gazeux exercent les unes sur les autres des forces de répulsion.

Tous les corps dont la **forme et le volume sont déterminés sont des solides.**

Les corps dont le **volume est déterminé, mais dont la forme est changeante, sont des liquides.**

Les corps qui n'ont ni **volume ni forme déterminés, sont des corps gazeux.**

Sous l'influence du froid ou de la chaleur, les corps solides, liquides ou gazeux peuvent changer d'état.

**25. — Fusion.** — La fusion est le passage d'un solide à l'état liquide sous l'influence de la chaleur.

Un même corps entre toujours en fusion à la même température, que l'on appelle son **point de fusion.** Cette température **reste invariable jusqu'à ce que le corps soit entièrement fondu.** Si la quantité de chaleur reçue par le corps dans l'unité de temps augmente, la fusion est seulement plus rapide.

Le nombre de calories qu'absorbe 1 gramme d'un corps pour fondre, sans variation de température, est la **chaleur de fusion** de ce corps.

**26. — Solidification.** — La solidification est le passage d'un liquide à l'état solide sous l'influence d'un abaissement de la température.

Un même corps liquide se solidifie toujours à la même température, **qui est sa température de fusion;** pendant tout le temps que dure la solidification, la température du corps **reste invariable.**

**26 *bis*. — Surfusion.** — Dans certains cas, un corps reste momentanément liquide à une température inférieure à son point de fusion. Ce phénomène a reçu le nom de **surfusion.** Une parcelle solide du même corps, projetée dans le corps liquide, détermine la solidification immédiate. Le phosphore, par exemple, fond à 44° et peut rester liquide à 30°; il se solidifie aussitôt qu'on y laisse tomber un morceau de phosphore solide.

**REMARQUE.**

Les corps liquides diminuent de volume en se solidifiant; leur densité par conséquent s'accroît. Mais l'eau fait exception; elle augmente de volume et donc sa densité diminue. C'est pourquoi la glace brisée reste sur l'eau.

**27. — Dissolution.** — Il ne faut pas confondre la fusion avec la dissolution qui est le passage d'un corps solide à l'état liquide sous l'influence seulement d'un corps liquide. La dissolution est donc indépendante de la température; elle absorbe de la chaleur.

**28. — Saturation, sursaturation.** — Lorsqu'un liquide à la température ordinaire a dissous tout ce qu'il peut dissoudre d'un corps, on dit qu'il est **saturé**. En général les liquides dissolvent une plus grande quantité de matière à chaud qu'à froid. Aussi lorsqu'on laisse refroidir l'eau d'une dissolution faite à chaud, un dépôt solide représentant l'excès dissous à chaud, se précipite dans l'eau refroidie. Mais si l'eau est mise à l'abri du contact de l'air, il peut arriver que l'excès dissous à chaud reste dissous. On dit, dans ce cas, que la solution est **sursaturée.** Si l'on fait bouillir de l'eau dans un tube effilé où l'on fait dissoudre en même temps du sulfate de sodium en quantité plus grande que le même volume d'eau froide en dissoudrait, et que l'on ferme le tube à la lampe, la dissolution, alors à l'abri de l'air, reste claire en se refroidissant. Mais si l'on brise le bout du tube, l'air rentre et l'excès dissous de sulfate de sodium se précipite.

**29. — Vaporisation.** — La vaporisation est le passage d'un liquide à l'état de vapeur. C'est la transformation lente en vapeurs d'un liquide exposé à l'air ou enfermé dans une enceinte où l'atmosphère est non saturée.

Lorsqu'un liquide passe à l'état de vapeur, il absorbe une certaine quantité de chaleur qu'il emprunte à lui-même, et au corps avec lequel il est en contact. Plus l'évaporation est rapide, plus l'abaissement de la température du liquide est sensible.

Si la vaporisation, grâce à une élévation assez grande de la température du liquide, se produit en bulles tumultueuses, elle prend le nom **d'ébullition.**

Les liquides qui, sans le secours de la chaleur, se transforment rapidement en vapeurs à la température ordinaire sont des liquides **volatils.**

Tout liquide volatil se vaporise instantanément dans le vide.

Le nombre de calories qu'absorbe à une température donnée, un gramme d'un liquide pour se transformer à cette même température en vapeur saturante, est appelé **chaleur de vaporisation**.

**30. — Production mécanique du froid.** — La production mécanique du froid est réalisée avec des machines de compression. Lorsque de l'air comprimé est soumis ensuite à la dilatation brusque, qu'on appelle **détente**, il y a un abaissement notable de la température.

. **31. — Mélanges réfrigérants.** — Toute substance qui passe de l'état solide à l'état liquide, ou de l'état liquide à l'état gazeux, ou encore lorsqu'à l'état gazeux elle change de volume et de pression, absorbe ou libère une quantité déterminée de chaleur. C'est sur l'absorption de chaleur produite par un tel changement qu'est fondée la production artificielle du froid. On provoque ces changements d'état au moyen de réactions chimiques obtenues par le mélange de certaines substances. On constitue ainsi des mélanges réfrigérants (voir n° 6).

**32. — Liquéfaction des gaz.** — Les gaz sont des vapeurs éloignées de leur point de liquéfaction. Les gaz sont liquéfiables par compression, par refroidissement ou par compression et refroidissement combinés. La production des basses températures est obtenue par la détente (voir notre *Manuel de Physique*).

REMARQUE.

La pression à laquelle il faut soumettre un gaz pour le liquéfier, croît avec la température. D'autre part, la liquéfaction d'un gaz donné n'est possible qu'au-dessous d'une température déterminée appelée **température critique**.

**33. — État colloïdal.** — On appelle **colloïdes** les corps dont les solutions ont l'apparence de la colle. Les substances colloïdes sont incristallisables. Elles ne traversent pas les membranes comme les substances **cristalloïdes**.

Lorsqu'on mélange deux liquides miscibles et de densités différentes, tels qu'une solution de sel marin et une solution de caramel, et que l'on place ce mélange sur une membrane organique mince, telle qu'une vessie de porc, la dissolution de sel (substance cristalloïde) traverse la membrane, mais la dissolution de caramel (substance colloïde) reste dessus. Ce phénomène a reçu le nom de **dialyse**.

Certains corps insolubles dans l'eau, la silice par exemple, peuvent être cependant amenés à l'état de solution aqueuse colloïdale.

## CRISTALLISATION

**34. — Généralités.** — La cristallisation est le phénomène de l'orientation des molécules d'un corps, qui, de l'état liquide ou gazeux, passe à l'état cristallisé. Ce phénomène ne s'observe que chez les corps **cristallins**, par exemple le sel marin, c'est-à-dire dont les molécules dans chacune de ses parties sont orientées dans une direction unique; il n'existe pas chez les corps **amorphes**, par exemple les résines, dont les molécules juxtaposées d'une manière quelconque, ne présentent jamais aucun arrangement.

Les cristaux d'une même espèce chimique ont la même forme. Mais il y a des exceptions. Il arrive quelquefois qu'un corps cristallise dans des formes qui appartiennent à plusieurs systèmes, on dit dans ce cas qu'il est **polymorphe**. Ex. : soufre. Les prismes de soufre clinorhombiques (prisme ayant pour base un rhombe ou losange), obtenus par solidification vers 114°, deviennent, à la température ordinaire, des octaèdres orthorhombiques.

On trouve aussi des corps divers qui cristallisent dans le même système, et qui peuvent coexister dans le même cristal. On dit qu'ils sont **isomorphes**. Ex. : chlorure de potassium et chlorure de sodium.

Les cristaux présentent des formes polyédriques. Un cristal simple est un polyèdre toujours convexe; autrement dit c'est un solide terminé par des faces planes, qui forment toujours entre elles des **angles saillants**. Des faces planes peuvent quelquefois présenter l'apparence d'un angle rentrant; il n'en est rien : cet angle résulte d'un groupement de deux ou plusieurs cristaux, auquel groupement on donne le nom de **mâcle**.

**35. — Cristallisation.** — On provoque les cristallisations par **voie sèche**, ou par **voie humide**.

La voie sèche comprend : 1° **la fusion**, qui s'applique aux substances comme le soufre, dont le point de fusion est peu élevé; 2° **la sublimation**, qui s'applique aux substances telles que l'iode, qui passent directement de l'état gazeux à l'état solide. Si l'on chauffe dans un ballon des parcelles d'iode, celles-ci ne fondent pas, mais se déposent sous forme de petits cristaux sur les parois froides du ballon. Elles se sont **sublimées**.

La voie humide est appliquée aux substances dont la solubilité augmente considérablement avec la température. Une dissolution renfermant tout ce qu'il a été possible de dissoudre sous l'influence de la chaleur, abandonne, en se refroidissant sous forme de cristaux, l'excès de substance qui ne peut rester dissoute à froid.

Beaucoup de corps cristallisés sont des **hydrates** : ceux-ci résultent de la combinaison du corps avec une certaine quantité d'eau, qu'on appelle **eau de cristallisation**. Dès que la chaleur leur enlève cette eau, leur forme cristalline disparaît ou se modifie. Certains cristaux exposés simplement à l'air perdent leur eau de cristallisation. On dit qu'ils sont **efflorescents**.

**56. — Symétrie**. — Un système cristallin présente toujours une forme qui peut se déduire d'une autre forme dite **primitive**, par des facettes nommées **troncatures**. Les troncatures remplacent des angles dièdres ou des sommets.

Lorsque dans un cristal un élément géométrique de la forme primitive est modifié, tous les autres éléments semblables se modifient en même temps et de la même manière. Ainsi un cristal d'alun est un cube (forme primitive) modifié par huit facettes, chacune également inclinée sur trois faces; elles coupent tous les sommets du cube. Soit un cube (fig. 8) qui se modifie de manière à présenter une facette au

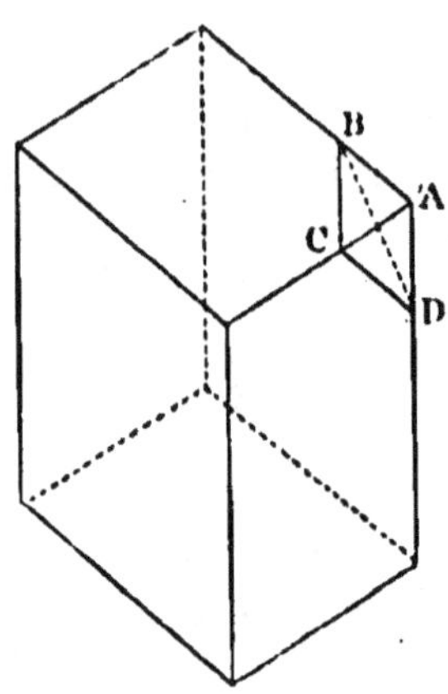

Fig. 8.

lieu d'un angle en A. Le plan qui coupe cet angle est incliné de telle sorte que les longueurs AB, AC, AD du fragment détaché sont égales.

En même temps les sept autres angles du cube se modifient de même et l'on a le solide (fig. 9).

Lorsque les quatre troncatures supérieures et les quatre troncatures inférieures augmentent jusqu'à ce qu'elles se ren-

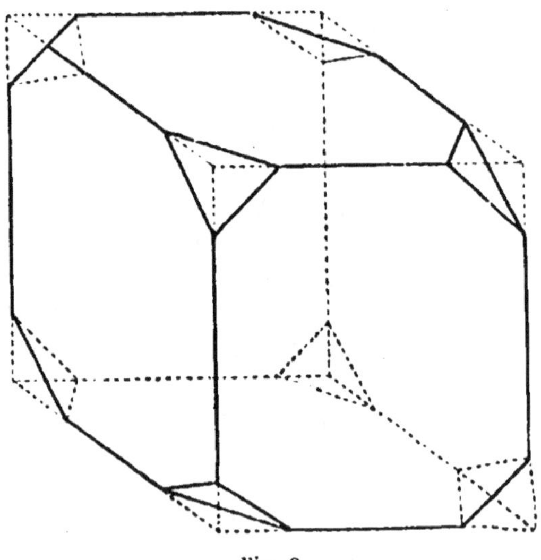

Fig. 9.

contrent respectivement. Ce solide est alors un octaèdre (cristal d'alun).

Le point dans un cristal par lequel passe toute droite divisée en deux parties égales par les faces du polyèdre, est appelé **centre de symétrie** du cristal.

Les lignes idéales passant par le centre de symétrie, autour desquelles les faces se trouvent symétriquement disposées, sont appelées **axes de symétrie** du cristal.

Tout plan qui, passant par le centre de symétrie partage un cristal en deux parties égales, symétriques, est appelé **plan de symétrie**.

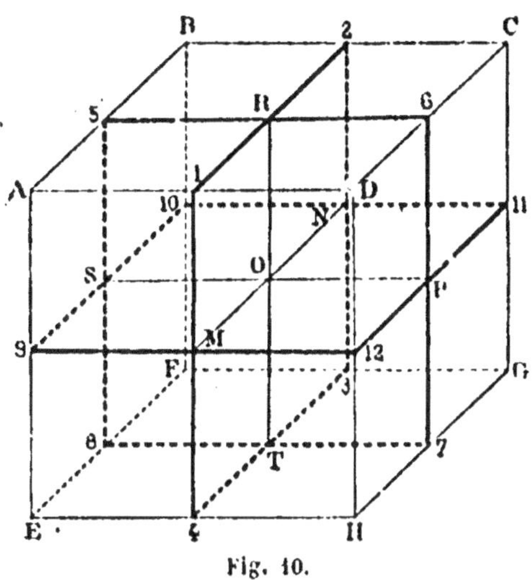

Fig. 10.

Les cristaux se rapportent à six formes simples fondamentales, dites **primitives**.

### 1ᵉ *Système cubique.*

Type : cube. Trois plans de symétrie, donnant trois axes ; soit le cube ABCDEFG (fig. 10), les trois plans de symétrie sont :

$$1^\circ \text{ le plan } 1, 2, 3, 4;$$
$$2^\circ \quad \text{»} \quad 5, 6, 7, 8;$$
$$3^\circ \quad \text{»} \quad 9, 10, 11, 12.$$

Les axes sont MON, SOP ROT, qui passent tous trois par le centre de symétrie O.

Ex. : l'alun, le chlorure de sodium (sel marin) appartiennent à un système cubique.

### 2ᵒ *Système quadratique.*

Type : prisme droit à base carrée. Trois plans de symétrie, donnant trois axes ; mais deux plans seulement sont identiques. Le plan différent est le plan principal. Ex. : oxyde d'étain.

### 3ᵒ *Système orthorhombique.*

Type : prisme droit à base rhombe (losange). Trois plans de symétrie rectangulaires, donnant trois axes rectangulaires inégaux. Ex. : cristaux de soufre obtenus par l'évaporation à froid du soufre dissous dans le sulfure de carbone.

4° **Système hexagonal.**

Type : prisme droit à base hexagonale. Quatre plans de symétrie donnant quatre axes : trois identiques ; le quatrième, qui est l'axe principal, est perpendiculaire au plan des trois autres. Ex. : quartz.

5° **Système clinorhombique.**

Type : prisme oblique à base rhombe. Les faces sont inclinées l'une sur l'autre de manière à ne présenter qu'un seul plan de symétrie, mais on trouve trois axes : deux sont obliques entre eux, le troisième est perpendiculaire au plan des deux autres. Ex. : gypse (pierre à plâtre), soufre cristallisé vers 114°.

6° **Système triclinique.**

C'est un système asymétrique. Type : prisme oblique à base parallélogramme. Aucun plan de symétrie. Pas d'axes déterminés : leur choix est arbitraire.


## PRINCIPES DE THERMOCHIMIE


**37. — Généralités.** — Les réactions chimiques s'accomplissent en dégageant ou en absorbant plus ou moins de chaleur. Le dégagement de chaleur qui est manifeste dans les combustions, n'apparaît pas cependant dans toutes les réactions où il est plus ou moins important. La mesure des quantités de chaleur développées dans les réactions fait l'objet de la *thermochimie*.

Lorsque les réactions se font avec dégagement de chaleur, on dit qu'elles sont **exothermiques;** c'est le cas qui se présente le plus souvent. Quand les réactions ont lieu avec absorption de chaleur, on dit qu'elles sont **endothermiques.**

La thermochimie repose sur les trois principes fondamentaux suivants :

**Principe du *travail moléculaire.***

La quantité de chaleur développée dans une réaction sans l'intervention d'une énergie étrangère, est égale à la somme de travail (combinaison, décomposition, changement d'état) qui se produit dans la dite réaction.

Cela signifie que les corps qui se combinent entre eux possèdent une réserve d'énergie qu'ils libèrent sous forme de chaleur. Ainsi 2 molécules d'hydrogène se combinent avec 1 molécule d'oxygène pour former 18 grammes d'eau liquide

$$2\,H + O = H^2O$$

en dégageant 69 calories.

### Principe de l'état initial et de l'état final.

Lorsque des corps, sans l'intervention d'une énergie étrangère, passent par le fait d'une réaction d'un état initial déterminé, à un état final également déterminé, la chaleur développée dépend seulement de l'état initial et de l'état final; elle est indépendante des états intermédiaires. Ainsi 1 molécule de carbone et 2 molécules d'oxygène se combinent pour donner de l'anhydride carbonique.

$$C + O^2 \text{ produisent } 94 \text{ calories}, 3 = CO^2, \text{ anhydride carbonique}$$
État initial                  État final.

Mais avant d'arriver à $CO^2$ état final, nous pouvons constater les états intermédiaires suivants :

$$C + O \text{ produisent } 26 \text{ calories}, 1 = CO, \text{ oxyde de carbone}$$
$$CO + O \quad\text{»}\quad \underline{\quad 68 \quad\text{»}\quad}, 2 = CO^2$$
$$\text{Total} \quad 94 \text{ calories, } 3$$

### Principe du *travail maximum*.

Tout changement chimique accompli sans l'intervention d'une énergie étrangère, tend vers la production du corps ou du système de corps où il se dégage le plus de chaleur; c'est-à-dire que lorsque plusieurs corps capables de se combiner entre eux sont en présence, c'est la réaction qui donne le plus de chaleur qui s'accomplit.

### 38. — Méthodes de mesures des quantités de chaleur développée. — On mesure la chaleur développée dans une réaction, au moyen d'un appareil appelé calorimètre.

Lorsqu'on fait réagir deux liquides l'un sur l'autre, on se sert, pour mesurer la chaleur dégagée, du *calorimètre à eau;* quand on doit soumettre à la combustion dans l'oxygène un corps solide ou gazeux, on emploie un calorimètre spécial, appelé *bombe calorimétrique.*

### Calorimètre à eau.

Le calorimètre le plus employé est celui de Berthelot. Il se compose d'un vase cylindrique en platine, a parois minces, plein d'eau, reposant sur des pointes de liège qui suppriment la conductibilité. Le rayonnement est atténué par la diminution du pouvoir émissif du vase : à cet effet sa surface extérieure est polie; de plus ce vase est placé dans un autre vase un peu plus grand, dont la surface intérieure est aussi polie. Enfin ces deux vases sont contenus dans un troisième récipient plein d'eau et garni extérieurement d'un feutre épais.

Supposons qu'on veuille connaître la quantité de chaleur développée par la réaction entre eux des deux liquides A et B. On verse le liquide A dans le calorimètre et l'on prend sa température. On prend d'autre part, dans un autre calorimètre semblable, la température du liquide B et l'on verse ensuite le liquide B dans le liquide A. On observe la température finale de la réaction qui se produit.

### Bombe calorimétrique.

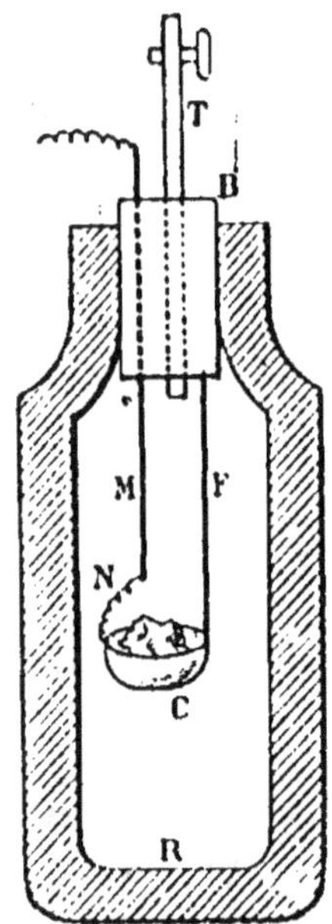

Fig. 11. — Bombe calorimétrique.

C'est un récipient d'acier R (fig. 11), fermé par un bouchon métallique à pas de vis B. Le bouchon est traversé par un tuyau à robinet T qui sert à l'entrée de l'oxygène dans le récipient. Un fil de platine F, attaché à la base du bouchon, descend dans le récipient; il supporte une capsule en platine C. C'est dans cette capsule que l'on place le corps qu'on veut examiner. On l'a pesé auparavant. Un autre fil de platine M vient de l'extérieur; il traverse le bouchon et s'arrête un peu au-dessus de la capsule. Il est relié à elle par un fil de fer très fin N, qui a été pesé.

On fait arriver dans le récipient de l'oxygène, en mettant le tuyau T en communication avec une bouteille métallique d'oxygène comprimé à 120 atmosphères.

Dès que la pression qui doit être dans la bombe de 20 à 25 atmosphères est atteinte, chose que l'on constate au moyen d'un manomètre fixé à l'appareil, on ferme le robinet et l'on place la bombe dans le calorimètre. On saisit aussitôt les fils d'un circuit d'un courant assez intense et on les relie un au fil M, l'autre au bouchon. Alors le courant passe. Le fil de fer porté à l'incandescence brûle en projetant des étincelles. La substance déposée dans la capsule s'enflamme. La chaleur dégagée est transmise à travers la bombe à l'eau du calorimètre. On a noté les températures comme dans le cas précédent.

TROISIÈME LEÇON

## NOTIONS PRÉLIMINAIRES (*suite*)

Lois des actions chimiques. — Atomes, molécules. — Symboles, formules, nomenclature.

### *LOIS DES ACTIONS CHIMIQUES*

**39. — Loi des poids** ou **de Lavoisier. — Le poids d'un corps composé est égal à la somme des poids des corps composants.** Il est facile de le prouver. Prenons 50 grammes d'oxyde de mercure, poudre rouge composée de mercure et d'oxygène, qui se produit à la surface du mercure chauffé.

Calcinons cette poudre sur un foyer ardent, dans un tube de verre fermé. Bientôt l'oxygène est mis en liberté et le mercure apparaît d'abord sous forme de vapeurs qui se condensent en gouttelettes sur les parois du tube. Pesons le tube, le poids n'a pas changé. De même si l'on décompose 18 grammes d'eau, on trouve toujours 2 grammes d'hydrogène et 16 grammes d'oxygène, — ou si l'on combine 16 grammes d'oxygène à 2 grammes d'hydrogène, on obtient toujours 18 grammes d'eau. Lavoisier a exprimé ce fait en disant : « Rien ne se perd, rien ne se crée. »

La loi de Lavoisier doit donc se trouver vérifiée dans toutes les analyses précises. Elle permet de représenter sous forme d'équation toutes les réactions chimiques. Ex. :

$$\text{Oxyde de mercure} = \text{mercure} + \text{oxygène.}$$
$$\text{Eau} = \text{oxygène} + \text{hydrogène.}$$

**40. — Loi des proportions définies** ou **de Proust. — Deux ou plusieurs corps se combinent toujours dans les mêmes proportions pour former un même composé.** Ainsi pour former 88 grammes de sulfure de fer, il faut toujours prendre 32 grammes de soufre et 56 grammes de fer.

**41. — Loi des proportions multiples** ou **de Dalton. — Lorsque deux corps peuvent, en se combinant, donner par la variation des quantités de l'un d'eux, des corps composés**

différents, les poids divers de l'un s'unissant à un même poids
de l'autre, sont des multiples d'un même nombre. Ex. :

$$14 \text{ gr. azote} + 8 \qquad \text{gr. oxygène donnent protoxyde d'azote.}$$
$$14 \; — \quad — \; + 8 \times 2 = 16 \; — \qquad — \qquad — \quad \text{bioxyde d'azote.}$$
$$14 \; — \quad — \; + 8 \times 3 = 24 \; — \qquad — \qquad — \quad \text{anhydride azoteux.}$$
$$14 \; — \quad — \; + 8 \times 4 = 32 \; — \qquad — \qquad — \quad \text{anhydride hypoazotique.}$$
$$14 \; — \quad — \; + 8 \times 5 = 40 \; — \qquad — \qquad — \quad \text{anhydride azotique.}$$

## 42. — Lois des volumes gazeux ou de Gay-Lussac.

— 1° Lorsque dans les mêmes conditions de température et de
pression, deux corps gazeux se combinent, les volumes des composants sont toujours dans un rapport simple. En effet :

1 volume  chlore  + 1 volume hydrogène donnent 2 volumes acide chlorhydrique.
1   —     oxygène + 2   —    hydrogène    —    2 volumes vapeur d'eau.

Lorsque les corps gazeux se combinent à volumes égaux, le
volume du composé est égal à la somme des volumes des composants, si les composants sont des corps simples. S'ils sont eux-
mêmes des corps composés, il y aura contraction. Ainsi 2 volumes d'éthylène se combinent à 2 volumes de chlore pour donner 2 volumes de
chlorure d'éthylène. Si les volumes des corps gazeux qui se combinent sont inégaux, il y a toujours contraction, c'est-à-dire
que le volume du composé est inférieur à la somme des volumes des
composants. Ex. :

L'oxygène et l'hydrogène se combinent dans le rapport de poids de
$\frac{16}{2}$ pour donner de la vapeur d'eau. Il faut, pour avoir ce rapport,
prendre 1 volume d'oxygène et 2 volumes d'hydrogène.

2° Lorsque dans les mêmes conditions de température et de
pression, deux corps gazeux se combinent, le volume du composé est en rapport simple avec celui des composants.

En effet, dans le premier exemple ci-dessus, le volume d'acide chlorhydrique est aux volumes de chlore et d'hydrogène, dans le rapport de
2 à 1.

## ATOMES, MOLÉCULES

43. — **Atomes.** — Si l'on essaie de diviser un corps en parties
de plus en plus petites, il arrive un moment où les plus petites parties
deviennent physiquement insécables, car un corps n'est pas divisible à
l'infini. A ces particules qui sont les plus petites parties d'un corps

simple, pouvant entrer dans une combinaison, on a donné le nom d'atomes.

**11.** — **Molécules**. — En se combinant entre eux, les atomes forment des groupes qu'on appelle **molécules** : une molécule est **la plus petite quantité d'un corps simple ou composé qui peut exister à l'état libre.**

La notion de molécules telle qu'on l'admet aujourd'hui, est intimement liée à l'hypothèse d'Avogadro. **Les volumes égaux des corps gazeux ou volatils pris dans les mêmes conditions de température et de pression, contiennent le même nombre de molécules.** Cette hypothèse est fondée sur les deux observations suivantes :

1° Les atomes, quel que soit leur nombre, donnent, en se combinant, toujours naissance à un même volume de composé, si celui-ci est susceptible de prendre l'état gazeux. Ex. :

| | | | | | | |
|---|---|---|---|---|---|---|
| 1 atome chlore | Cl | + | 1 atome hydrogène | H | = | 2 volumes acide chlorhydrique | HCl |
| 1 atome oxygène | O | + | 2 atomes hydrogène | H² | = | 2 volumes eau | H²O |
| 1 atome azote | Az | + | 3 atomes hydrogène | H³ | = | 2 volumes gaz ammoniac | AzH³ |
| 1 atome carbone | C | + | 4 atomes hydrogène | H⁴ | = | 2 volumes méthane | CH⁴ |

2° Tous les corps gazeux sous pression constante, ont le même coefficient de dilatation.

Il résulte des deux observations ci-dessus que **le poids moléculaire est le poids d'un composé occupant à l'état gazeux un volume déterminé pris pour unité.** On a choisi le volume occupé par 2 grammes d'hydrogène, c'est-à-dire 22$^{litres}$,40.

Toute molécule d'un corps à l'état gazeux ou volatil occupe donc un volume de 22$^{litres}$,40. Comme on prend pour unité de volume chimique, le volume occupé par 1 gr. d'hydrogène, 11$^{litres}$,20, on dit que **la formule moléculaire de tout composé représente 2 volumes.**

Les molécules des corps simples pourront donc contenir tantôt deux atomes, tantôt quatre, tantôt un seul, suivant que dans le volume moléculaire 22$^{litres}$,40, il y aura 2 atomes, 4 atomes, 1 atome du corps amené à l'état gazeux. Ainsi :

| | | | | | |
|---|---|---|---|---|---|
| 2 atomes | d'hydrogène | c'est-à-dire | 2 | grammes | |
| 2 | — | d'oxygène | — | 32 | — |
| 2 | — | d'azote | — | 28 | — |

occupent le volume moléculaire 22$^{litres}$,40.

Les molécules d'hydrogène, d'oxygène et d'azote sont dites **diatomiques**.

De même,

$$\text{4 atomes de phosphore c'est-à-dire 124 grammes}$$
$$\text{4 — d'arsenic — 300 —}$$

occupent le volume moléculaire $22^{\text{litres}},40$. Les molécules de phosphore et d'arsenic sont dites alors **tétratomiques**.

De même,

1 atome de mercure, c'est-à-dire 200 grammes, occupe le volume moléculaire $22^{\text{litres}},40$. La molécule de mercure est par conséquent **monoatomique**.

On appelle **poids atomique** d'un corps, **le poids de la plus petite quantité de ce corps, qui peut exister dans une molécule.** Par convention on a déterminé les poids atomiques par rapport à 1 d'hydrogène. Ainsi le poids atomique de l'hydrogène étant 1, celui de l'azote sera 14, celui de l'oxygène 16, celui du chlore, 35,5, etc.

**45. — Poids moléculaire.** — Une formule moléculaire est faite de lettres ou symboles, qui représentent les éléments du composé et les distinguent les uns des autres. Ainsi la formule moléculaire de l'eau $H^2O$ indique que l'eau est une combinaison de 2 atomes d'hydrogène et 1 atome d'oxygène.

Puisque le poids atomique de l'hydrogène est 1, $H^2 = 2$ et le poids atomique de l'oxygène 16, $O = 16$.

Le poids moléculaire de l'eau est alors $2 + 16 = 18$.

Le poids moléculaire étant généralement représenté en grammes, on donne à la formule moléculaire le nom de **molécule-gramme**. La molécule-gramme d'eau est donc égale à 18 grammes.

Il s'ensuit que le symbole H indique un poids d'hydrogène égal à 1 gramme, et le symbole O un poids d'oxygène égal à 16 grammes.

Dans ce cas, l'atome $H = 1$ gramme, et l'atome $O = 16$ grammes, sont dits **atomes-grammes**.

**46. — Détermination du poids moléculaire des corps gazeux ou volatilisables.**

**Le poids moléculaire d'un corps gazeux ou volatilisable est proportionnel à la densité du corps.**

En effet, le poids P de 2 volumes d'un gaz est au poids de 2 volumes d'hydrogène comme la densité D du corps est à la densité 0,0695 de l'hydrogène.

Nous avons alors le rapport

$$\frac{P}{2} = \frac{D}{0,0695} \qquad \text{d'où } P = \frac{2\,D}{0,0695}$$

Le poids moléculaire d'un corps gazeux ou volatilisable est alors égal au double de sa densité par rapport à celle de l'hydrogène.

L'égalité $P = \dfrac{2\,D}{0,0695}$ peut s'écrire

$$P = \frac{2}{0,0695} \times D$$

Soit : $P = 28,88 \times D$

ce qui peut s'exprimer ainsi : **le poids moléculaire d'un corps est égal au produit de sa densité par 28,88. Et réciproquement la densité gazeuse d'un corps volatil est égale à son poids moléculaire divisé par 28,88.**

Cette méthode n'est applicable qu'aux gaz et aux vapeurs. Lorsqu'on est en présence d'un corps solide non volatilisable, il faut avoir recours à d'autres procédés.

### TABLEAU DES POIDS ATOMIQUES.

| MÉTALLOÏDES | | | MÉTAUX | | | | | |
|---|---|---|---|---|---|---|---|---|
| Fluor | F | 19 | Sodium | Na | 23 | Bismuth | Bi | 208 |
| Chlore | Cl | 35,5 | Potassium | K | 39 | Cuivre | Cu | 63,6 |
| Brome | Br | 80 | Calcium | Ca | 40 | Argent | Ag | 108 |
| Iode | I | 127 | Baryum | Ba | 137 | Mercure | Hg | 200 |
| Oxygène | O | 16 | Magnésium | Mg | 24 | Plomb | Pb | 207 |
| Soufre | S | 32 | Zinc | Zn | 65 | Or | Au | 197,2 |
| Azote | Az | 14 | Chrome | Cr | 52,5 | Platine | Pt | 195 |
| Phosphore | P | 31 | Manganèse | Mn | 55 | | | |
| Arsenic | As | 75 | Fer | Fe | 56 | | | |
| Antimoine | Sb | 120 | Nickel | Ni | 59 | | | |
| Carbone | C | 12 | Aluminium | Al | 27 | | | |
| Silicium | Si | 28 | Étain | Sn | 119 | | | |

## SYMBOLES, FORMULES, NOMENCLATURE

**47. — Symboles.** — Chaque corps simple est représenté par la première lettre de son nom ou de son ancien nom ou par les deux premières lettres, lorsqu'il s'agit d'éviter une confusion. Ainsi l'hydrogène est représenté par H, l'oxygène par O, le carbone par C, le chlore par Cl, etc.

Le symbole H représente 1 atome-gramme d'hydrogène, le symbole O, 1 atome-gramme d'oxygène, etc.

La molécule-gramme d'hydrogène s'écrit $H^2 = 2$ grammes; la molécule d'oxygène $O^2 = 32$ grammes.

La formule d'un corps composé représente donc la somme des poids atomiques des éléments du composé. Ainsi :

$H^2O$ représente $2 + 16$     $=$ 18 gr. d'eau
puisque 2 atomes d'hydrogène     $= \left. \begin{array}{c} 2 \\ 16 \end{array} \right\} = 18.$
et l'atome d'oxygène

HCl représente $1 + 35,5$     $=$ 36 gr. 5 d'acide chlorhydrique
puisque l'atome d'hydrogène     $= \left. \begin{array}{c} 1 \\ 35,5 \end{array} \right\} = 36,5.$
et l'atome de chlore

**48. — Formules moléculaires.** — Les corps composés sont représentés par des formules moléculaires. Ainsi, l'eau, formée de 2 atomes d'hydrogène et de 1 atome d'oxygène, est représentée par la formule $H^2O$. **Une formule moléculaire indique la composition en poids du composé.**

$H^2O$ signifie que la molécule-gramme d'eau est formée de 2 atomes-gramme d'hydrogène et de 1 atome-gramme d'oxygène, total 18 grammes.

**Toutes les fois qu'il s'agit d'un composé gazeux ou volatilisable, la formule moléculaire indique également la composition en volume $=$ 22 litres, 40.**

**49. — Nomenclature.** — La nomenclature est un ensemble de termes et de règles qui servent à désigner les corps. La première idée de la classification des corps est due au chimiste français *Guyton de Morveau*. La classification actuelle ne désigne pas seulement chaque corps : le nom qui lui est donné indique encore la nature des éléments dont il est composé et la fonction qu'il peut remplir.

**50. — Acides.** — Les acides sont des corps solides, liquides ou gazeux, en général solubles dans l'eau. Ils ont une saveur piquante. **Le papier coloré en bleu par la teinture de tournesol, trempé**

**dans un acide, y devient rouge. Tous les acides contiennent de l'hydrogène qui peut être remplacé en totalité ou en partie par un métal.**

Les acides qui, outre l'hydrogène, renferment aussi de l'oxygène, sont désignés sous le nom d'**oxacides.** Ceux qui n'en renferment pas sont appelés **hydracides.**

L'acide sulfurique composé de soufre, d'oxygène et d'hydrogène, est un oxacide. L'acide chlorhydrique composé de chlore et d'hydrogène, est un hydracide.

L'acide qui renferme de l'oxygène est un corps **ternaire.** On le désigne en exprimant le mot acide, que l'on fait suivre du nom du corps autre que l'hydrogène et l'oxygène, auquel on ajoute, suivant les cas, la terminaison **ique** ou la terminaison **eux.** Ex. : acide sulfurique $SO^4H^2$, acide sulfureux $SO^3H^2$, acide azotique $AzO^3H$, acide azoteux $AzO^2H$. L'acide qui ne renferme pas d'oxygène est un composé **binaire.** On le désigne en exprimant le mot acide que l'on fait suivre du nom du corps autre que l'hydrogène, auquel on ajoute la terminaison **hydrique.** Ex. : acide chlorhydrique $HCl$, acide sulfhydrique $H^2S$. Les oxacides sont plus ou moins oxygénés. Au moins oxygéné on donne la terminaison **eux** : acide chloreux $ClO^2H$; au plus oxygéné on donne la terminaison **ique** : acide chlorique, $ClO^3H$. Un acide moins oxygéné que l'acide en eux ou en ique est appelé du nom de l'acide précédé du préfixe **hypo** : acide hypochloreux $ClOH$, acide hypophosphorique $P^2O^6H^4$. Un acide plus oxygéné que l'acide en ique est appelé du nom de l'acide en ique précédé du préfixe **per** : acide perchlorique $ClO^4H$.

**51. — Bases.** — Une base est un corps composé des éléments suivants : **un métal, de l'oxygène et de l'hydrogène.** On peut considérer une base comme le résultat d'une **combinaison d'un métal avec de l'eau, d'où il y a une élimination partielle d'hydrogène** provenant de l'eau décomposée. Jetons un morceau de sodium dans un verre d'eau : de l'hydrogène se dégage et le métal disparaît peu à peu en se dissolvant dans l'eau. Nous avons obtenu ainsi de la soude, qui est une base. Cette dissolution de soude **ramène au bleu le papier de tournesol rougi par un acide. Il en est de même de toutes les bases solubles.**

Les atomes d'une molécule d'eau $H^2O$ ou $HOH$ décomposée par le sodium, se répartissent de la manière suivante : le sodium se fixe sur le groupe $OH$, 1 atome d'hydrogène est dégagé. L'eau joue le rôle d'acide. Aussi on donne aux composés qui résultent d'une semblable réaction, le nom d'**hydrates.**

La dissolution de gaz ammoniac ramène au bleu le papier de tournesol rougi par un acide. On admet que cette dissolution est un hydrate d'ammonium AzH⁴OH. L'ammonium AzH⁴ ne se trouve pas à l'état isolé, mais il existe des sels d'ammonium.

Tous les métaux peuvent donner des oxydes basiques, mais pas tous des bases hydratées. Les bases usuelles sont :

La potasse ou hydrate de potassium    KOH
La soude    »    hydrate de sodium    NaOH
La chaux    »    hydrate de calcium    $Ca(OH)^2$
La baryte    »    hydrate de baryum    $Ba(OH)^2$.

**52. — Anhydrides acides. —** On appelle anhydrides acides **certains oxydes qui s'unissent à l'eau pour former des acides.** Ainsi, le soufre, en brûlant, se combine avec l'oxygène de l'air, pour former de l'oxyde de soufre. On ne lui donne pas ce nom : on l'appelle **anhydride sulfureux.** Il sert à préparer les sulfites et l'acide sulfurique.

Les anhydrides comme les acides sont plus ou moins oxygénés. Le nom qu'on leur donne exprime leur degré d'oxygénation. Ils sont désignés en faisant suivre le mot anhydride, du nom du corps simple auquel on ajoute la terminaison **eux** pour les moins oxygénés, et la terminaison **ique** pour les plus oxygénés.

Ex. : Anhydride sulfureux    $SO^2$;
—         sulfurique    $SO^3$.

**53. — Oxydes métalliques, anhydrides basiques. —** Un oxyde métallique est un composé formé par la **combinaison d'un métal avec l'oxygène.** On le désigne par le mot oxyde que l'on fait suivre de la préposition de et du nom du métal : oxyde de zinc $ZnO$.

On appelle anhydrides basiques les oxydes qui sont capables de prendre la place de l'eau dans les acides. Ex. : oxyde de calcium $CaO$.

Certains oxydes sont, comme les acides et les anhydrides, plus ou moins oxygénés. Dans ce cas, le moins oxygéné prend la terminaison **eux** : oxyde ferreux $FeO$; le plus oxygéné prend la terminaison **ique** : oxyde ferrique $Fe^2O^3$.

Il y a des métaux dont la même quantité se combine avec des quantités d'oxygène qui sont entre elles comme 1, $\frac{3}{2}$, 2. On leur donne les noms de **protoxyde**, de **sesquioxyde** et de **bioxyde**. Ex. :

| Manganèse Mn<br>55 grammes | + | Oxygène O<br>16 grammes | = Protoxyde de manganèse MnO |
|---|---|---|---|
| Manganèse<br>55 grammes | + | Oxygène<br>24 grammes | = Sesquioxyde de manganèse $Mn^2O^3$ |
| Manganèse<br>55 grammes | + | Oxygène<br>32 grammes | = Bioxyde de manganèse $MnO^2$. |

Quelques oxydes métalliques, en présence de l'eau, donnent des hydrates métalliques. Ainsi l'oxyde de calcium CaO, qui est la chaux vive, se transforme, en présence de l'eau, en hydrate de calcium $Ca(OH)^2$, qui est la chaux éteinte.

**54. — Oxydes neutres.** — Les **oxydes neutres** sont des **composés formés par la combinaison d'un corps avec l'oxygène.** Tel est l'oxyde de carbone. Ils n'ont **aucune des propriétés des anhydrides acides ou des anhydrides basiques.**

**55. — Sels.** — Un sel est un corps qui **résulte de la substitution d'un métal à de l'hydrogène d'un acide.** Lorsque la substitution est totale, le résultat est un **sel neutre.** Si la substitution n'est que partielle, le résultat est un **sel acide.** Ex. : l'acide sulfurique $SO^4H^2$ donne un sel neutre de potassium $SO^4K^2$, et un sel acide de potassium $SO^4HK$.

**Un sel est un corps décomposable par l'électricité.**

Pour désigner un sel, on exprime le nom de l'acide auquel on change la terminaison en **ate** si c'est un acide en **ique** : azotique fait azotate; en **ite** si c'est un acide en **eux** : azoteux fait azotite. On indique l'espèce du sel en ajoutant au nom de l'acide, dont on a changé la terminaison, le nom du métal.

Ex. : Azotate d'argent      $AzO^3Ag$
sulfite de potassium      $SO^3K^2$

Lorsqu'un métal forme deux oxydes, on désigne les sels correspondants, produits par le même acide, en exprimant le nom de l'oxyde au lieu du nom du métal. Ex. :

Le sulfate ferreux correspond à l'oxyde ferreux.
Le sulfate ferrique correspond à l'oxyde ferrique.

**56. — Composés non oxygénés.** — En dehors des hydracides qui contiennent de l'hydrogène, tous les corps que nous venons de voir : oxacides, bases, anhydrides, oxydes, sels, contiennent de l'oxygène. Il est d'autres corps qui ne contiennent pas d'oxygène. Ils ne sont ni acides, ni bases, ni sels. Ce sont des produits de la combinaison de deux métalloïdes ou d'un métalloïde et d'un métal. La désignation de ces corps est fondée sur l'observation suivante : lorsqu'on électrolyse un composé non oxygéné, l'un des éléments du composé se porte sur l'électrode négative, l'autre sur l'électrode positive. C'est le corps négatif que l'on désigne le premier en le faisant suivre de la terminaison **ure**. Mais on l'écrit le dernier dans la formule. Ex. : sulfure de fer $FeS$, chlorure de mercure $Hg^2Cl^2$.

Lorsque deux corps forment plusieurs combinaisons, on emploie les préfixes **proto, bi, tri, tétra, penta**. Ex. :

| | | |
|---|---|---|
| Protosulfure de potassium | | $K^2S$ |
| Bisulfure | — | $K^2S^2$ |
| Trisulfure | — | $K^2S^3$ |
| Tétrasulfure | — | $K^2S^4$ |
| Pentasulfure | -- | $K^2S^5$ |

**57. — Valence des atomes.** — Si l'on considère les proportions suivant lesquelles les corps se combinent entre eux, on constate que la **capacité de combinaison** ou **valence** n'est pas la même dans tous les corps.

Ainsi le fluor, le chlore, le brome, l'iode ne se combinent qu'à **un** atome d'hydrogène pour donner une molécule d'hydracide. On dit qu'ils sont **monovalents**.

L'oxygène, le soufre se combinent à **deux** atomes d'hydrogène. On dit qu'ils sont **divalents**.

L'azote, le phosphore, l'arsenic se combinent à **trois** atomes d'hydrogène. On dit qu'ils sont **trivalents**.

Le carbone, le silicium se combinent à **quatre** atomes d'hydrogène. On dit qu'ils sont **tétravalents**.

C'est suivant cette valence déduite des combinaisons hydrogénées qu'on classe ordinairement les métalloïdes en quatre familles.

On peut exprimer la valence par une représentation graphique.

Ainsi la molécule d'acide chlorhydrique $HCl$ formée de 1 atome de chlore et de 1 atome d'hydrogène, est figurée par $H — Cl$;

celle de l'eau $H^2O$ par $H — O — H$;

celle de l'ammoniaque $AzH^3$ par
$$Az \!\!\!\!\!\bigg\langle \begin{matrix} H \\ H \\ H \end{matrix}$$

celle du méthane $CH^4$ par

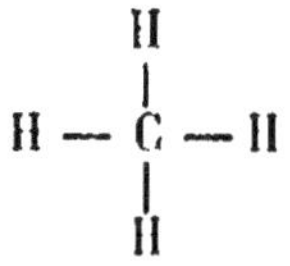

$$H - \overset{\displaystyle H}{\underset{\displaystyle H}{\overset{|}{\underset{|}{C}}}} - H$$

Les traits indiquent les relations d'affinité de l'atome central avec les atomes d'hydrogène.

La valence des métaux est ordinairement déduite de leurs combinaisons avec le chlore.

Ainsi le potassium, le sodium, l'argent sont monovalents; la molécule de chlorure sera donc de la forme $MCl$ ($M$ représentant le métal).

Le calcium, le magnésium, le zinc sont divalents; la molécule de chlorure sera donc de la forme $MCl^2$ ou $Cl - M - Cl$.

L'aluminium, l'or sont trivalents; la molécule de chlorure sera donc de la forme $MCl^3$

$$\text{ou} \qquad M \Big\langle \begin{matrix} Cl \\ Cl \\ Cl \end{matrix}$$

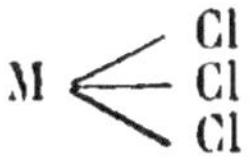

Le platine, le plomb sont tétravalents; la molécule de chlorure sera donc de la forme $MCl^4$

$$\text{ou} \qquad Cl - \overset{\displaystyle Cl}{\underset{\displaystyle Cl}{\overset{|}{\underset{|}{M}}}} - Cl$$

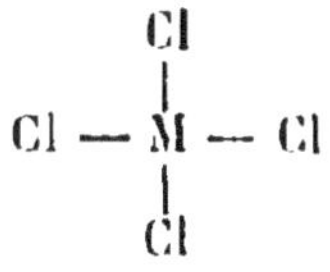

La valence des atomes se retrouve encore lorsqu'un élément se substitue à un autre. Ainsi un atome de sodium monovalent remplace un atome d'hydrogène monovalent dans $HCl$ acide chlorhydrique, pour donner $NaCl$ chlorure de sodium.

Un atome d'un corps divalent joue le rôle de 2 atomes d'un corps monovalent; l'atome d'un corps trivalent joue le rôle de 3 atomes d'un corps monovalent.

Dans la réaction suivante :

$$Zn \quad + \quad SO^4 \overline{|H^2|} \quad = \quad SO^4 \overline{|Zn|} \quad + \quad 2\,H$$

zinc       acide sulfurique       sulfate de zinc       hydrogène

1 atome de zinc prend la place des 2 atomes d'hydrogène. Il en est ainsi parce que le zinc est divalent.

Dans cette autre réaction :

$$2\,KOH \;+\; SO^4 \,|\, H^2 \,| \;=\; SO^4 \,|\, K^2 \,| \;+\; 2\,H^2O$$

hydrate de potassium — acide sulfurique — sulfate de potassium — eau

2 atomes de potassium prennent la place des 2 atomes d'hydrogène, parce que le potassium est monovalent.

1 atome de zinc et 2 atomes de potassium s'équivalent vis-à-vis de 2 atomes d'hydrogène.

La notion de valence s'étend même aux groupes fictifs privés d'un ou de plusieurs atomes. Les groupes

$$- OH \qquad\qquad - Az \Big\langle {H \atop H} \qquad\qquad - CH^3$$

sont dits monovalents ;

$= CH^2$ est divalent ;

$\equiv CH$ est trivalent.

**58. — Radicaux.** — Lavoisier appelait *radical* le corps simple qui s'unit à l'oxygène pour former un acide ou une base. Cette conception est trop restreinte : il existe aussi des groupements de corps qui jouent dans les réactions le rôle de corps simples et restent intacts. Ce sont ces groupements qu'on appelle aujourd'hui des radicaux.

La théorie des radicaux est liée à la notion de valence.

Les radicaux jouent un très grand rôle dans la chimie organique.

**59. — Métalloïdes.** — Les corps simples sont divisés en deux groupes : les **métalloïdes** et les **métaux**.

**Les métalloïdes ne produisent jamais de bases en se combinant avec l'oxygène, mais seulement des oxydes neutres ou des anhydrides d'acides.** Ils conduisent mal la chaleur et l'électricité. Tels sont parmi les gaz : l'hydrogène, l'oxygène, l'azote, le chlore, et parmi les solides, le soufre, le phosphore, l'arsenic, l'antimoine.

Les métalloïdes sont classés d'après leur valence en plusieurs groupes : les monovalents, les divalents, etc.

**60. — Métaux.** — **Les métaux en se combinant avec l'oxygène forment au moins un oxyde basique.** Ils conduisent bien la chaleur et l'électricité ; fraîchement coupés, ils ont un éclat brillant. Tels sont le potassium, le sodium, le calcium, le magnésium, le zinc, l'aluminium, le fer, le manganèse, le nickel, l'étain, le bismuth, le cuivre, le plomb, l'argent, le platine, l'or, le mercure qui est liquide.

**61. — Équations chimiques**. — La formule d'un corps composé est représentée par les symboles des composants, affectés chacun du coefficient qui répond au nombre d'atomes de chacun d'eux. Ainsi une molécule d'eau étant formée de 2 atomes d'hydrogène et de 1 atome d'oxygène, la formule de l'eau est $H^2O$. Si l'on considère la molécule-gramme, cette formule $H = 2 + O = 16$, signifie 18 grammes.

À l'aide des symboles que l'on dispose en équations, on exprime d'une manière très simple les réactions des corps les uns sur les autres. Le premier membre de l'équation présente les corps mis en présence, le second présente les résultats des réactions. Si l'on veut exprimer, par exemple, la décomposition de l'oxyde de mercure $HgO$, on écrit :

$$HgO \;=\; Hg \;+\; O$$

$$\text{oxyde} \qquad \text{mercure} \qquad \text{oxygène}$$
$$\text{de mercure}$$

Le poids atomique du mercure étant 200 et le poids atomique de l'oxygène 16, cette équation signifie que 216 grammes d'oxyde de mercure donnent 200 grammes de mercure et 16 grammes d'oxygène.

---

QUATRIÈME LEÇON

## MÉTALLOIDES

### HYDROGÈNE — OXYGÈNE — EAU

# Hydrogène

## H

Atome-gramme : 1 gr.
Molécule-gramme : 2 gr.

**62. — État naturel de l'hydrogène.** — On ne rencontre un peu d'hydrogène à l'état de liberté que dans les gaz volcaniques; on en trouve de petites quantités dans l'air. Mais il existe combiné avec beaucoup de corps. Il entre dans la composition de l'eau et des acides.

## 65. — **Préparation de l'hydrogène**. — L'hydrogène est

obtenu dans les laboratoires par la décomposition d'un acide à l'aide d'un métal. Dans un flacon à deux tubulures (fig. 12) on introduit une certaine quantité de grenaille de zinc et d'eau, et, par le tube à entonnoir, on verse peu à peu de l'acide sulfu-

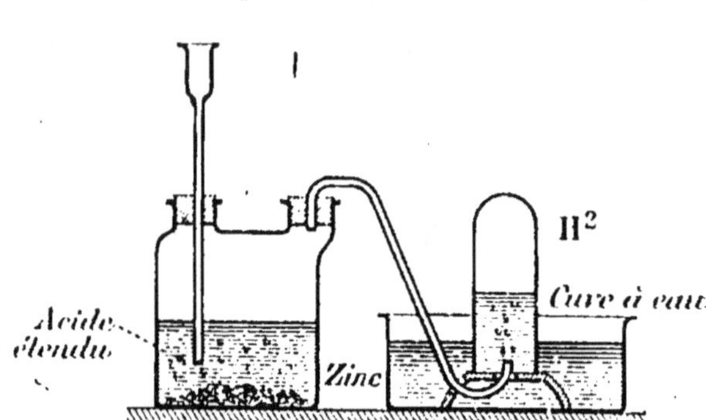


Fig. 12. — Préparation de l'hydrogène.

rique étendu au préalable de deux à trois fois son volume d'eau. L'acide est décomposé : le zinc prend la place de l'hydrogène. Un sel se forme et l'hydrogène se dégage :

$$Zn \quad + \quad SO^4H^2 \quad = \quad SO^4Zn \quad + \quad H^2$$

zinc      acide      sulfate      hydrogène<br>sulfurique      de zinc

On prépare l'hydrogène par électrolyse de l'eau, ou par la décompo-

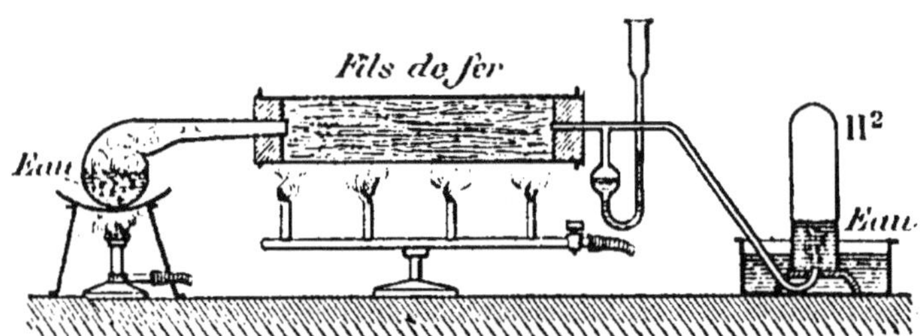


Fig. 13. — Préparation de l'hydrogène.

sition de la vapeur d'eau à l'aide de fer porté au rouge. L'eau en passant dans un tube en porcelaine sur des fils de fer portés au rouge (fig. 13) est décomposée : son oxygène se porte sur le fer, l'hydrogène se dégage. **Procédé industriel, électrolyse de l'eau.**

L'électrolyte est une solution alcaline (15% de soude ou de potasse);

les électrodes sont en plomb ou en charbon. On emploie aussi des électrodes en fer. Dans ce cas, un vase cylindrique en fonte sert de cathode; un cylindre en tôle perforée, au centre, sert d'anode. L'anode est entourée d'une toile poreuse en amiante, pour éviter le mélange des deux gaz.

On recueille séparément l'hydrogène et l'oxy-

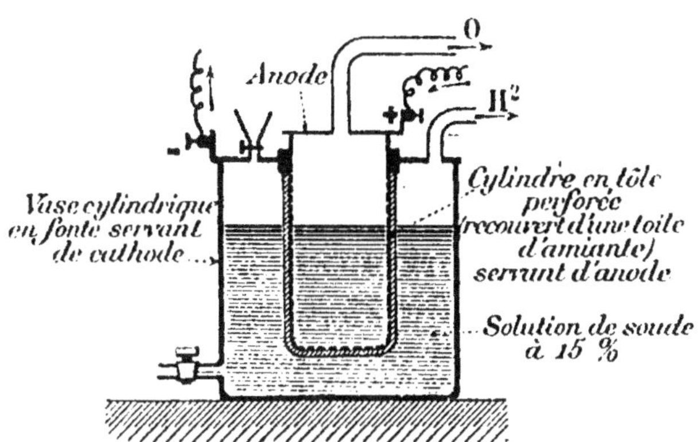


Fig. 14. — Préparation industrielle de l'hydrogène.

gène par les conduits qu'indique la figure (fig. 14). On les fait barboter dans l'acide sulfurique qui retient l'eau entraînée et on les recueille dans des tubes en acier où ils sont comprimés à 120 atmosphères.

## 64. — Propriétés physiques de l'hydrogène. —

L'hydrogène est un gaz incolore, inodore et sans saveur. Il n'entretient pas la respiration, mais n'est pas vénéneux. C'est le plus léger de tous les corps. Sa densité, par rapport à l'air, est 0,06947. A la température 0° et sous la pression 760$^{mm}$, un litre d'air pesant 1$^{gr}$,293, un litre d'hydrogène pèsera 1$^{gr}$,293 $\times$ 0,06947 = 0$^{gr}$,0898. L'hydrogène traverse les corps poreux, plus facilement que les autres gaz. L'hydrogène est très peu soluble dans l'eau, il est très difficilement liquéfiable.

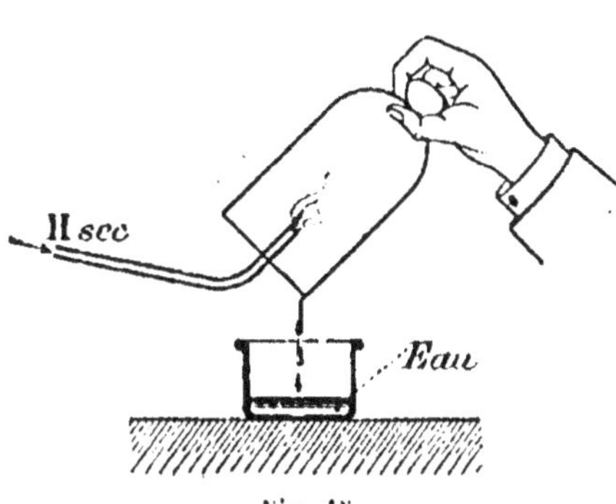


Fig. 15.

## 65. — Propriétés chimiques de l'hydrogène.

— L'oxygène à la température ordinaire est sans action sur l'hydrogène, mais l'hydrogène brûle à l'air, à la pointe d'un tube effilé. La flamme de l'hydrogène très chaude, est peu éclairante. Pour rendre la flamme de l'hydrogène éclairante, on n'a qu'à faire passer le gaz dans un tube bourré de coton imprégné de benzine ou de pétrole. Car une flamme est d'autant plus éclairante qu'elle contient plus de carbone. La flamme de l'hydrogène reçue sur une soucoupe ne laisse pas de trace; mais si elle a traversé du coton imprégné de benzine, la soucoupe se couvre de noir de fumée. Le noir est produit par les carbures d'hydrogène (benzine, pétrole, etc.) mis en liberté par la chaleur de la flamme. C'est le carbone rendu incandescent, qui donne à la flamme son pouvoir éclairant.

Si l'on couvre d'une cloche de verre une flamme d'hydrogène (fig. 15), on voit tomber des gouttes d'eau qui se sont condensées sur les parois de la cloche. L'eau résulte d'une combinaison représentée par l'équation suivante :

$$2H + O = H^2O$$
hydrogène     oxygène     eau

Cette combinaison devient explosive si elle a lieu à une température voisine de 550°.

L'hydrogène a la **propriété de réduire un grand nombre**

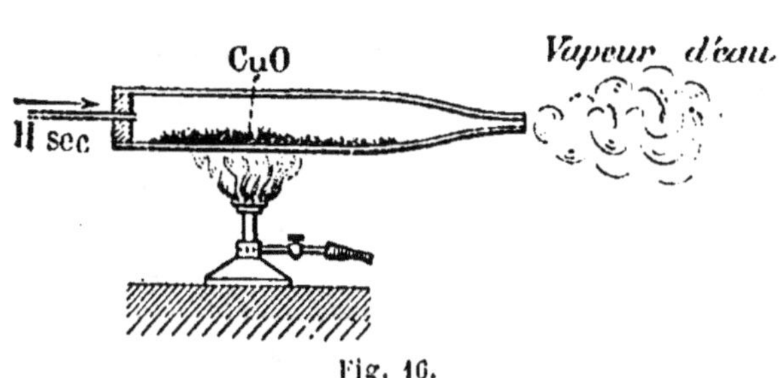


Fig. 16.

**d'oxydes métalliques.** Il se combine aussi très facilement au chlore, au brome, pour donner des hydracides. (Un corps réducteur est celui qui s'empare de l'oxygène d'un corps composé.)

La propriété réductrice de l'hydrogène tient à ce que ce gaz dégage en se combinant avec l'oxygène de l'oxyde, plus de chaleur que la formation de l'oxyde n'en avait produit. L'oxyde de cuivre chauffé légèrement est réduit par l'hydrogène qu'on fait arriver. Il se forme de la vapeur d'eau qui se dégage (fig. 16) et il reste du cuivre :

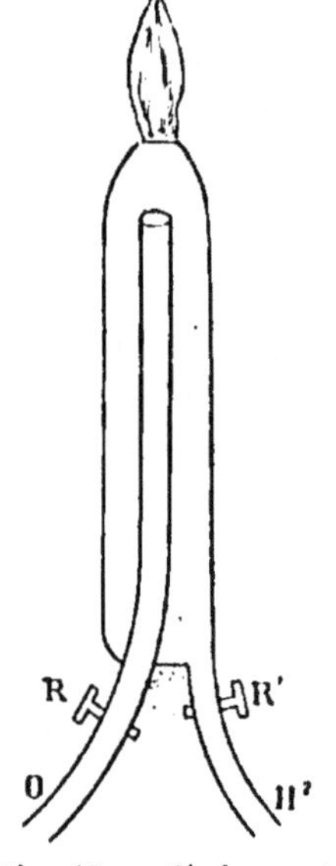


Fig. 17. — Chalumeau.

$$CuO + 2H = Cu + H^2O$$
oxyde de cuivre     Hydrogène     cuivre     eau

Un mélange de 2 volumes d'hydrogène et de 1 volume d'oxygène détone avec violence au contact d'une flamme.

**66. — Usages de l'hydrogène.** — L'hydrogène est employé au gonflement des ballons. La combustion de l'hydrogène en présence de l'oxygène permet d'atteindre une température considérable. On construit un chalumeau spécial (fig. 17) où les deux gaz parcourent deux tubes concentriques; l'oxygène arrive par le tube central, l'hydrogène se dégage par le tube annulaire. Le débit de ce tube est le double du débit de l'autre, de manière à mélanger constamment 2 volumes d'hydrogène pour 1 volume d'oxygène. La flamme du chalumeau sert surtout à obtenir la soudure autogène des métaux.

Lorsqu'on dirige la flamme du chalumeau sur un fragment de chaux, on produit une lumière éblouissante, qu'on appelle *lumière oxhydrique*.

# Oxygène

## O

**Divalent.**
**Atome-gramme : 16 gr.**
**Molécule-gramme : 32 gr.**

**67. — État naturel de l'oxygène.** — L'oxygène existe à l'état de liberté dans l'air dont il forme 1/5 en volume. On le trouve combiné dans l'eau et dans un grand nombre de composés organiques et minéraux.

**68. — Préparation de l'oxygène.** — Dans les laboratoires, on prépare l'oxygène en décomposant par la chaleur, dans un ballon en verre (fig. 18), le chlorate de potassium, auquel on a ajouté un peu d'oxyde de manganèse. Ce corps assure la décomposition complète et plus facile du chlorate à température modérée. On dit dans ce cas que l'oxyde de manganèse a une action catalytique.

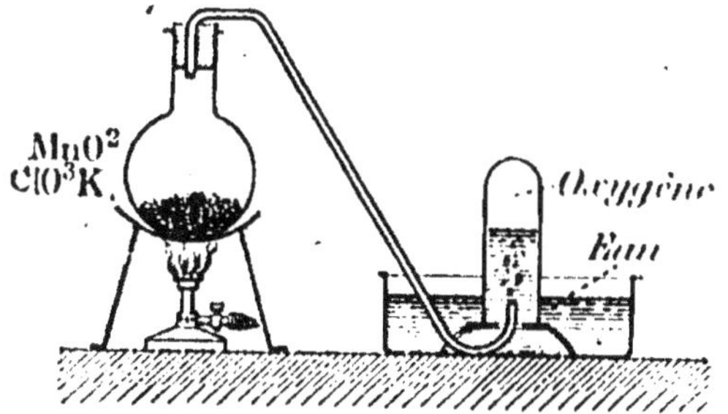


Fig. 18. — Préparation de l'oxygène.

Le chlorate de potassium en fondant abandonne son oxygène et se transforme en chlorure de potassium. L'oxygène dégagé est recueilli dans une éprouvette :

$$2 ClO^3 K \;=\; 2 KCl \;+\; 3 O^2$$

chlorate de potassium     chlorure de potassium     oxygène

Ordinairement on munit le tube de dégagement d'un tube de sûreté pourvu d'une ampoule emplie d'eau. Lorsque la pression diminue dans la cornue, de l'air atmosphérique rentre par le tube de sûreté à travers la petite masse d'eau. On empêche ainsi l'eau de la cuve de monter dans la cornue, ce qui produirait une explosion.

L'industrie prépare l'oxygène en liquéfiant d'abord l'air, qui est un mélange d'oxygène et d'azote; puis en soumettant l'air liquide à la distillation fractionnée, qui sépare l'azote de l'oxygène. On prépare aussi l'oxygène par électrolyse de l'eau, comme nous l'avons vu précédemment pour l'hydrogène.

On prépare encore l'oxygène au moyen de la décomposition à froid par l'eau de l'*oxylithe*; c'est un bioxyde de sodium préparé industriellement :

$$Na^2 O^2 \;+\; H^2 O \;=\; 2 NaOH \;+\; O$$

oxylithe     eau     hydrate de sodium     oxygène

### 69. — Propriétés physiques de l'oxygène.

— L'oxygène est un gaz incolore, inodore et sans saveur. Sa densité étant de 1,1050, il est plus lourd que l'air : $1,1050 \times 1,293 = 1^{gr},429$. Il est peu soluble dans l'eau et assez difficilement liquéfiable.

Sous l'influence de certaines décharges électriques faiblement lumineuses ou obscures, nommées effluves, l'oxygène diminue de volume et acquiert des propriétés différentes. Trois volumes d'oxygène se condensent en deux volumes d'un nouveau gaz nommé *ozone*. Une telle **transformation qui ne change pas la composition d'un corps est dite allotropique.**

L'ozone a la propriété de détruire les microbes des maladies contagieuses; aussi il est employé à la stérilisation de l'eau.

### 70. — Propriétés chimiques de l'oxygène.

— L'oxygène est un **comburant**, c'est-à-dire qu'il entretient la combustion; lorsqu'il est pur, il l'excite considérablement. En effet, une allumette qui ne présente plus qu'un point en ignition et qui va s'éteindre, plongée dans l'oxygène, s'y rallume et brûle avec éclat. Fixons à un bouchon un ressort de montre roulé en spirale (fig. 19), au bout duquel est attaché un morceau d'amadou enflammé. Fermons avec ce bouchon l'ouverture d'un flacon plein d'oxygène. Le ressort est alors tout entier dans le flacon. Aussitôt le fer brûle avec éclat, des étincelles éblouissantes jaillissent.

Il suffit pour détruire l'élasticité du ressort et pouvoir par conséquent le dérouler, de l'avoir fait rougir au feu.

Un charbon incandescent (fig. 20) introduit dans un flacon d'oxygène se consume rapidement en produisant une vive lumière et en dégageant une grande quantité de chaleur.

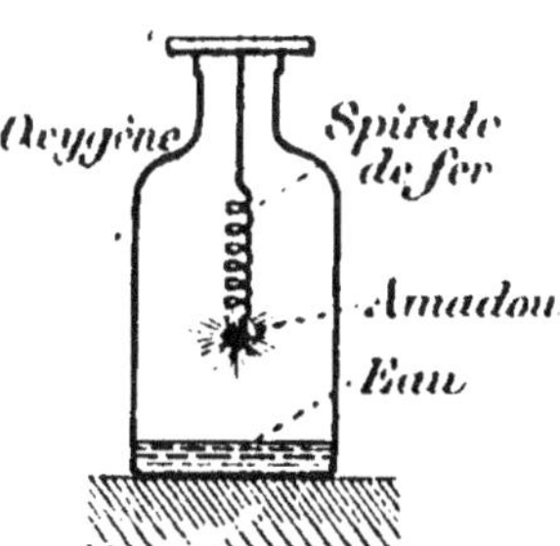

Fig. 19. — Combustion du fer dans l'oxygène.

Le soufre enflammé introduit dans un flacon d'oxygène, au moyen d'une coupelle en terre, suspendue à un fil de fer, brûle avec une flamme bleuâtre intense (fig. 21); il se forme de l'anhydride sulfureux.

Fig. 20. — Combustion du carbone dans l'oxygène.

### 70 bis. — Usages de l'oxygène. —

L'oxygène est utilisé en médecine : les inhalations d'oxygène combattent par exemple l'empoisonnement par le gaz de l'éclairage. Il sert à fabriquer l'eau oxygénée, qui est un antiseptique. On l'emploie pour faire la soudure autogène au chalumeau oxhydrique comme nous l'avons vu pour l'hydrogène.

Toutes les fois qu'un corps brûle rapidement, ce phénomène est appelé **combustion vive**, parce que la fixation d'oxygène a lieu avec dégagement de chaleur sensible et production de lumière. Si l'oxygène est fixé lentement sans production de chaleur sensible ni de lumière, le phénomène qui est encore une combustion, mais une **combustion lente**, porte le nom **d'oxydation**. L'oxydation n'élève pas la température des corps, parce que la chaleur dégagée très lentement, est absorbée par les corps voisins. Telle est l'oxydation du fer au contact de l'air, qui forme une croûte jaunâtre à la surface du métal. On l'appelle *rouille*.

La respiration est un phénomène de combustion lente. C'est une

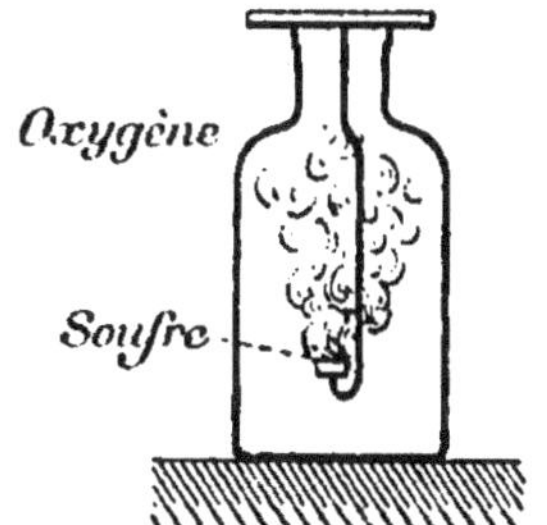

Fig. 21. — Combustion du soufre dans l'oxygène.

fonction en vertu de laquelle le sang reçoit de l'oxygène qu'il distribue dans tout l'organisme pour que s'y effectuent les combustions.

La respiration est un échange : absorption d'oxygène et élimination de gaz carbonique.

En effet, si l'on souffle dans un tube qui plonge dans de l'eau de chaux limpide (fig. 22), l'eau de chaux est troublée : il se forme du carbonate de calcium au contact du gaz carbonique expiré.

L'oxygène qui passe dans le sang s'y dissout et se fixe sur l'hémoglobine avec laquelle il forme un composé stable; ce composé se dissocie pour oxyder les tissus dans les capillaires.

Fig. 22.

## 71. — Applications.

— Les applications de l'oxygène sont très nombreuses. Il intervient dans l'industrie (oxygène de l'air) pour la fabrication de nombreux produits tels que l'acide sulfurique, le chlore, l'anhydride arsénieux, l'ozone, le grillage des pyrites, etc.

L'oxygène est le *comburant* c'est-à-dire qu'il se combine avec d'autres corps pour donner lieu à la combustion. C'est l'agent des combustions.

# Eau

## $H_2O$

### Molécule-gramme : 18 gr.

## 72. — État naturel de l'eau.

— L'eau est la substance la plus répandue dans la nature. Elle recouvre les trois quarts de la surface du globe et se trouve associée à un très grand nombre de composés.

## 73. — Composition de l'eau en volume.

— L'eau est un corps composé de deux gaz : **2 volumes d'hydrogène et 1 volume d'oxygène, condensés en 2 volumes de vapeur d'eau.** En effet, quand on décompose l'eau au moyen du voltamètre, on constate que l'hydrogène recueilli à l'électrode négative a un volume double de l'oxygène recueilli a l'électrode positive.

On le prouve encore à l'aide d'un *eudiomètre* (fig. 23). L'eudiomètre est un tube gradué dans lequel on peut faire éclater une étincelle électrique. On introduit dans l'eudiomètre 100 volumes d'hydrogène et 50 volumes d'oxygène; on le fait reposer sur une cuve à mercure, puis on fait éclater une étincelle. Aussitôt les gaz disparaissent complètement et l'on constate que de l'eau s'est formée et condensée sur les parois du tube.

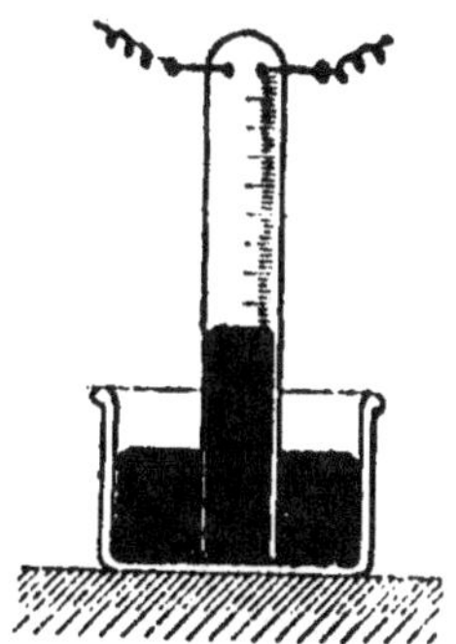

Fig. 23. — Eudiomètre.

## 74. — Composition de l'eau en poids.

— Une molécule d'eau est formée de 2 grammes d'hydrogène et de 16 grammes d'oxygène. On le montre par la synthèse de Dumas, qui consiste à faire passer un courant d'hydrogène (fig. 24) sur de l'oxyde de cuivre chauffé. L'hydrogène s'empare de l'oxygène de l'oxyde pour former de l'eau, et le cuivre est mis en liberté. Le poids de l'oxygène étant la différence entre le poids de l'oxyde et le poids du cuivre, et le poids de l'hydrogène étant la différence entre le poids de l'eau et le poids de l'oxygène, on fait des pesées successives. On trouve pour 100 grammes d'eau, 11$^{gr}$,11 d'hydrogène et 88$^{gr}$,89 d'oxygène, proportions qui répondent bien pour une molécule à 2 grammes d'hydrogène et 16 grammes d'oxygène.

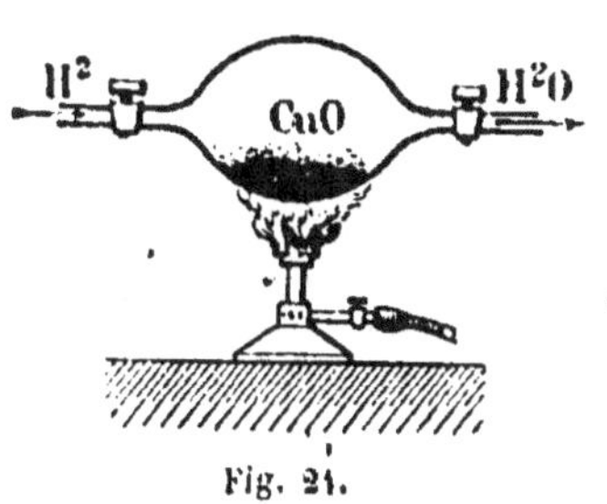


Fig. 24.

## 75. — Propriétés physiques de l'eau.

— L'eau pure est solide et liquide à 0°, car la glace fond à 0° et l'eau se congèle à 0°; elle est solide au-dessous de 0° et gazeuse au-dessus de 100° sous la pression ordinaire. A la température ordinaire, l'eau est transparente et incolore sous une faible épaisseur. L'eau est la substance dont le poids de 1 centimètre cube à 4° a été pris pour unité de poids : le gramme. Elle a été prise aussi comme élément de comparaison pour exprimer la densité des corps liquides et solides.

A la pression ordinaire un litre d'eau produit 1.697 litres de vapeur. Au-dessous de 0°, l'eau cristallise en prismes variés très réguliers (fig. 25). Lorsqu'elle se transforme en glace, elle augmente en même temps de volume et par conséquent sa densité diminue, c'est ce qui explique que la glace flotte. L'accroissement de volume qu'elle subit dans ce cas, donne à la glace une force d'expansion considérable. Une bombe en fer remplie d'eau se brise quand l'eau se congèle, c'est à ce phénomène qu'est due la désagrégation des pierres poreuses, dites *gélives* : elles se fendent.

L'eau prise à la température de 4 degrés, se dilate si elle est chauffée, et elle se dilate encore au lieu de se contracter, si elle est refroidie à partir de 4 degrés jusqu'à zéro.

Étant donné que la densité d'un liquide diminue lorsque sa dilatation

Fig. 25. — Cristaux de neige et de glace.

augmente, on voit que le **maximum de densité de l'eau est à 4 degrés**. Autrement dit un litre d'eau prise, par exemple, à 2 degrés, et un litre d'eau prise, par exemple, à 7 degrés, sont un peu moins lourds chacun qu'un litre d'eau à 4 degrés. Il résulte de cette observation que l'eau acquiert ainsi **à 4° son minimum de volume**.

Cette propriété de l'eau a une conséquence qui montre combien est prévoyante la Providence. Pour que les poissons puissent vivre, l'eau des lacs, des rivières, etc., conserve toujours au delà d'une certaine profondeur la température invariable de 4°, même lorsque la surface est congelée. Voici pourquoi :

Si les couches superficielles s'échauffent au-dessus de 4°, ou se refroidissent au-dessous de 4°, elles se dilatent dans les deux cas. Elles ont par conséquent une densité plus faible que la densité des couches profondes et sont par suite plus légères. Alors les couches superficielles ne se mélangent pas avec les couches profondes. Les couches voisines de la surface se refroidissent, la surface se congèle, mais les couches du fond gardent leur température normale, car la glace forme un écran protecteur contre le froid extérieur.

L'eau bout à 100° sous la pression de 76 centimètres. Elle dissout un grand nombre de corps solides et gazeux.

**76. — Propriétés chimiques de l'eau.** — L'eau n'est décomposable par l'électricité que si elle tient un corps en dissolution; l'eau pure n'est pas décomposable par le courant électrique; mais elle est décomposable par la chaleur en hydrogène et oxygène. Vers 1.000° elle commence à se dissocier en ses éléments.

Lorsqu'on fait passer de la vapeur d'eau sur du charbon contenu dans un tube de porcelaine chauffé au rouge vif, il se forme de l'oxyde de carbone et de l'oxygène :

$$H^2O \ + \ C \ = \ CO \ + \ 2H$$
eau  carbone  oxyde de carbone  hydrogène

En présence de la chaleur ou de la lumière, le chlore décompose l'eau : il s'empare de l'hydrogène pour former de l'acide chlorhydrique et l'oxygène est mis en liberté.

Le potassium et le sodium décomposent l'eau : il se forme de la potasse et de la soude qui se dissolvent et de l'hydrogène qui se dégage. Avec le potassium, la chaleur dégagée enflamme l'hydrogène.

Beaucoup de métaux décomposent la vapeur d'eau à une température élevée. Les anhydrides acides au contact de l'eau donnent des acides. Un certain nombre d'oxydes métalliques en présence de l'eau donnent des hydrates.

L'eau a une action **catalytique** sur un grand nombre de réactions qu'elle favorise.

### EAUX NATURELLES

**77.** — Les eaux naturelles sont celles que l'on trouve sur la terre. Elles ne sont pas pures : elles se sont chargées de matières étrangères au contact de l'air et du sol. Elles ont dissous des gaz de l'atmosphère; elles ont dissous dans les terrains qu'elles ont parcouru différents sels; elles se sont souillées souvent de matières organiques et elles ont entraîné des microbes. Les eaux naturelles forment deux groupes : les *eaux douces* et les *eaux minérales.*

**Eaux douces.**

Les eaux douces sont celles qui sont pauvres en matières minérales dissoutes. Elles contiennent peu de gaz dissous. L'eau de pluie est le type des eaux douces. Les eaux de fontaines, livrées à la consommation, sont des eaux douces reconnues bonnes; on peut les boire sans danger. Il n'en est pas de même de toutes les eaux.

### Eaux minérales.

Les eaux minérales sont riches en matières minérales dissoutes; elles contiennent des gaz en dissolution. L'eau de mer est le type des eaux minérales. Mais il existe sur terre un grand nombre de sources d'eaux minérales; les unes sont médicinales; d'autres sont impropres à la consommation.

Certaines eaux contiennent plus ou moins de sulfate de calcium ou plâtre. Ces eaux, appelées *séléniteuses,* sont impropres à la consommation. Elles ne cuisent pas les légumes et ne dissolvent pas le savon. Les eaux de puits sont assez souvent séléniteuses. Les eaux chargées de sulfate de calcium ou de carbonate de calcium encroûtent les chaudières par dépôt de leurs sels.

L'eau jouant un grand rôle dans l'industrie : sucrerie, blanchiment, tannerie, brasserie, etc., il est nécessaire qu'elle contienne très peu de matières étrangères.

Certaines eaux souterraines contiennent beaucoup de gaz carbonique en dissolution. Grâce à ce gaz, elles dissolvent une grande quantité de carbonate de calcium. Mais dès qu'elles arrivent à l'air, abandonnant une partie de leur gaz, elles déposent en même temps sur les objets avec lesquels elles sont en contact, du carbonate de calcium qui donne à ces objets l'apparence de pierres. On dit que ces eaux sont *incrustantes.* Il existe une source d'eau incrustante à Clermont-Ferrand. On y voit par exemple un nid d'oiseau, un raisin, qui ont pris lentement l'apparence de pierres.

### 78. — Eau potable. — Il n'existe pas d'eau complètement

pure. Elle est toujours plus ou moins chargée de substances étrangères. Déjà, dans sa chute des nuages, l'eau de pluie recueille des gaz. Arrivée dans le sol, selon la nature du terrain qu'elle traverse, elle dissout au passage des matières minérales. Ces matières la rendent, suivant le cas, **potable,** c'est-à-dire bonne à boire, ou **médicinale,** telle est l'eau de Vichy; ou enfin **impropre à la consommation.**

Une eau potable est **fraîche, limpide, inodore; elle tient en dissolution de petites quantités de phosphate de calcium, de carbonate de calcium et de chlorure de sodium. Elle cuit les légumes et dissout le savon. Enfin elle ne doit contenir aucune matière organique, débris ou microbes.**

Évaporée à sec, une eau potable doit abandonner au plus par litre cinq décigrammes de résidus solides.

## 70. — Épuration des eaux.

— Lorsqu'on n'est pas sûr de la qualité de l'eau, il faut la filtrer et la faire bouillir ensuite pendant une vingtaine de minutes au moins. Il est souvent indispensable de la faire bouillir sous pression, à 120°. Le filtre arrête les matières solides; le charbon de bois qu'il contient, rend l'eau limpide et absorbe les mauvaises odeurs, mais n'arrête pas toujours les microbes.

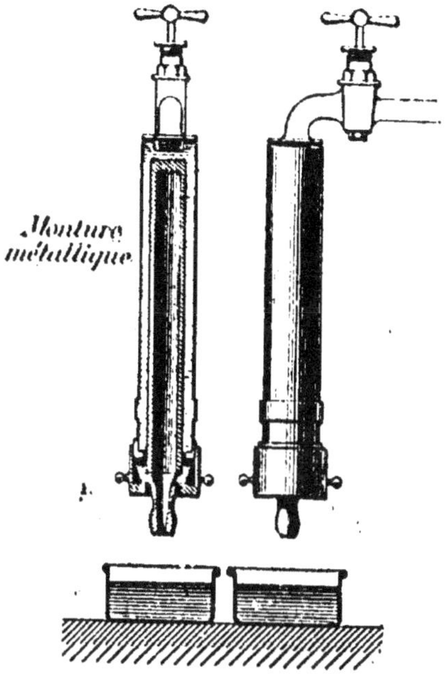

Le filtre le plus simple se compose d'une couche de charbon de bois réduit en poudre, placée entre deux couches de sable fin.

Un excellent filtre est le filtre Chamberland (fig. 26). C'est un tube de porcelaine poreuse qui laisse passer l'eau et retient les matières solides, aussi ténues qu'elles soient. La *bougie* de porcelaine est placée dans une enveloppe métallique où elle affleure à la partie inférieure en sortant un peu. Un joint en caoutchouc rend étanche l'espace compris entre la bougie et l'enveloppe. La partie supérieure communique avec un récipient qui amène l'eau sous pression, par exemple un branchement sur une canalisation de la C^{ie} des eaux. L'eau rentre dans la bougie et tombe goutte à goutte par le bas. La bougie se recouvrant rapidement d'un enduit glaireux, il faut la nettoyer souvent à la brosse.



Fig. 26. — Filtre Chamberland.

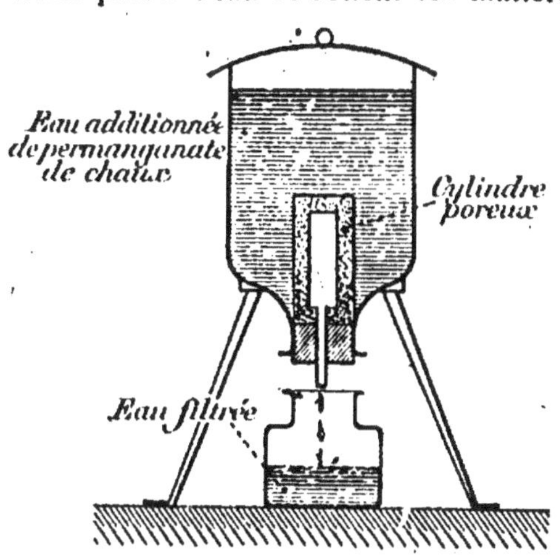



Fig. 27.

On stérilise aussi l'eau avec l'ozone. L'eau est pulvérisée dans un courant ascendant d'air ozonisé par les effluves électriques.

Un bon moyen consiste à traiter l'eau suspecte par le permanganate de calcium (fig. 27). L'eau devient rosée. Après quatre ou cinq heures on filtre sur le charbon. Le permanganate de calcium est décomposé. L'acide carbonique de l'eau facilite l'action du permanganate; il met l'acide permanganique en liberté et celui-ci agit sur les matières organiques. L'excès de permanganate disparaît lorsqu'on ajoute à l'eau un peu de vin, d'alcool, de quinquina, de réglisse ou une autre matière organique utilisée pour la boisson. Le carbonate de calcium formé est sans inconvénient pour la santé.

L'eau stérilisée doit être encore potable pour être propre à la boisson.

## 80. — Eau oxygénée.

— L'eau oxygénée est un liquide incolore, d'une saveur métallique. C'est un oxydant énergique. L'eau oxygénée est employée pour décolorer les plumes, pour blanchir la soie, le lin, les éponges, l'ivoire, la paille, pour restaurer les vieux tableaux noircis par le temps. Elle est employée en médecine comme antiseptique pour laver les plaies. Elle produit sur la peau une petite sensation de brûlure. L'eau oxygénée doit être mise à l'abri de la chaleur. Elle se décompose à la température de 20°. Le voisinage de certains corps tels que le charbon et l'argent la décomposent également.

On prépare industriellement l'eau oxygénée en traitant le bioxyde de baryum par l'acide chlorhydrique étendu d'eau. On obtient du chlorure de baryum et de l'eau oxygénée :

$$BaO^2 \quad + \quad 2HCl \quad = \quad H^2O^2 \quad + \quad BaCl^2$$

| bioxyde | acide | eau | chlorure |
|---|---|---|---|
| de baryum | chlorhydrique | oxygénée | de baryum |

## CINQUIÈME LEÇON

## FLUOR — CHLORE — ACIDE CHLORHYDRIQUE — ACIDE HYPOCHLOREUX — ACIDE CHLORIQUE — ACIDE PERCHLORIQUE — CHLORURES DÉCOLORANTS — BROME — IODE

# Fluor

### F

**Monovalent.**
**Atome-gramme : 19 gr.**

**81. — Généralités.** — Le fluor est un gaz d'une couleur jaune très pâle, d'une odeur irritante. Il a des propriétés chimiques analogues à celles du chlore. On l'extrait du fluorure de calcium $CaF^2$.

Le fluor enflamme l'iode, le soufre, le phosphore, l'arsenic, etc. Mélangé avec l'hydrogène, il détone. Il décompose les chlorures, les iodures et les bromures.

L'acide fluorhydrique HF est extrait également du fluorure de calcium. C'est un liquide très avide d'eau. On l'emploie pour la fabrication de l'eau oxygénée en le faisant réagir sur le bioxyde de baryum. On grave le verre avec de l'acide fluorhydrique qui a la propriété de l'attaquer. On se sert de cet acide pour tracer la graduation des thermomètres. L'acide fluorhydrique est dangereux à manier : il produit sur la chair des ampoules douloureuses.

Le fluorure de calcium $CaF^2$, appelé *fluorine*, se présente sous la forme cristalline, lamellaire ou fibreuse, de colorations diverses. Ce corps à la propriété singulière, lorsqu'il est bien éclairé, de répandre dans tous les sens des lueurs très vives; d'où le nom de *fluorescence* donné à ce phénomène.

# Chlore

## Cl

Monovalent.
Atome-gramme : 35 gr. 5.
Molécule-gramme : 71 gr.

**82. — État naturel du chlore.** — Le chlore n'existe pas à l'état de liberté dans la nature. On ne l'y rencontre que sous forme de combinaisons avec d'autres corps. Le composé du chlore le plus répandu est le sel marin, qu'on extrait de l'eau de mer, en la faisant évaporer, et le sel gemme, que l'on trouve dans le sol. C'est le chlorure de sodium. Le chlorure de sodium pur forme des cristaux cubiques, transparents, ncolores, qui se groupent pour former des pyramides quadrangulaires creuses (fig. 28), qu'on appelle *trémies*.

Fig. 28. — Trémie de chlorure de sodium.

**83. — Préparation du chlore.** — On prépare le chlore en chauffant légèrement dans un ballon du bioxyde de manganèse et de l'acide chlorhydrique (fig. 29). Il se forme du chlore, du chlorure de manganèse et de l'eau :

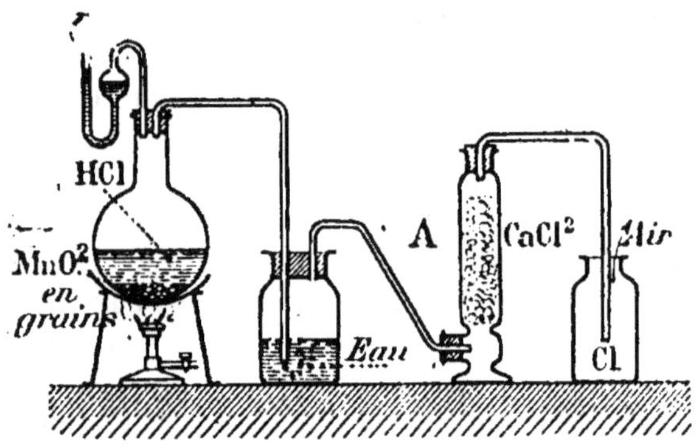


Fig. 29. — Préparation du chlore.

$$MnO^2 + 4HCl = 2Cl + MnCl^2 + 2H^2O$$

bioxyde de manganèse — acide chlorhydrique — chlore — chlorure de manganèse — eau

Le chlore formé traverse un flacon d'eau où il abandonne l'acide chlorhydrique entraîné; il passe ensuite à travers une éprouvette emplie de chlorure de calcium, où il se dessèche, et il arrive dans un flacon vide. En raison de sa grande densité il tombe au fond, prenant la place de l'air qui est refoulé au dehors.

On prépare industriellement le chlore par l'électrolyse du chlorure de sodium. Le sodium se dépose à la cathode et le chlore, à l'anode. Le sodium réagit ensuite sur l'eau et il se forme de l'hydrate de sodium NaOH, qui est la soude caustique.

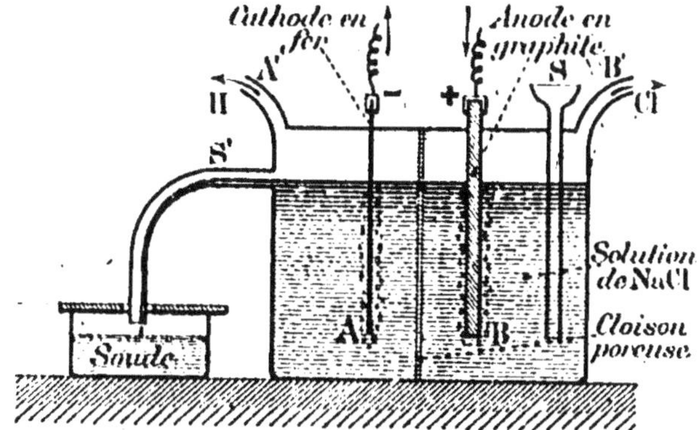


Fig. 30. — Préparation industrielle du chlore.

Dans un vase séparé en deux par une cloison poreuse P (fig. 30), plongeons de chaque côté des électrodes : la cathode A en fer et l'anode B en graphite ou en charbon, et remplissons le vase d'une dissolution de chlorure de sodium. Le courant décompose le sel :

$$NaCl = Na + Cl$$

Mais en présence de l'eau, il se produit une action secondaire : de la soude se dépose autour de la cathode et de l'hydrogène se dégage.

$$Na + H^2O = NaOH + H$$

Par le tube S on règle l'accès de la solution de chlorure de sodium ; la soude qui est plus légère monte au-dessus et s'échappe par le tube S'. L'hydrogène se dégage par le conduit A' et le chlore par le conduit B'.

On prépare encore industriellement le chlore par électrolyse en fondant du chlorure de sodium par la chaleur.

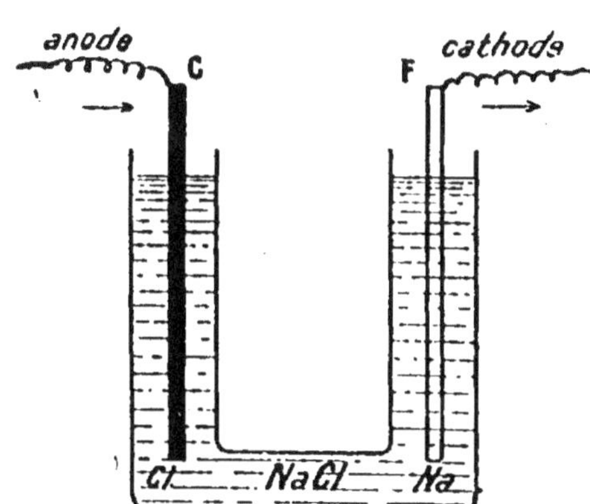


Fig. 31. — Autre préparation industrielle du chlore.

Dans un creuset ressemblant à la lettre U (fig. 31) fondons par la chaleur du chlorure de sodium ; prenons pour cathode une lame de fer F et pour anode une lame de charbon C. Le courant décompose le sel :

$$NaCl = \underset{\text{cathode}}{Na} + \underset{\text{anode}}{Cl}$$

Le chlore se dégage autour de la cathode. C'est ainsi qu'on prépare industriellement le sodium et le chlore.

**84. — Propriétés physiques du chlore.** — Le chlore est un gaz jaune verdâtre, d'une odeur suffocante. Respiré, il provoque des crachements de sang. Sa densité est de 2,486. A la température ordinaire, l'eau en dissout environ 3 fois son volume. Ce gaz est facilement liquéfiable. Comme le chlore **liquide** n'attaque pas les métaux, on le conserve dans une espèce de bouteille en acier, à fermeture spéciale.

Fig. 32.

**85. — Propriétés chimiques du chlore.** — Sauf l'oxygène, l'azote et le carbone, le chlore se combine directement avec tous les métalloïdes.

Un morceau de phosphore blanc placé dans un flacon de chlore (fig. 32), s'enflamme et donne du chlorure de phosphore :

$$\underset{\text{phosphore}}{P} + \underset{\text{chlore}}{3Cl} = \underset{\substack{\text{chlorure} \\ \text{de phosphore}[1]}}{PCl^3} \quad \text{ou} \quad \underset{\substack{\text{chlorure} \\ \text{de phosphore}[2]}}{PCl^5} \Big\} \text{(avec 5 Cl)}$$

L'arsenic et l'antimoine pulvérisés s'enflamment également dans le chlore (fig. 33).

Le chlore attaque tous les métaux en donnant des chlorures.

Une spirale de cuivre ou de la tournure de fer (fig. 34 et 35) légèrement chauffés, introduits chacun dans un flacon de chlore se combinent avec le gaz en devenant incandescents.

Si dans l'obscurité on met en contact, à

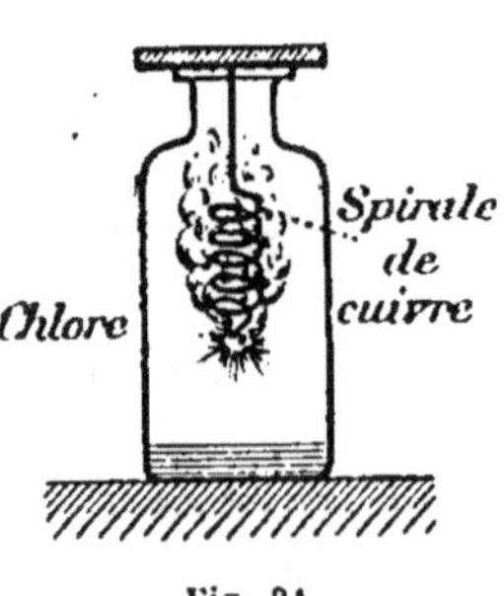


Fig 34.

Fig. 33.

1. Trichlorure de phosphore PCl³ (liquide).
2. Pentachlorure de phosphore PCl⁵ (solide).

volumes égaux, dans un flacon de verre, du chlore et de l'hydrogène,
ces gaz se mélangent seulement. Mais si
au moyen d'un miroir on dirige la
lumière solaire sur le flacon, les deux
gaz se combinent instantanément en
dégageant beaucoup de chaleur et il
se produit une explosion : le flacon
vole en éclats. Le nouveau corps formé
par cette combinaison est de l'acide chlorhydrique.

Fig. 35.

L'eau est décomposée par le chlore à
froid, sous l'influence de la lumière. Si l'on a fait dissoudre du chlore
dans de l'eau et qu'on l'expose à la lumière solaire, il se produit de
l'acide chlorhydrique et de l'oxygène :

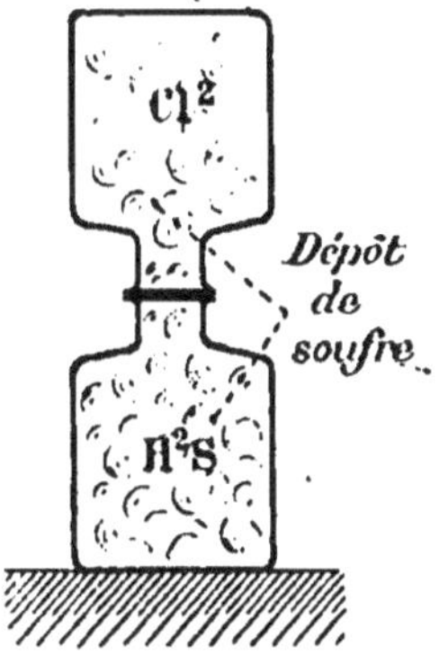

$$H^2OCl^2 = 2HCl + O$$

eau chlorée     acide chlorhydrique     oxygène

Il faut donc conserver l'eau chlorée dans des
flacons de couleur foncée.

L'acide sulfhydrique est décomposé par le
chlore. Celui-ci s'empare de l'hydrogène et le
soufre est mis en liberté. L'expérience est
aisée à faire : on n'a qu'à renverser un flacon
de chlore sur un flacon rempli d'acide sulfhydrique (fig. 36) :

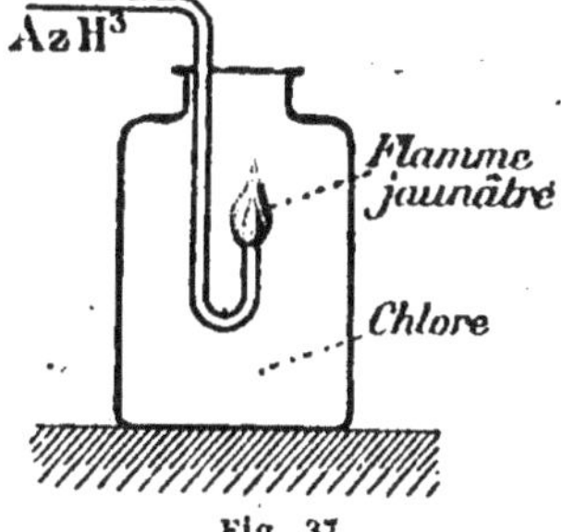


Fig. 36.

$$H^2S + 2Cl = 2HCl + S$$

acide sulfhydrique     chlore     acide chlorhydrique     soufre

Le gaz ammoniac est décomposé par le
chlore. Faisons arriver dans un flacon de
chlore un jet de gaz ammoniac (fig. 37),
il s'enflamme en donnant de l'azote et du
chlorure d'ammonium.

L'essence de térébenthine s'enflamme au
contact du chlore.

Le chlore détruit les matières organiques, parce qu'il leur enlève leur hydrogène ; il anéantit de même les matières



Fig. 37.

colorantes. Aussi le chlore est employé pour blanchir le chanvre, le coton, la pâte à papier, etc. En présence de l'eau, c'est un oxydant.

Le chlore transforme les oxydes métalliques en chlorures avec dégagement d'oxygène. Mis à la température ordinaire en contact avec l'oxyde de mercure, il se forme un chlorure mercurique avec dégagement d'oxygène :

$$HgO \quad + \quad Cl^2 \quad = \quad HgCl^2 \quad +\!- \quad O$$

oxyde de mercure     chlore     chlorure mercurique     oxygène

Lorsque le chlore agit sur des solutions alcalines froides (hydrates de potassium, de sodium ou de calcium) on obtient un chlorure mélangé avec un hypochlorite. L'hypochlorite est le sel de l'acide hypochloreux ClOH très instable.

# Acide chlorhydrique

## HCl

### Molécule-gramme : 36 gr. 5.

**86. — Préparation de l'acide chlorhydrique. —** L'acide chlorhydrique est obtenu dans les laboratoires en chauffant le sel marin avec de l'acide sulfurique. On fait commencer la réaction à froid dans un ballon de verre (fig. 38), et on chauffe ensuite légèrement. Le gaz acide chlorhydrique dégagé est lavé à travers un flacon contenant de l'acide chlorhydrique, puis séché dans une colonne de chlorure de calcium, et enfin recueilli sur une cuve à mercure :

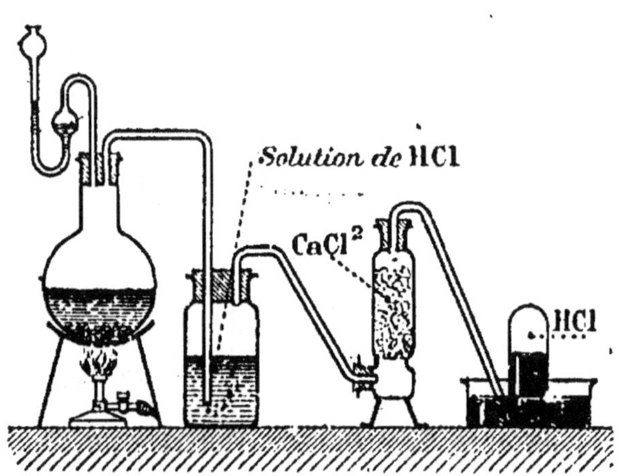


Fig. 38. — Préparation de l'acide chlorhydrique.

$$NaCl + SO^4H^2 = SO^4NaH + HCl$$

chlorure de sodium — acide sulfurique — bisulfate acide de sodium — acide chlorhydrique

L'acide chlorhydrique industriel est obtenu dans la préparation du sulfate de sodium. En traitant à la fois de grandes quantités de chlorure de sodium par l'acide sulfurique, on obtient du sulfate de sodium connu sous le nom de *sel de Glauber* :

$$2\,NaCl + SO^4H^2 = SO^4Na^2 + 2\,HCl$$

chlorure de sodium — acide sulfurique — sulfate de sodium — acide chlorhydrique

## 87. — Propriétés physiques de l'acide chlorhydrique.

— L'acide chlorhydrique est un gaz incolore, d'une odeur piquante, d'une saveur très acide. Sa densité est 1,269. Il est liquéfiable. A la température ordinaire l'eau dissout environ 475 fois son volume d'acide chlorhydrique. A 0° elle en dissout 500. On montre la grande solubilité de l'acide chlorhydrique dans l'eau de la manière suivante.

Un flacon (fig. 39) rempli d'acide chlorhydrique est fermé avec un bouchon de liège traversé par un tube. Le tube est bouché à son extré-

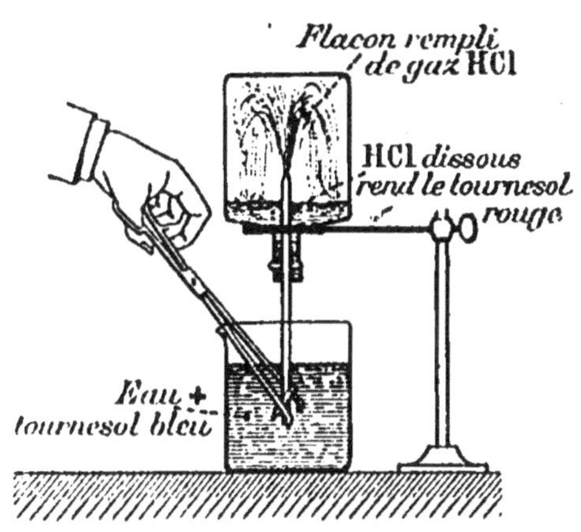


Fig. 39.

mité, qui plonge dans un vase empli d'eau colorée en bleu par la teinture de tournesol. Brisons l'extrémité du tube; aussitôt l'eau monte et se précipite en jets dans le flacon supérieur où, au contact de l'acide chlorhydrique, elle rougit instantanément.

L'acide chlorhydrique est fumant en présence de l'air humide : il en est ainsi parce qu'il forme avec la vapeur d'eau un hydrate peu volatil.

## 88. — Propriétés chimiques de l'acide chlorhydrique.

— Le gaz acide chlorhydrique ne brûle pas dans l'air et il n'entretient pas la combustion. Il est décomposé par l'oxygène, lorsque les deux gaz mélangés sont portés au rouge dans un tube de porcelaine :

$$2HCl \quad + \quad O \quad = \quad H^2O \quad + \quad 2Cl$$

acide           oxygène         eau        chlore
chlorhydrique

Tous les métaux, sauf l'or et le platine, sont attaqués par l'acide chlorhydrique à des températures plus ou moins élevées. L'hydrogène de l'acide est remplacé par le métal et il se forme un chlorure. L'acide chlorhydrique étendu réagit à froid sur le zinc. Il se forme du chlorure de zinc avec dégagement d'hydrogène :

$$Zn \quad + \quad 2HCl \quad = \quad ZnCl^2 \quad + \quad 2H$$

zinc         acide        chlorure        hydrogène
chlorhydrique    de zinc

Les bases en présence de l'acide chlorhydrique donnent aussi des chlorures.

L'acide chlorhydrique se combine avec le gaz ammoniac à volumes égaux, pour donner du chlorure d'ammonium :

$$AzH^3 \quad + \quad HCl \quad = \quad AzH^4Cl$$

gaz         acide        chlorure
ammoniac     chlorhydrique    d'ammonium

Si l'on rapproche en effet deux verres (fig. 40) contenant l'un une dissolution d'acide chlorhydrique, l'autre une dissolution de gaz ammo-

Fig. 40.

niac, on voit se former bientôt d'épaisses fumées blanches de chlorure d'ammonium.

## 89. — Synthèse de l'acide chlorhydrique. — Deux flacons de volumes égaux (fig. 41) sont remplis l'un de chlore, l'autre d'hydrogène. On les place ouver-

Fig. 41.

ture contre ouverture, la tubulure de l'un entrant dans la tubulure de l'autre usée à l'émeri pour empêcher tout contact avec l'air. Après les avoir exposés pendant quelque temps à la lumière diffuse, pour éviter toute chance d'explosion, on les place à la lumière solaire. Les deux gaz se combinent peu à peu, sans contraction, pour donner deux volumes d'acide chlorhydrique.

**90. -- Applications de l'acide chlorhydrique. —** L'acide chlorhydrique sert dans l'industrie à la préparation du chlore, du sel ammoniac, etc. On l'utilise sous son ancien nom (acide muriatique, esprit de sel) pour décaper les métaux et nettoyer les verres salis. Il est employé pour séparer la gélatine des os, etc.

# Acide hypochloreux

## ClOH

**Molécule-gramme : 52 gr. 5.**

**91. — Généralités.** — L'acide hypochloreux est un gaz que l'on obtient en faisant réagir le chlore sur l'oxyde de mercure, en présence de l'eau :

$$2HgO + 4Cl + H^2O \quad 2ClOH + \overbrace{HgO + HgCl^3}^{\text{composé de}}$$

oxyde de mercure — chlore — eau — acide hypochloreux — oxyde de mercure — chlorure de mercure

Le gaz reste dissous dans l'eau; la dissolution est jaune.

L'eau dissout environ 200 fois son volume d'acide hypochloreux. Cet acide est un oxydant énergique, il possède u.. pouvoir décolorant supérieur à celui du chlore parce qu'il agit, lui, par son chlore et son oxygène.

# Acide chlorique

## ClO³H

**Molécule-gramme : 84 gr. 5.**

**92. — Généralités.** — L'acide chlorique est un liquide huileux incolore. Il est obtenu à l'état de dissolution lorsqu'on verse goutte à goutte de l'acide sulfurique dans une dissolution de chlorate de baryum.

# Acide perchlorique

## $ClO^4H$

### Molécule-gramme : 100 gr. 5.

**93. — Généralités.** — L'acide perchlorique est un liquide incolore. Il dégage une grande quantité de chaleur en se dissolvant dans un excès d'eau. Au moment où on l'y verse, il produit le bruit du fer rouge plongé dans l'eau.

On prépare l'acide perchlorique en chauffant dans une cornue du chlorate de potassium en présence d'acide sulfurique concentré.

# Chlorures décolorants

**94. — Généralités.** — Les chlorures décolorants sont des mélanges de chlorure et d'hypochlorite, soit de calcium, soit de potassium, soit de sodium. Ils ont la double propriété d'être des décolorants et des désinfectants. Il y en a deux : 1° le chlorure de chaux, mélange de chlorure de calcium $CaCl^2$ et d'hypochlorite de calcium $(ClO)^2Ca$ ; 2° l'eau de Javel, mélange de chlorure de sodium $NaCl$ et d'hypochlorite de potassium $ClONa$.

**95. — Chlorure de chaux.** — On prépare le chlorure de chaux en soumettant de la chaux éteinte à l'action d'un courant de chlore :

$$4\,Cl \quad + \quad 2\,CaO \quad = \quad CaCl^2 \quad + \quad (ClO^2)Ca$$

| 4 Cl | | 2 CaO | | CaCl² | | (ClO²)Ca |
|---|---|---|---|---|---|---|
| chlore | | chaux | | chlorure de calcium | | hypochlorite de calcium |

Le chlorure de chaux est un composé blanc pulvérulent ; il a une saveur âcre, une forte odeur caractéristique ; il se dissout partiellement dans l'eau. Le chlorure de chaux remplace le chlore que l'on ne peut transporter à l'état gazeux. Il est employé au blanchiment des tissus de coton, de lin et de chanvre ; on l'emploie aussi pour décolorer la pâte de chiffons ou de bois qui sert à la fabrication du papier. Il sert à désinfecter les égouts, les fosses d'aisances, etc.

Le chlorure de chaux doit être conservé à l'abri de l'air, car il se décompose au contact du gaz carbonique de l'air. L'anhydride carbonique forme du carbonate de calcium et il se dégage de l'anhydride hypochloreux $Cl^2O$ qui, en présence du chlorure de calcium, cède son oxygène à celui-ci pour le transformer en chaux, et finalement le chlore se dégage.

**96. — Eau de Javel.** — On prépare l'eau de Javel en faisant passer un courant de chlore sur une dissolution étendue de soude :

$$2Cl + 2NaOH = NaCl + ClONa + H^2O$$

| chlore | soude | chlorure de sodium | hypochlorite de sodium | eau |
|---|---|---|---|---|

eau de Javel

L'eau de Javel est employée comme oxydant, comme décolorant et comme désinfectant. L'eau de Javel sert surtout dans le blanchissage du linge, à faire disparaître les taches produites par des matières organiques, vin, fruits, etc.

# Brome

## Br

**Monovalent.**
**Atome-gramme : 80 gr.**
**Molécule-gramme : 160 gr.**

**97. — Généralités.** — Le brome est un liquide rouge foncé, d'une odeur irritante. C'est un poison. Il produit une vive inflammation sur la peau. Il se dissout dans l'éther et le sulfure de carbone. Il a des propriétés chimiques analogues à celles du chlore. Le brome ne se combine pas directement avec l'oxygène ni avec l'azote ni avec le carbone. Il se combine avec les autres métalloïdes.

La plus grande partie du brome vient des mines de chlorure de potassium de Stassfürt (Allemagne), qui contiennent du bromure de magnésium, duquel on extrait le brome. Toutefois on pourrait l'extraire des eaux mères des marais salants et des cendres des varechs qui poussent dans les eaux profondes de la mer et sont rejetés sur les côtes.

Le brome est employé à l'état de bromure d'argent en photographie, et à l'état de bromure de potassium comme calmant.

**L'acide bromhydrique** HBr résulte de la combinaison directe du brome avec l'hydrogène. C'est un gaz incolore à odeur vive et piquante, de saveur acide. L'eau en dissout environ 600 fois son volume.

On le prépare par l'action du brome sur le phosphore rouge, en présence de l'eau, qui est décomposée. Il se forme de l'acide phosphoreux et de l'acide bromhydrique.

Le bromhydrate de quinine est employé en médecine.

# Iode

## I

**Monovalent.**
**Atome-gramme : 127 gr.**
**Molécule-gramme : 254 gr.**

**98. — Généralités.** — L'iode est un corps solide, noir, brillant, à reflets métalliques, peu soluble dans l'eau, mais soluble dans 'alcool. Il a des propriétés chimiques analogues à celles du chlore. L'eau qui contient seulement des traces d'iode se colore en bleu au contact de l'amidon. On l'extrait des eaux de lavage des cendres des varechs.

L'iode dissous dans l'alcool (teinture d'iode), et l'iodure de potassium sont utilisés en médecine.

**L'acide iodhydrique** est préparé de la même manière que l'acide bromhydrique par la décomposition de l'eau en présence de l'iode et du phosphore rouge. C'est un gaz incolore. Il répand à l'air humide d'abondantes fumées en se combinant avec la vapeur d'eau. L'eau en dissout environ 1.000 fois son volume. Cet acide est employé comme réducteur en chimie organique.

### SIXIÈME LEÇON

SOUFRE
ACIDE SULFHYDRIQUE — ANHYDRIDE SULFUREUX
ANHYDRIDE SULFURIQUE — ACIDE SULFURIQUE
SÉLÉNIUM

## Soufre

### S

**Divalent.**
**Atome-gramme : 32 gr.**
**Molécule-gramme : 64 gr.**

**99. — État naturel du soufre.** — Le soufre à l'état de
combinaison est très répandu dans la nature. A l'état natif, on le trouve

Fig. 42. — Extraction du soufre natif par calcination.

mélangé à la terre. En Sicile et près de Naples, il forme des amas
nommés *solfatares*.

**100. — Extraction du soufre natif.** — On ne recherche
que le soufre natif.

### Procédé par fusion.

On l'extrait des matières terreuses avec lesquelles il est mélangé, en entassant le minerai sur un plan incliné bordé de murailles, et en soumettant le tout à un feu convenable. La masse (fig. 42) est disposée en meule avec des cheminées intérieures ménagées, et le pourtour est enflammé. L'intérieur fond.

### Procédé par distillation.

Si l'on a du bois ou du charbon, le minerai est placé dans des pots disposés dans un four au-dessus d'un foyer. Chaque pot (fig. 43) communique avec un pot extérieur, et celui-ci est muni au bas d'un tuyau d'écoulement, qui

Fig. 43. — Extraction du soufre natif par distillation.

se déverse dans un bassin d'eau froide. Sous l'action de la chaleur, le soufre fond et se vaporise. Les vapeurs se condensent dans les pots extérieurs, et de là le soufre s'écoule dans l'eau des bassins où il se solidifie.

**101. — Raffinage du soufre.** — Le soufre obtenu ainsi n'est pas pur : il contient des matières étrangères, qu'on lui enlève en le distillant une seconde fois. Cette opération s'appelle le *raffinage*. Les vapeurs de soufre sont dirigées dans une grande chambre en maçonnerie (fig. 44), où elles se condensent sous la forme d'une fine poussière appelée *fleur de soufre*. On la recueille. Lorsque la température de la chambre dépasse 115°, point de fusion du soufre, le soufre fond et il est recueilli liquide. On le moule en bâtons qu'on appelle des *canons*.

Le soufre en canons est le plus pur; la fleur de soufre est généralement imprégnée d'acide sulfurique ou d'anhydride sulfureux.

**102. — Propriétés physiques du soufre.** — Le soufre est un corps solide de couleur jaune citron. Il n'a ni odeur ni saveur. Il est insoluble dans l'eau, mais soluble dans l'alcool et dans le sulfure de carbone. Le soufre dissous dans le sulfure de carbone sert à vulcaniser le caoutchouc. Le soufre est mauvais conducteur de l'électricité et de la chaleur.

La fusion du soufre est remarquable : à 115° il fond et a une trans-

Fig. 44. — Raffinage du soufre.

parence et une fluidité qui le font ressembler à l'huile d'olive. A mesure

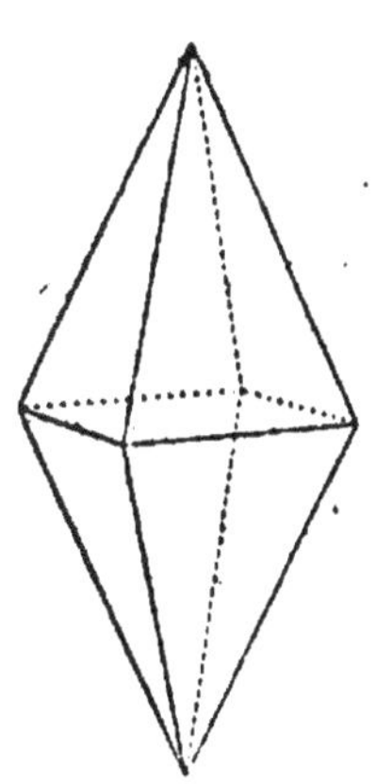

Fig. 46.

Fig. 45.

que la température s'élève, il devient visqueux et brunit; à 200° sa viscosité est telle qu'on peut retourner le vase (fig. 45) sans qu'il se répande. Si l'on élève encore la température, sa fluidité reparaît peu à peu. Enfin vers 410° il entre en ébullition.

Si l'on verse dans l'eau froide du soufre fondu dont la température dépasse 220°, il se transforme en une masse brune transparente, souple comme le caoutchouc : on a ainsi du **soufre mou**.

Le soufre natif est cristallisé en octaèdres transparents (fig. 46), de couleur jaune claire. On obtient le **soufre octaédrique** par dissolution de canons de soufre dans le sulfure de carbone (fig. 47). Le soufre présente une autre variété de cristallisation, qu'on appelle **soufre pris-**

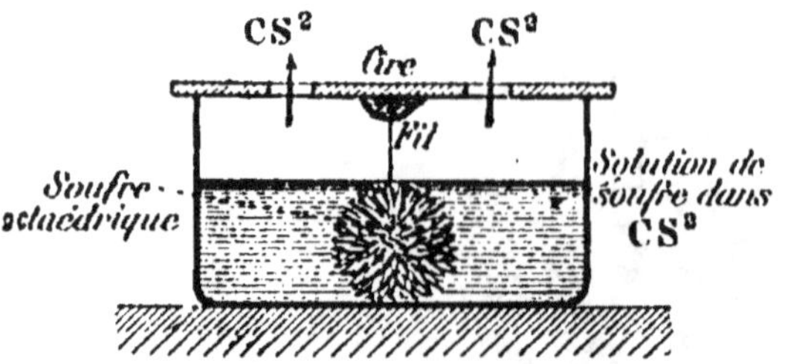


Fig. 47. — Production du soufre octaédrique.

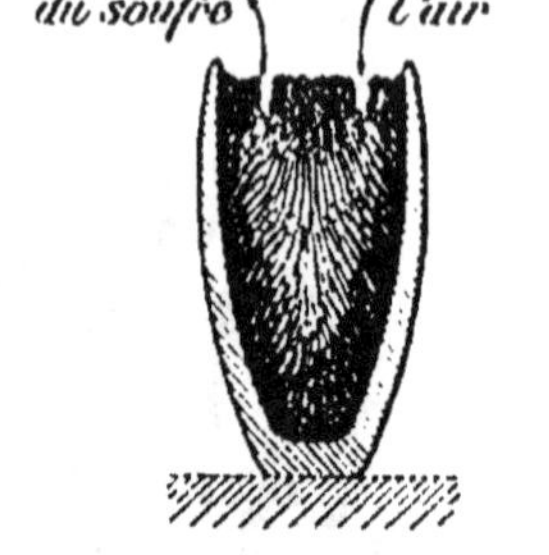


Fig. 48.

**matique.** Faisons fondre du soufre dans un creuset et laissons-le refroidir. Il se forme sur la masse une croûte. Perçons-la. Faisons écouler le soufre liquide qui reste et détachons la croûte. Aux parois du creuset (fig. 48), sont attachées de longues aiguilles prismatiques, transparentes et flexibles.

La densité du soufre réduit en vapeur est 6,6; mais si l'on continue à chauffer, sa densité diminue. A 800° elle reste constante, égale à 2,2.

### 103. — Propriétés chimiques du soufre.

— Le soufre s'enflamme vers 250°, et en brûlant il se combine avec l'oxygène de l'air pour donner de l'anhydride sulfureux :

$$S \ + \ O^2 \ = \ SO^2$$

soufre     oxygène     anhydride
sulfureux

Chauffé en vase clos avec de l'hydrogène, le soufre réduit en vapeur donne un peu d'acide sulfhydrique :

$$S \ + \ 2H \ = \ H^2S$$

soufre     hydrogène     acide sulfhydrique

Si l'on fait passer des vapeurs de soufre sur du charbon, porté au rouge dans un tube de porcelaine, on obtient du sulfure de carbone :

$$2S \ + \ C \ = \ CS^2$$

soufre     carbone     sulfure de carbone

Avec la plupart des métaux, le soufre se combine pour donner des sulfures :

$$Fe + S = FeS$$

fer     soufre     sulfure de fer

Le soufre, vis-à-vis des métaux et de plusieurs métalloïdes, se comporte comme l'oxygène. Les métaux, le carbone, l'hydrogène, le phosphore brûlent dans la vapeur de soufre comme dans l'oxygène. L'or et le platine ne se combinent ni avec l'oxygène, ni avec le soufre.

**103 bis. — Usages du soufre.** — Le soufre est utilisé pour préparer l'acide sulfurique et le sulfure de carbone. Il entre dans la préparation de la poudre noire et de la pâte pour enflammer les allumettes. On l'emploie en agriculture pour combattre certaines maladies de la vigne telle que l'*oïdium*.

Le caoutchouc naturel étant cassant à froid, conserve sa souplesse après qu'il a été **vulcanisé**, c'est-à-dire immergé dans une dissolution de soufre (soufre fondu à 130°).

# Acide sulfhydrique

## $H^2S$

### Molécule-gramme : 34 gr.

**104. — État naturel de l'acide sulfhydrique.** — On trouve le gaz acide sulfhydrique dans certaines eaux minérales, dites *eaux sulfureuses*, telles que celles d'Uriage, dans le département de l'Isère. Le gaz sulfhydrique se forme constamment dans les fosses d'aisances; il se dégage aussi des œufs pourris.

**105. — Préparation de l'acide sulfhydrique.** — L'acide sulfhydrique peut être obtenu par synthèse, en chauffant de l'hydrogène et de la vapeur de soufre :

$$2H + S = H^2S$$

hydrogène     soufre     acide<br>sulfhydrique

On prépare généralement l'acide sulfhydrique au moyen d'un sulfure métallique, sur lequel on fait agir à froid de l'acide sulfurique étendu :

$$FeS + SO^4H^2 = SO^4Fe + H^2S$$

sulfure    acide    sulfate    acide<br>de fer    sulfurique    ferreux    sulfhydrique

Le sulfure de fer est obtenu au préalable en chauffant ensemble de la limaille de fer et de la fleur de soufre. Le sulfure est introduit dans un flacon à deux tubulures (fig. 49) rempli à moitié d'eau. On verse ensuite lentement de l'acide sulfurique. Le gaz est recueilli sur une cuve à mercure ou à eau salée.

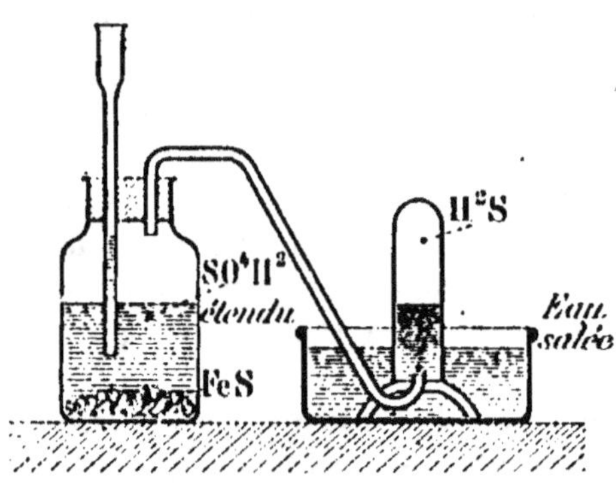


Fig. 49. -- Préparation de l'acide sulfhydrique.

**106. — Propriétés physiques de l'acide sulfhydrique.** — Le gaz acide sulfhydrique est incolore, mais il a une odeur repoussante, rappelant celle des œufs pourris. Sa densité est 1,2. L'eau en dissout environ trois fois son volume.

**107. — Propriétés chimiques de l'acide sulfhydrique.** — Il se comporte comme un acide faible; c'est-à-dire qu'il ne rougit pas franchement le papier bleu de tournesol : il lui donne une teinte vineuse.

L'acide sulfhydrique brûle, en se combinant avec l'oxygène de l'air, pour donner de l'anhydride sulfureux et de l'eau :

$$H^2S \quad + \quad 3O \quad = \quad SO^3 \quad + \quad H^2O$$

acide sulfhydrique — oxygène — anhydride sulfureux — eau

Si l'oxygène manque il se forme du soufre et de l'eau.

Sur les corps poreux, en présence de l'air, l'acide sulfhydrique humide se transforme en acide sulfurique :

$$H^2S \quad + \quad 2O^2 \quad = \quad SO^4H^2$$

acide sulfhydrique — oxygène — acide sulfurique

Le chlore décompose l'acide sulfhydrique en donnant du soufre et de l'acide chlorhydrique :

$$H^2S \quad + \quad 2Cl \quad = \quad S \quad + \quad 2HCl$$

acide sulfhydrique — chlore — soufre — acide chlorhydrique

Deux flacons semblables (fig. 50) contenant l'un du chlore, l'autre de l'acide sulfhydrique, débouchés, sont placés l'un au-dessus de l'autre, tubulure contre tubulure; il se forme de l'acide chlorhydrique et un dépôt de soufre. La même chose se produit lorsqu'on verse de l'eau chlorée dans les fosses d'aisance qui contiennent de l'acide sulfhydrique. On détruit de cette manière l'acide sulfhydrique, mais encore mieux par le chlorure de chaux.

L'acide sulfhydrique agit sur la plupart des sels en précipitant le métal à l'état de sulfure.

A l'exception de l'or et du platine, tous les métaux sont attaqués par l'acide sulfhydrique. Il se forme un sulfure avec dégagement d'hydrogène :

Fig. 50.

$$H^2S \quad + \quad 2\,Ag \quad = \quad Ag^2S \quad + \quad 2\,H$$

acide      argent      sulfure      hydrogène<br>sulfhydrique      d'argent

C'est pourquoi lorsqu'on laisse assez longtemps une cuiller d'argent en contact avec un œuf à la coque, elle noircit; et pourquoi les eaux minérales qui tiennent de l'acide sulfhydrique en dissolution, noircissent également les objets en argent.

L'acide sulfhydrique agit comme réducteur par son hydrogène et aussi par le soufre qu'il contient. A froid il décompose l'acide sulfurique concentré :

$$SO^4H^2 \quad + \quad 3\,H^2S \quad = \quad 4\,H^2O \quad + \quad 4\,S$$

acide      acide      eau      soufre<br>sulfurique      sulfhydrique

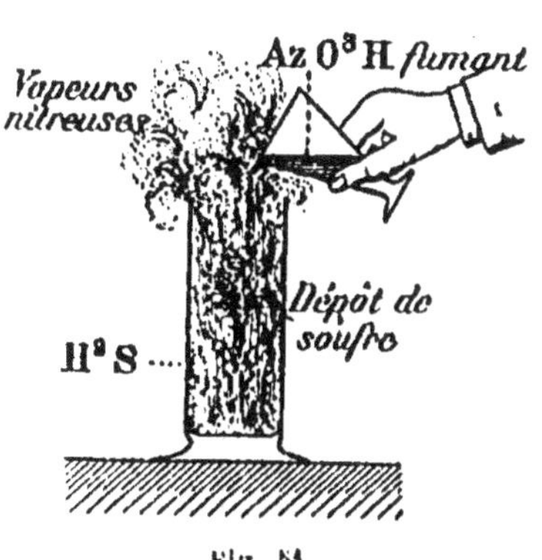


Fig. 51.

Il réduit aussi l'acide azotique fumant. Quelques gouttes d'acide azotique fumant versées dans une éprouvette contenant de l'acide sulfhydrique enflamment celui-ci. Il se forme des vapeurs nitreuses, de l'eau et du soufre se déposent (fig. 51).

**108. — Action physiologique de l'acide sulfhydrique. — Le gaz acide sulfhydrique est un poison violent. Il se** dégage en abondance des fosses d'aisances, accompagné de sulfhydrate d'ammoniaque également toxique. On l'appelle le « plomb des vidangeurs » parce qu'il comprime la poitrine comme une masse, lorsqu'on le respire. Au moment de vider une fosse, il est prudent de détruire l'acide sulfhydrique en y jetant du chlorure de chaux puis du sulfate de fer. Le sulfhydrate d'ammoniaque est décomposé, lui, par le sulfate de fer. Il se forme du sulfure de fer et du sulfate d'ammoniaque.

Pour ranimer une personne asphyxiée par l'acide sulfhydrique, il faut lui faire respirer du chlore, qu'on obtient aisément en exposant à l'air du chlorure de chaux humecté de vinaigre.

L'acide sulfhydrique gazeux est un poison violent, mais sa dissolution a des propriétés thérapeutiques remarquables dans le cas de certaines maladies de peau. Ce sont ces propriétés qui font employer les eaux minérales, dites sulfureuses, qui contiennent une dissolution d'acide sulfhydrique. Ces eaux servent pour des bains. On emploie même certaines dissolutions d'acide sulfhydrique à l'intérieur, contre les affections du larynx.

# Anhydride sulfureux

## $SO^2$

**Molécule-gramme : 64 gr.**

**109. — Préparation dans les laboratoires de l'anhydride sulfureux.** — Le gaz anhydride sulfureux existe à l'état naturel dans les gaz des volcans. Il est obtenu par la combustion du soufre :

$$S \ + \ O^2 \ = \ SO^2$$

soufre — oxygène — anhydride sulfureux

L'anhydride sulfureux est produit parfois au moyen de la réduction de l'acide sulfurique par le soufre ou le charbon de bois. Dans des cornues en fonte, qui contiennent du soufre maintenu à 400°, on fait arriver un mince filet d'acide sulfurique :

$$2SO^4H^2 \ + \ S \ = \ 2H^2O \ + \ 3SO^2$$

acide sulfurique — soufre — eau — anhydride sulfureux

Dans les laboratoires, la réduction de l'acide sulfurique est faite généralement par le cuivre. On chauffe légèrement un ballon de verre

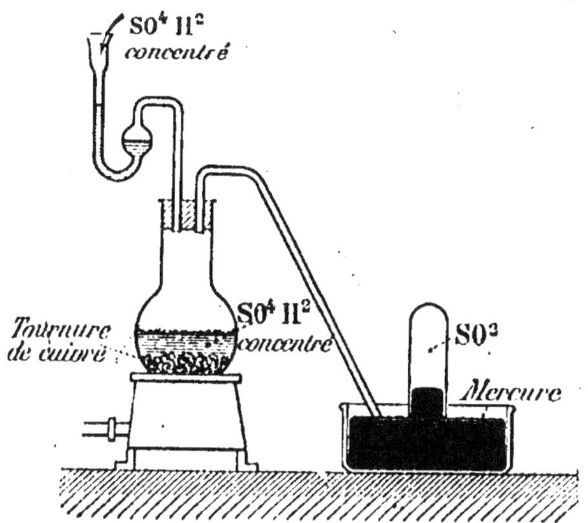


Fig. 52. — Préparation de l'anhydride sulfureux.

à moitié rempli de tournure de cuivre et d'acide sulfurique (fig. 52). Il se forme du sulfate de cuivre, de l'eau et de l'anhydride sulfureux, qui est recueilli sur une cuve à mercure :

$$2\,SO^4H^2 \;+\; Cu \;=\; SO^4Cu \;+\; 2\,H^2O \;+\; SO^2$$

acide       cuivre       sulfate      eau       anhydride
sulfurique               de cuivre            sulfureux

## 110. — Préparation industrielle de l'anhydride sulfureux.

— On prépare l'anhydride sulfureux dans l'industrie en grillant des pyrites de fer (bisulfure de fer $Fe\,S^2$) dans des fours Malétra (fig. 53). On chauffe jusque vers 400°.

Le grillage donne lieu à la réaction suivante :

$$2\,FeS^2 \;+\; 11\,O \;=\; 4\,SO^2 \;+\; Fe^2O^3$$

bisulfure       oxygène      anhydride      sesquioxyde
de fer                    sulfureux       de fer

Le four Malétra est un four à tablettes établies en chicane sur lesquelles on dispose la pyrite concassée. Toutes les quatre heures on la fait descendre d'une tablette supérieure sur la tablette inférieure, en rechangeant la première tablette vide. Le sesquioxyde de fer produit

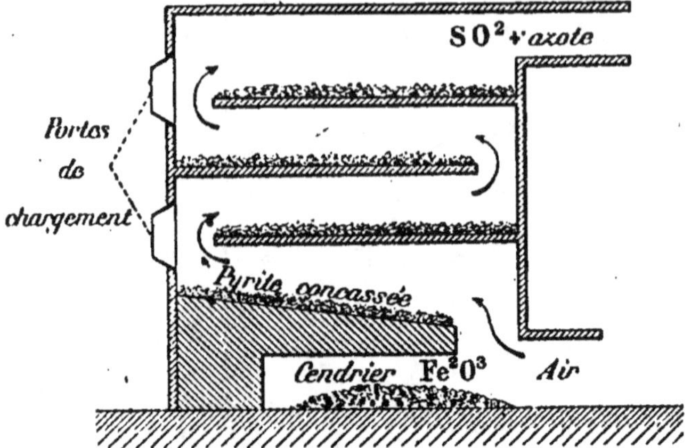


Fig. 53. — Préparation industrielle de l'anhydride sulfureux.

tombe dans le cendrier. L'anhydride sulfureux, toujours mélangé à une certaine quantité d'azote s'échappe par un conduit au sommet de l'appareil.

**111. — Propriétés physiques de l'anhydride sulfureux.** — L'anhydride sulfureux est un gaz incolore, d'une odeur vive et suffocante; il provoque la toux. Sa densité est 2,26. L'eau en dissout environ 50 fois son volume à la température ordinaire. Ce gaz est facilement liquéfiable. L'évaporation d'une solution aqueuse de gaz sulfureux activée par un courant d'air très rapide, abaisse la température de ladite solution jusqu'à — 50°; elle permet de congeler le mercure.

**112. — Propriétés chimiques de l'anhydride sulfureux.** — L'anhydride sulfureux s'oxyde facilement en présence de l'oxygène et d'un catalyseur, pour donner de l'anhydride sulfurique :

$$SO^2 \quad + \quad O \quad = \quad SO^3$$
anhydride        oxygène        anhydride
sulfureux                           sulfurique

Au contact de l'eau, l'anhydride sulfureux donne de l'acide sulfureux :

$$SO^2 \quad + \quad H^2O \quad = \quad SO^3H^2$$
anhydride         eau         acide
sulfureux                          sulfureux

Le contact de l'anhydride sulfureux, de l'oxygène et de l'eau en présence des matières poreuses, donne de l'acide sulfurique :

$$SO^2 \quad + \quad H^2O \quad + \quad O \quad = \quad SO^4H^2$$
anhydride    eau    oxygène    acide
sulfureux                 sulfurique

Si l'on fait passer dans un tube de porcelaine porté au rouge, un mélange d'hydrogène et d'anhydride sulfureux, le gaz sulfureux est réduit :

$$4H \quad + \quad SO^2 \quad = \quad S \quad + \quad 2H^2O$$
hydrogène  anhydride   soufre   eau
     sulfureux

Un courant de chlore réagit sur la solution d'anhydride sulfureux. L'eau est décomposée. L'hydrogène se combine au chlore pour donner de l'acide chlorhydrique et l'oxygène s'ajoute à l'acide sulfureux formé $SO^3H^2$ pour donner de l'acide sulfurique :

$$2H^2O \quad + \quad SO^2 \quad + \quad 2Cl \quad = \quad 2HCl \quad + \quad SO^4H^2$$
eau    anhydride  chlore   acide   acide
     sulfureux       chlorhydrique  sulfurique

L'anhydride sulfureux n'entretient pas la combustion : aussi est-il employé pour arrêter les feux de cheminée? On n'a qu'à brûler du soufre en assez grande quantité dans le foyer.

Le gaz sulfureux, grâce à ses propriétés réductrices, produit une décoloration de certaines matières organiques. La matière colorante est modifiée mais non détruite. Ainsi des violettes soumises à l'action de l'anhydride sulfureux deviennent blanches. Plongées ensuite dans l'ammoniaque, elles verdissent; elles sont enfin ramenées au rose par l'acide sulfurique étendu d'eau.

**113. — Usages de l'anhydride sulfureux.** — L'anhydride sulfureux sert à la préparation de l'acide sulfurique et à la préparation du bisulfite de calcium $SO^2HCa$, employé pour dissoudre les matières incrustantes du bois, destiné à la fabrication du papier.

Les propriétés antiseptiques de l'anhydride sulfureux le font employer pour le *mutage* des vins, c'est-à-dire pour arrêter la fermentation du moût et avoir du *vin doux*. On désinfecte une salle où a séjourné quelqu'un atteint d'une maladie contagieuse : diphtérie, tuberculose, fièvre typhoïde, etc., au moyen d'anhydride sulfureux. Après avoir clos toutes les issues, on sature d'anhydride, pendant vingt-quatre heures au moins.

Les propriétés décolorantes de l'anhydride sulfureux le font utiliser encore pour le blanchiment de la paille, des éponges, de la soie, de la laine, etc.

### 114. — Composition de l'anhydride sulfureux. —

Le soufre forme avec l'oxygène des anhydrides et des acides. On a, par la synthèse, déterminé la formule de l'anhydride sulfureux de la manière suivante :

Dans un ballon rempli d'oxygène pur et sec, on fait brûler du soufre

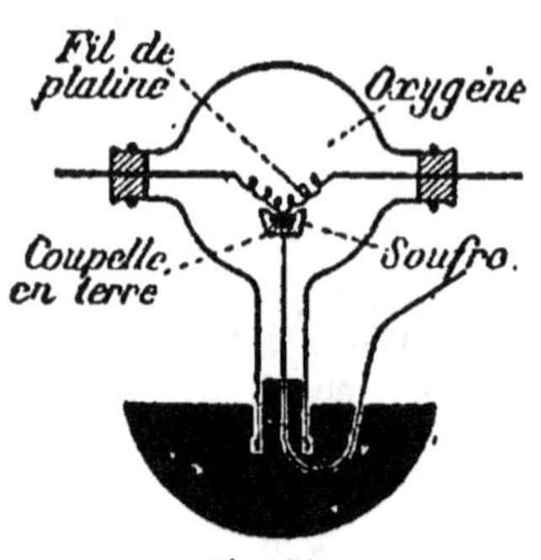


Fig. 54.

à la température ambiante et sous la pression atmosphérique qui existe à ce moment. Le ballon est retourné et son col plonge dans une cuve à mercure (fig. 54). L'inflammation du soufre est obtenue au moyen de l'incandescence d'un fil de platine disposé sur un circuit qui traverse le ballon; le soufre, dans une coupelle en porcelaine, est en contact avec le fil de platine.

Lorsque la combustion est achevée et que le ballon est refroidi, on pèse le gaz contenu dans le ballon, dont le volume n'a pas sensiblement changé. Le poids du composé est égal à la somme du poids des composants. Or on trouve qu'un volume de vapeur de soufre est égal à la moitié du volume d'oxygène; c'est-à-dire que si du poids moléculaire du gaz sulfureux, qui est 64, on retranche le poids moléculaire de l'oxygène, qui est 32, on obtient 32 qui est le poids atomique du soufre. Le gaz sulfureux renferme donc son propre volume d'oxygène et la formule est bien alors $SO^2$.

# Anhydride sulfurique

## $SO^3$

**Atome-gramme : 80 gr.**

### 115. — Généralités. —

L'anhydride sulfurique est un corps solide blanc, qui se présente en prismes brillants et transparents. Sa densité est 1,97. Il se décompose sous l'influence de la chaleur en anhydride sulfureux et oxygène :

$$SO^3 \quad = \quad SO^2 \quad + \quad O$$

| anhydride sulfurique | anhydride sulfureux | oxygène |

L'anhydride sulfurique est très avide d'eau. Projeté dans l'eau il produit le même bruit que la trempe du fer rouge dans l'eau.

On prépare généralement l'anhydride sulfurique en faisant agir l'acide sulfurique ordinaire sur le sulfate de sodium :

$$SO^4H^2 \quad + \quad SO^4Na^2 \quad = \quad 2\ SO^4HNa$$

| acide sulfurique | sulfate de sodium | bisulfate de sodium |
|---|---|---|

On élève alors la température qui transforme le bisulfate en disulfate et il se forme de l'eau :

$$2\ SO^4HNa \quad = \quad S^2O^7Na^2 \quad + \quad H^2O$$

| bisulfate de sodium | disulfate de sodium | eau |
|---|---|---|

La température, élevée encore, décompose le disulfate en sulfate et anhydride sulfurique :

$$S^2O^7Na^2 \quad = \quad SO^4Na^2 \quad + \quad SO^3$$

| disulfate de sodium | sulfate de sodium | anhydride sulfurique |
|---|---|---|

L'anhydride sulfurique est employé dans la fabrication des couleurs artificielles dérivées du goudron de houille.

# Acide sulfurique

## $SO^4H^2$

### Molécule-gramme : 98 gr.

**116.** — L'acide sulfurique est un produit chimique des plus importants. C'est un des acides les plus anciennement connus. On l'obtenait en chauffant le sulfate ferreux (vitriol vert). Comme cet acide a l'apparence d'un liquide huileux, on lui avait donné le nom d'*huile de vitriol.*

L'acide sulfurique est d'un emploi considérable dans l'industrie. Il est très répandu dans la nature à l'état de sels.

**116 *bis*.** — **Préparation industrielle de l'acide sulfurique.** — L'acide sulfurique est obtenu par l'oxydation de l'anhydride sulfureux en présence de la vapeur d'eau. Mais comme cette oxydation serait trop lente, on fixe l'oxygène de l'air sur l'anhydride sulfureux par l'intermédiaire de composés oxygénés de l'azote qui se forment à mesure.

Lorsqu'on met en présence de l'anhydride sulfureux, de l'oxygène, de l'oxyde azotique (composé oxygéné d'azote), et de l'eau, on obtient de l'acide nitrosulfurique appelé encore sulfate acide de nitrosyle :

$$2SO^2 \quad + \quad 3O \quad + \quad H^2O \quad + \quad 2\,AzO \quad = \quad 2\,SO^4HAzO$$

anhydride     oxygène     eau     oxyde     sulfate de
sulfureux                        azotique     nytrosyle

Lorsque le sulfate de nitrosyle rencontre de l'eau, il est décomposé à son tour en acide azoteux et acide sulfurique :

$$SO^4HAzO \quad + \quad H^2O \quad = \quad AzO^2H \quad + \quad SO^4H^2$$

sulfate     eau     acide     acide
de nytrosyle             azoteux     sulfurique

Et l'acide azoteux, au contact de l'anhydride sulfureux et de l'oxygène de l'air, reforme du sulfate de nitrosyle :

$$AzO^2H \quad + \quad SO^2 \quad + \quad O \quad = \quad SO^4HAzO$$

acide     anhydride     oxygène     sulfate de
azoteux     sulfureux                nytrosile

Les deux composés oxygénés d'azote : oxyde azotique et acide azoteux, ne sont que des intermédiaires qui prennent l'oxygène de l'air pour le céder à l'anhydride sulfureux.

La fabrication se fait au moyen des appareils suivants (fig. 55) : un four à pyrites, une tour de *Glover*, trois chambres de plomb, une tour de *Gay-Lussac*.

Après avoir produit l'anhydride sulfureux dans le four où l'on grille les pyrites, le gaz est amené avec de l'air au bas de la tour de Glover.

La tour de Glover, doublée de plomb, métal inattaquable par l'acide sulfurique, est emplie de pierres siliceuses. Au sommet de la tour on fait tomber en pluie un mélange d'acide sulfurique nitreux du Gay-Lussac et d'acide étendu des chambres. Il y a donc dans la tour de Glover un double mouvement : un mélange de gaz sulfureux et d'air qui monte, de l'acide sulfurique qui descend.

Au contact de l'anhydride sulfureux chaud, l'acide sulfurique abandonne ses produits nitreux et son eau ; une partie de l'anhydride sulfureux se transforme en acide sulfurique.

L'acide sulfurique qui arrive au bas de la tour est par conséquent concentré. Il est recueilli dans un bac en plomb.

L'anhydride sulfureux mélangé d'air, arrivé au sommet du Glover, est dirigé ensuite dans les chambres de plomb, où dans les deux premières, sont amenés des jets de vapeur d'eau et un écoulement lent d'acide azotique. Celui-ci donne naissance aux produits nitreux. Là, l'anhydride sulfureux, par suite des réactions exposées ci-dessus, se transforme en acide sulfurique. Le reste du mélange gazeux est dirigé sur la tour de Gay-Lussac. C'est une tour semblable au Glover, où l'on fait tomber en

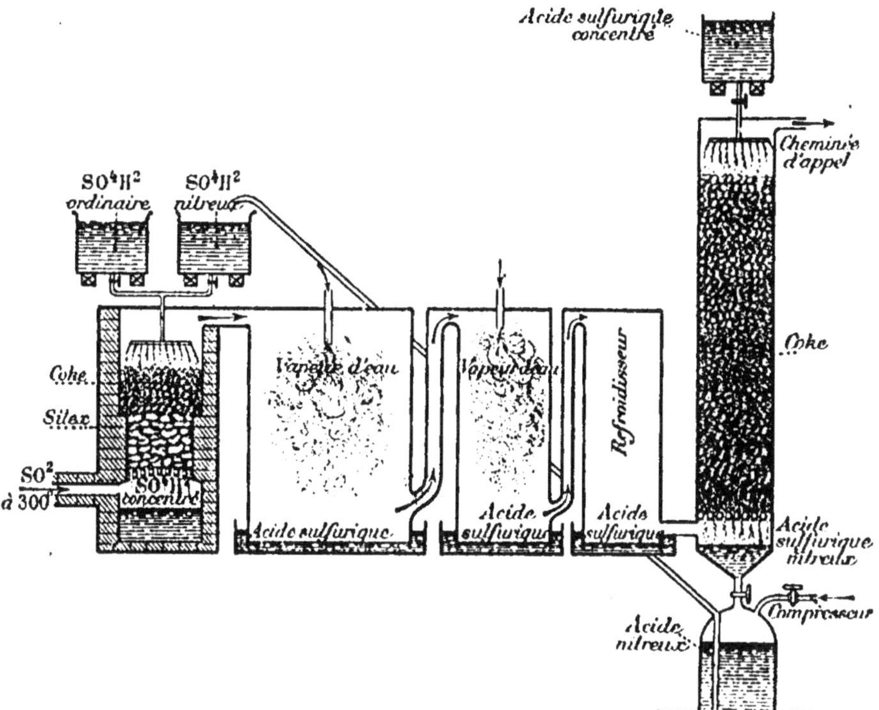


Fig. 55. — Préparation de l'acide sulfurique.

pluie de l'acide sulfurique concentré. Les produits nitreux sont absorbés par l'acide qui tombe, les autres gaz s'échappent au dehors.

Arrivé au bas de l'appareil, l'acide sulfurique est recueilli dans un récipient et renvoyé ensuite au sommet du Glover. L'acide provenant du Glover est porté à une température élevée dans une série de cuvettes en silice disposées en gradins (fig. 56) où il se concentre. De la cuvette supérieure où il est versé l'acide arrive concentré à la cuvette inférieure où il est recueilli.

A la sortie de la tour de Glover, l'acide sulfurique ne marque pas plus de 60 à l'aréomètre de Baumé ; la concentration qui suit l'amène à environ 66.

L'acide sulfurique obtenu ainsi n'est pas pur : il contient presque toujours du sulfate de plomb, des produits arsénicaux et de l'acide sélé-

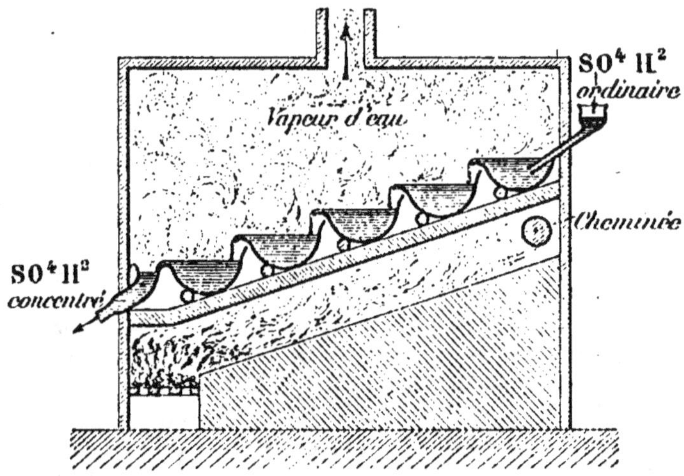


Fig. 56. -- Concentration de l'acide sulfurique.

nieux. On purifie l'acide sulfurique en le traitant par un courant d'acide sulfhydrique qui précipite le plomb et l'arsenic, puis par un courant de gaz sulfureux qui précipite le sélénium. On traite ensuite par le sulfate d'ammonium qui détruit les vapeurs nitreuses pouvant exister. On procède enfin à une distillation.

**117. — Acide sulfurique fumant** ou **de Nordhausen.** — On le prépare en oxydant à l'air des schistes pyriteux. On obtient de la sorte un sulfate ferreux $SO^4Fe,7H^2O$ que l'on déshydrate en le soumettant à un grillage dans un courant d'air. Le sulfate ferreux se transforme alors en sulfate ferrique que la chaleur décompose en oxyde ferrique et en anhydride sulfurique :

$$((SO^4)^2O)\,Fe^2 \; = \; Fe^2O^3 \; + \; 2SO^3$$

Cette transformation a lieu avant que la déshydratation du sulfate ferreux soit complète : alors l'anhydride $SO^3$ se combine à l'eau pour donner de l'acide fumant :

$$2\,SO^3 \; + \; H^2O \; = \; S^2O^7H^2$$

anhydride     eau      acide sulfurique<br>sulfurique                fumant

L'acide sulfurique fumant est un liquide huileux. Il fume à l'air parce qu'il est peu stable : il émet des vapeurs d'anhydride qui, à l'air, se combinent avec la vapeur d'eau pour donner de l'acide sulfurique. Cet acide se condense en brouillard.

L'acide sulfurique fumant sert à la fabrication de plusieurs matières colorantes.

### 117 *bis*. — Propriétés physiques de l'acide sulfurique.

— L'acide sulfurique est un liquide inodore, incolore, huileux. Il est très avide d'eau. Cette propriété le fait rechercher pour la dessiccation des gaz qui n'ont aucune action sur lui. On se sert de fragments de pierre ponce imbibés d'acide, dont on emplit un tube en U (fig. 57). Lorsqu'on doit mélanger de l'eau et de l'acide sulfurique, **il ne faut jamais verser l'eau dans l'acide, mais l'acide dans l'eau, et le faire lentement en agitant le mélange.** En versant l'eau dans l'acide, la chaleur dégagée est si considérable,

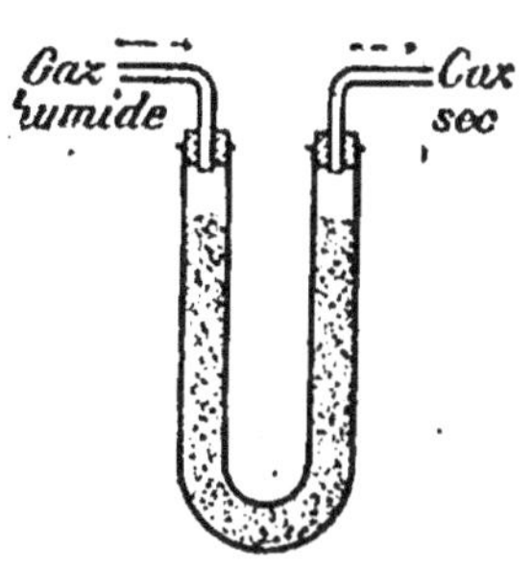


Fig. 57. — Tube asséchant de ponce sulfurique.

que l'eau pourrait se vaporiser instantanément et provoquer des projections dangereuses d'acide sulfurique.

L'acide sulfurique du commerce concentré répond à la formule

$$SO^4H^2 + \frac{1}{12} H^2O. \text{ Sa densité est } 1,84.$$

### 118. — Propriétés chimiques de l'acide sulfurique.

— L'acide sulfurique est décomposable par la chaleur. Il se décompose en gaz sulfureux, oxygène et eau :

$$SO^4H^2 = SO^2 + O + H^2O$$

acide sulfurique — anhydride sulfureux — oxygène — eau

Lorsqu'on fait passer un courant d'hydrogène sur des vapeurs d'acide sulfurique, l'acide est décomposé : il se forme de l'eau et du soufre :

$$SO^4H^2 + 6H = 4H^2O + S$$

acide sulfurique — hydrogène — eau — soufre

Le soufre décompose à chaud l'acide sulfurique :

$$S \quad + \quad 2SO^4H^2 \quad = \quad 3SO^2 \quad + \quad 2H^2O$$

soufre      acide      anhydride      eau
     sulfurique      sulfureux

Tous les métaux sont attaqués par l'acide sulfurique sauf l'or, le platine et le plomb ; et même ceux-ci le sont un peu :

$$SO^4H^2 \quad + \quad Zn \quad = \quad SO^4Zn \quad + \quad 2H$$

acide      zinc      sulfate      hydrogène
sulfurique          de zinc

L'acide sulfurique détruit la plupart des matières organiques ; le sucre, le bois (fig. 58) noircissent au contact de l'acide, qui s'empare des éléments de l'eau que contiennent ces substances et met leur carbone en liberté. Les étoffes imbibées d'acide sulfurique sont entièrement détruites ; les chairs sont brûlées, rongées.

Fig. 58.

**119. — Usages de l'acide sulfurique.** — L'acide sulfurique très étendu, mis en présence du zinc, sert à la fabrication de l'hydrogène. Il sert à la préparation des acides volatils carbonique, chlorhydrique, azotique, etc. On l'emploie aussi pour préparer les acides citrique, lactique, etc. Il est nécessaire pour fabriquer les aluns, les sulfates de cuivre, de fer, de sodium, etc.

L'acide sulfurique est le corps le plus important pour l'industrie qui ne peut pas s'en passer. Il sert à préparer les superphosphates de calcium qui servent d'engrais chimiques. On l'emploie dans la fabrication de la bougie, du coton-poudre ; il sert à épurer les huiles, etc.

# Sélénium

## Se

**Divalent.**
Atome-gramme : 79 gr.
Molécule-gramme (Se²) : 158 gr.

**120. — Généralités.** — Le sélénium est un corps simple très voisin du soufre. On le trouve souvent en quantité infime mélangé au soufre natif et dans les pyrites. Il se présente sous la forme d'une poudre brun rougeâtre, mauvaise conductrice de la chaleur et de l'électricité.

Quand on obtient le sélénium par précipitation, il affecte la forme d'une masse vitreuse. Sa densité est alors 4,26.

En chauffant le sélénium à 100°, la masse se porte spontanément au-dessus de 200°; et ce corps acquiert ainsi la propriété curieuse d'avoir une résistance électrique, variable avec l'éclairement : plus la lumière est intense, plus il devient conducteur. Cette propriété le fait employer dans la radiophonie (transmission des sons par la lumière; on fait parler un radiophone en l'exposant à un rayon lumineux intermittent).

Porté à une haute température le sélénium fond et brûle. Chauffé avec de l'acide azotique, il donne de l'acide sélénieux.

---

SEPTIÈME LEÇON

AZOTE — AIR — GAZ AMMONIAC — PROTOXYDE
D'AZOTE — ACIDE AZOTIQUE

## Azote

Az

**Trivalent.**
Atome-gramme : 14 gr.
Molécule-gramme : 28 gr.

**121. — État naturel de l'azote.** — L'azote est un gaz qui existe à l'état de simple mélange avec l'oxygène, pour constituer l'air. Il en forme environ en volume les $\frac{4}{5}$. Il se trouve à l'état de combinaison dans beaucoup de substances animales ou végétales. On le trouve aussi dans un grand nombre de composés minéraux.

Il faut distinguer l'azote de l'air de l'azote extrait de ses combinaisons. Celui-ci est de l'azote chimique pur.

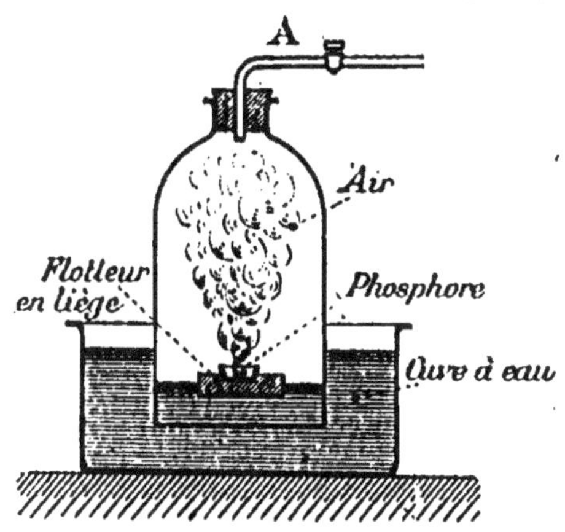


Fig. 59. — Préparation de l'azote de l'air.

**122. — Préparation de l'azote de l'air.** — On sépare l'azote de l'oxygène de l'air de la manière suivante : on place un morceau de phosphore dans un petit godet de porcelaine (fig. 59) reposant sur un bouchon de liège, qui flotte sur l'eau d'une cuvette. On enflamme le phosphore et on le recouvre d'une cloche à robinet. Les bords plongent dans l'eau. En présence de l'oxygène de l'air contenu dans la cloche, le phosphore brûle et il se forme des fumées blanches d'anhydride phosphorique qui se dissolvent à mesure dans l'eau et l'azote reste seul. On recueille l'azote en ouvrant le robinet A et en enfonçant en même temps la cloche dans l'eau. L'eau refoule le gaz :

$$2\,P \quad + \quad 5\,O \quad = \quad P^2O^5$$

phosphore          oxygène          anhydride
                                    phosphorique

On prépare aussi l'azote en faisant passer lentement un courant d'air dans un tube de porcelaine porté au rouge, qui contient de la tournure de cuivre (fig. 60). L'air cède son oxygène au métal, qui se

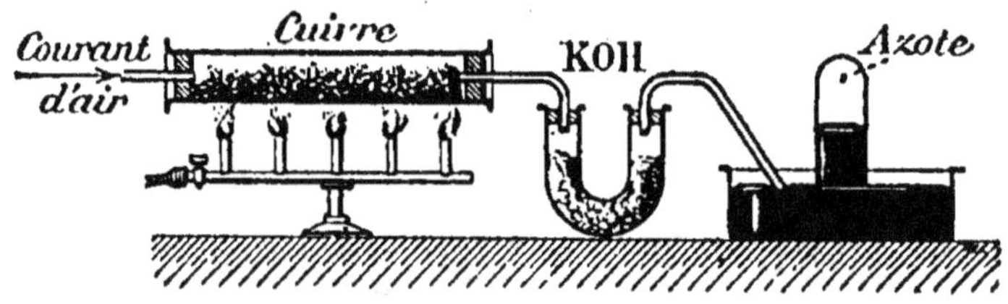


Fig. 60. — Autre préparation de l'azote de l'air.

transforme en oxyde de cuivre ; l'azote reste seul. Comme il existe toujours un peu de gaz carbonique et de vapeur d'eau, que l'air contient, on s'en débarrasse en faisant passer le gaz sur des fragments de potasse.

On prépare industriellement l'azote en distillant l'air liquide.

**123. — Préparation de l'azote pur.** — On remplit un flacon de tournure de cuivre, jusqu'au tiers de sa hauteur et l'on verse ensuite de manière à recouvrir le cuivre, une dissolution d'ammoniaque. Le flacon employé, d'assez grande capacité, est fermé par un bouchon traversé par deux tubes : l'un est à entonnoir et à robinet ; il descend jusqu'au fond du flacon ; l'autre est un tube de dégagement.

Après quelques jours de repos, l'oxygène de l'air a été absorbé et il s'est formé de l'oxyde de cuivre et de l'azotite d'ammonium. L'oxyde de cuivre s'est dissous à mesure dans l'azotite d'ammonium, qu'il a coloré en bleu. Il reste au-dessus du liquide de l'azote. On le recueille en versant de l'eau par le tube à entonnoir, l'eau refoule le gaz qui s'échappe par le tube de dégagement. On lui fait traverser un flacon d'acide sulfurique qui lui enlève le gaz ammoniac qu'il a entraîné.

**124. — Propriétés physiques de l'azote. —** L'azote est un gaz incolore, inodore et sans saveur. Sa densité, lorsqu'il est pur, est 0,967. Il est très peu soluble dans l'eau, et assez facilement liquéfiable.

L'azote liquifié bout à — 194° sous la pression atmosphérique.

**125. — Propriétés chimiques de l'azote. —** L'azote n'est pas combustible et il n'entretient pas la combustion. Une bougie allumée plongée dans l'azote, s'éteint. Ce gaz n'entretient pas la respiration, mais il n'est pas vénéneux. Lorsqu'on fait éclater quelques étincelles électriques dans un mélange d'azote et d'hydrogène, on obtient du gaz ammoniac :

$$Az \ + \ H^3 \ = \ AzH^3$$
azote  hydrogène  ammoniac

Lorsqu'on fait éclater des étincelles dans un mélange d'azote et d'oxygène, on obtient du peroxyde d'azote :

$$Az \ + \ O^2 \ = \ AzO^1$$
azote  oxygène  peroxyde d'azote

L'azote se combine avec le lithium à froid : il se produit un azoture de lithium. Au rouge sombre l'azote se combine avec le calcium, le baryum, le strontium, le magnésium, l'aluminium pour donner encore des azotures.

Sous l'influence des phénomènes électriques qui se produisent dans l'atmosphère, c'est-à-dire pendant les orages, l'azote et l'oxygène se combinent pour former de l'ammoniaque. Certaines plantes de la famille des légumineuses fixent l'azote libre de l'air, grâce à l'intervention de certaines bactéries qui vivent dans le sol.

**125 *bis*. — Usages de l'azote. —** On fabrique des engrais azotés pour l'agriculture au moyen de l'azote de l'air. On oxyde l'azote de l'air sous l'influence de l'arc électrique. Il en résulte un composé azoté qui, en présence de l'eau, donne de l'acide azotique. Cet acide est employé aussitôt à produire de l'azotate de calcium qui est pour le sol un important engrais.

# Air

**126. — Composition de l'air**. — L'air est une couche gazeuse qui enveloppe la terre; son épaisseur est évaluée à environ 60 kilomètres. C'est un mélange gazeux dans la proportion de quatre volumes d'azote pour un volume d'oxygène. Il contient en très petites quantités certains gaz récemment découverts, dont nous allons parler.

Vu par un beau temps, sous une grande épaisseur, l'air paraît bleu.

**127. — Expérience de Lavoisier**. — Lavoisier analysa l'air de la manière suivante : il maintint pendant 12 jours et 12 nuits consécutivement, à la surface d'une masse de mercure chauffé à une température voisine de son point d'ébullition, un volume d'air déterminé.

L'air était enfermé dans un ballon de verre (fig. 61) muni d'un tube de dégagement doublement recourbé, débouchant un peu au-dessus de la sur-

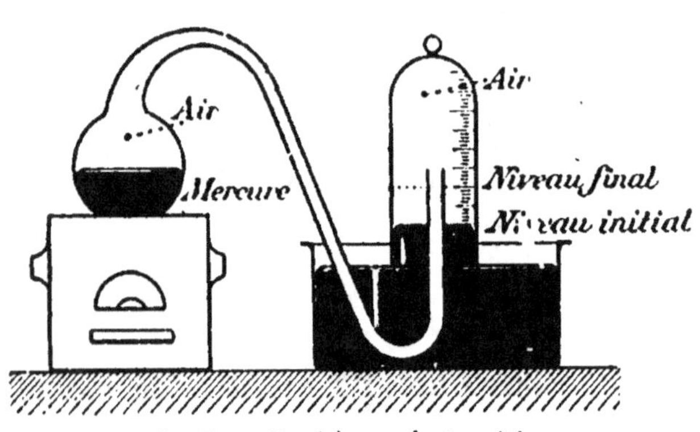


Fig. 61. -- Expérience de Lavoisier.

face d'un bain de mercure. Une cloche dont les bords plongeaient dans le mercure, recouvrait l'extrémité du tube de dégagement. De cette manière l'air du ballon et l'air de la cloche étaient en communication. La cloche était graduée de façon que par le niveau de mercure, on pût lire le volume d'air qu'elle contenait.

Au bout de quelques jours, des pellicules rouges se formèrent à la surface du mercure, et le niveau du mercure s'éleva dans la cloche. Et Lavoisier constata à la fin de l'expérience, que le volume d'air avait diminué environ de $\frac{1}{6}$, et n'entretenait plus la combustion. Le poids du mercure libre du ballon avait aussi diminué.

Un phénomène s'était produit : des pellicules rouges s'étaient formées aux dépens d'une portion de mercure et d'une partie de l'air. Lavoisier donna le nom d'azote au gaz restant. Il calcina ensuite les pellicules rouges, et il constata un nouveau phénomène : les pellicules disparurent et il vit des vapeurs de mercure se condenser en gouttelettes dans l'appareil. En même temps, de l'oxygène s'était dégagé. Le poids du mercure et de l'oxygène représentait exactement le poids des pellicules. Enfin Lavoisier réunit l'oxygène recueilli à l'azote de la première expérience et reconstitua de l'air respirable et entretenant la combustion. Ainsi se trouvèrent faites l'analyse et la synthèse de l'air.

**128. — Analyse de l'air en volume.** — Nous avons vu que le phosphore brûle dans l'air en se combinant avec l'oxygène. Prenons un tube recourbé, où, dans une dépression, est placé un morceau de phosphore (fig. 62). Emplissons-le d'eau, et faisons entrer dans le tube retourné et plongé dans l'eau, 100

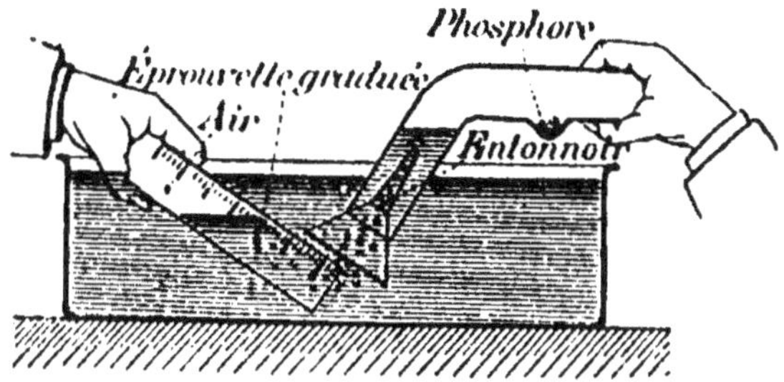


Fig. 62.

centimètres cubes seulement d'air. Chauffons ensuite doucement le phosphore avec une lampe à alcool (fig. 63). Le phosphore s'enflamme. Peu à peu l'oxygène disparaît et l'eau monte dans le tube. Lorsque le niveau reste stationnaire, c'est que tout l'oxygène contenu dans le tube a disparu. Mesurons l'azote qui reste. Nous trouvons 79 centimètres cubes. Il n'y avait donc que 21 centimètres cubes d'oxygène dans le tube.

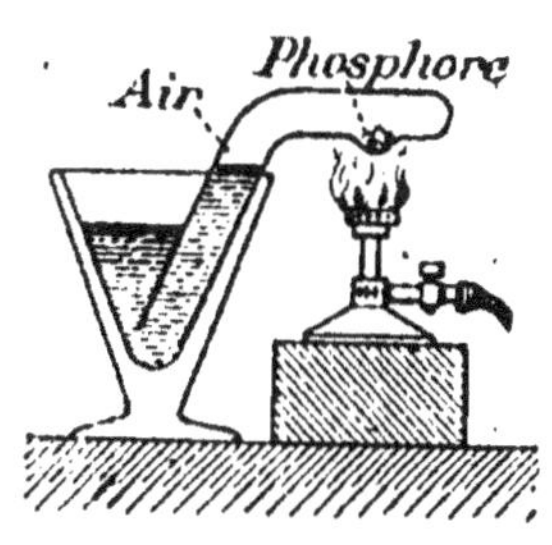


Fig. 63.

Le phosphore étant un bon absorbant de l'oxygène, l'opération peut être faite à froid.

**129. — Analyse de l'air en poids.** — Cette méthode, qui donne des résultats plus rigoureux que la méthode volumétrique, consiste à diriger l'air à analyser sur du cuivre chauffé. L'air a été au préalable desséché par un passage dans une série de tubes en U (fig. 64), garnis de pierre ponce imbibée d'acide sulfurique ou remplis de potasse, pour absorber le gaz carbonique, $CO_2$. Le métal, qui n'a aucune



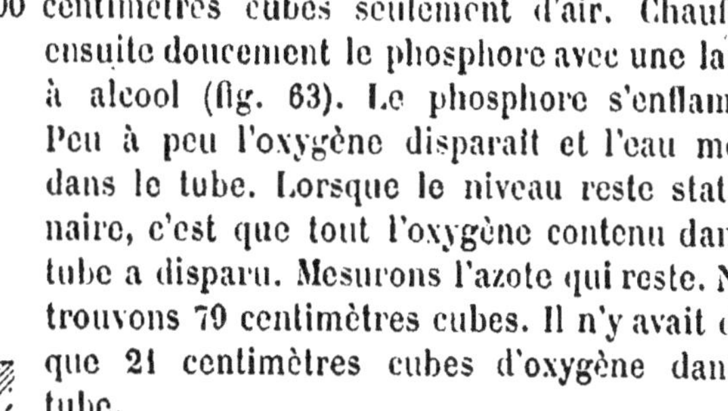

action sur l'azote, fixe tout l'oxygène. L'augmentation de poids du

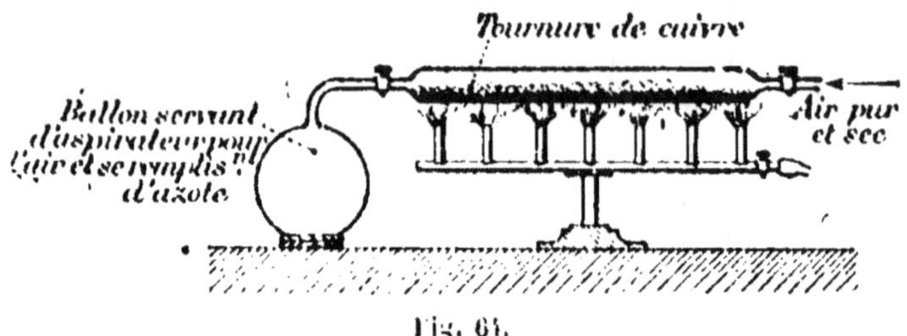


Fig. 64.

cuivre donne par conséquent le poids de l'oxygène. L'azote recueilli est également pesé.

On trouve pour 100 grammes d'air 77 grammes d'azote et 23 grammes d'oxygène.

## 130. — L'air contient du gaz carbonique, de la vapeur d'eau et des gaz récemment découverts. —

L'air contient du gaz carbonique et de la vapeur d'eau.

Exposons à l'air libre un peu d'eau de chaux dans un vase plat (fig. 65).

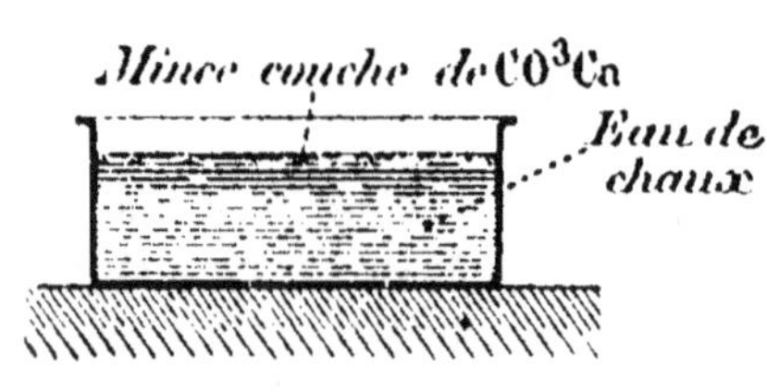


Fig. 65.

L'eau, de parfaitement limpide qu'elle était, se recouvre seulement d'un voile de pellicules blanches qui sont du carbonate de calcium. Ce sel est évidemment dû au contact du gaz carbonique contenu dans l'air et de la chaux en dissolution dans l'eau.

Si l'on a pesé l'eau de chaux et si l'on connaît le volume d'air en contact avec le lait de chaux, on trouve, après avoir pesé de nouveau le lait de chaux, que la proportion du gaz carbonique dans l'air est d'environ $\frac{3}{10.000}$; autrement dit 10.000 litres d'air contiennent seulement trois litres de gaz carbonique.

La présence de la vapeur d'eau dans l'air est mise en évidence par l'exposition à l'air, en été, d'une carafe d'eau fraîche. La carafe se recouvre rapidement de buée : c'est de la vapeur d'eau de l'air qui vient se condenser à sa surface.

Si l'on remplit un vase large d'acide sulfurique concentré, on le voit déborder après quelques jours. Il en est ainsi parce que l'acide, très avide d'eau, a absorbé de la vapeur d'eau de l'air.

Indépendamment de l'oxygène, de l'azote, du gaz carbonique et de la vapeur d'eau, l'air contient encore des gaz rares récemment découverts : l'argon, le xénon, le krypton, plus lourds que l'air; l'hélium et le néon, moins lourds que l'air.

L'argon, dans la proportion d'un peu moins de 1 centième dans l'air, est incolore, inodore et sans saveur. C'est un gaz inactif.

La présence de l'hélium avait d'abord été reconnue dans le soleil. Ce gaz, après l'hydrogène, est le plus léger de tous les corps. Il est inactif.

Le néon existe dans l'air dans la porportion environ de $\frac{12}{10.000}$. Ce gaz, recueilli en tubes clos, devient lumineux lorsqu'on fait passer des décharges électriques dans le tube. Aussi il est employé à l'éclairage.

Le xénon et le krypton n'offrent rien de particulier.

## 151. — Autres matières contenues dans l'air. —

L'air tient en suspension des poussières inertes. Il contient aussi des microorganismes variés, germes des maladies contagieuses et des fermentations de toutes sortes : fermentation putride, fermentation alcoolique, etc.

On trouve encore dans l'air des traces d'ammoniaque et d'ozone. On y a rencontré de petites quantités de méthane (carbure d'hydrogène qui se forme dans les mines de houille et les marais). Enfin de l'hydrogène même y a été constaté.

## 152. — Air confiné. — Il est nécessaire pour la respiration normale d'avoir environ dix mètres cubes d'air renouvelé par heure. Dans le cas contraire, si dans une salle où se trouvent de nombreuses personnes l'air est confiné, c'est-à-dire n'est pas renouvelé de temps en temps, il devient impropre à la respiration. En effet, nous absorbons de l'oxygène et nous exhalons du gaz carbonique. Il arrive alors un moment où l'oxygène fait défaut et où le gaz carbonique domine. Or le gaz carbonique sans être nocif n'entretient pas la respiration et il provoque par conséquent l'asphyxie lorsque sa porportion atteint 1 pour cent de la masse gazeuse de l'enceinte. On éprouve d'abord des maux de tête, des vertiges, des malaises, de la difficulté pour respirer et l'asphyxie se produit. L'asphyxie n'est pas due seulement à la présence en trop grande quantité du gaz carbonique : elle est due surtout aux autres produits de la respiration : émanations animales répandues dans l'atmosphère de la salle par l'expiration, dont l'odeur désagréable se manifeste rapidement.

## 153. — Propriétés de l'air. — L'air n'est pas une combinaison, mais un mélange gazeux, inodore sans saveur et incolore sous

une petite épaisseur. L'air a été pris pour unité de densité des corps gazeux. Un litre d'air sec à 0°, sous la pression de 76 cm., pèse 1gr,293. Les volumes d'azote et d'oxygène qui entrent dans la composition de l'air, ne sont pas dans un rapport simple comme le demanderait la loi de Gay-Lussac sur les combinaisons des gaz.

Les propriétés chimiques de l'air sont celles de l'oxygène et celles de l'azote. L'air se comporte comme de l'oxygène dont l'action est atténuée par l'azote. L'air est liquéfiable au moyen de fortes compressions suivies de détentes brusques. L'air liquide est un réfrigérant très employé. C'est avec l'air que l'on prépare industriellement l'oxygène et l'azote (Préparation de l'air liquide). L'oxygène est utilisé en métallurgie; l'azote sert à la fabrication des engrais.

## 154. — Air liquide.

— L'air dont la température critique est — 140° ne peut être liquéfié que sous l'influence simultanée de la compression et du refroidissement par la détente.

L'industrie utilise des machines diverses pour liquéfier les gaz : des machines dites *à cascades*, qui produisent l'abaissement de température par des évaporations successives de liquides à volatilité croissante; des machines à détente sans travail extérieur; des machines à détente avec travail extérieur. Nous ne donnerons que le principe de la liquéfaction de l'air par la machine Claude à détente avec travail extérieur. Ce procédé donne un rendement frigorifique supérieur aux précédents. Dans la machine Claude, l'air comprimé restitue le travail qu'il est susceptible de produire, en poussant le piston d'un moteur.

L'installation d'un atelier à air liquide doit être établie dans une région atmosphérique aussi pure que possible. Elle comprend, sur la conduite d'aspiration :

1° Un *appareil à décarbonatation,* tours à soude dans lesquelles l'air abandonne son gaz carbonique;

2° Un *compresseur* qui comprime l'air et le refoule dans un appareil à dessiccation;

3° Un *appareil à dessiccation* où l'air abandonne sa vapeur d'eau dans des tubes remplis de chlorure de calcium;

4° Un *échangeur de température;*

5° Une *machine à détente.*

L'air comprimé à 40 atmosphères seulement, venant d'un compresseur[1] traverse le tube central T (fig. 65 *bis*) de l'échangeur de température, et va se détendre dans la machine à détente D. Après y avoir travaillé et

1. Voir notre *Manuel de Physique* : Air comprimé.

s'être refroidi, il est renvoyé au compresseur par le tube B concentrique au tube T. Ces deux tubes, l'un dans l'autre, constituent l'échangeur de température. Dans le tube B, l'air circule maintenant en sens contraire de sa venue par le tube T. Il refroidit par conséquent la nouvelle charge d'air comprimé qui arrive encore par le tube T.

Cette nouvelle portion d'air comprimé qui pénètre dans la machine D,

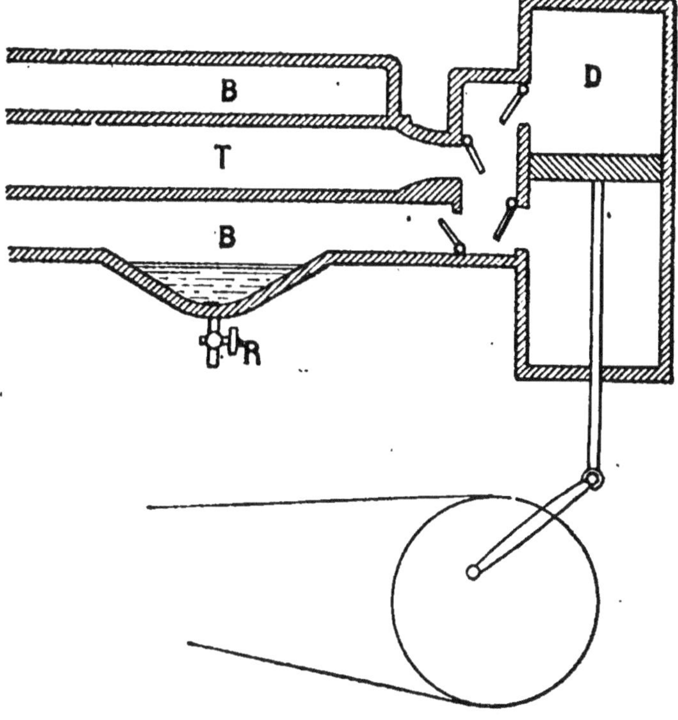


Fig. 65 *bis.*

déjà refroidie dans l'echangeur de température, va produire par sa détente, une température un peu plus basse que celle de l'air comprimé précédent; alors l'air détendu, ramené encore par le tube B, refroidira un peu plus l'air comprimé suivant et ainsi de suite. De telle sorte que le froid s'accentue de lui-même jusqu'à ce qu'il atteigne la température de liquéfaction de l'air.

Dès ce moment, une partie de l'air détendu se liquéfie et l'air liquide peut être recueilli par le robinet R.

L'ammoniaque et l'anhydride sulfureux, indispensables à toute installation frigorifique et l'anhydride carbonique utilisé dans la préparation et la conservation de la bière, sont liquéfiés de la même manière.

L'air liquide, abandonné à la température ambiante, s'évapore instantanément. S'il est soustrait à la chaleur qu'il reçoit par conductibilité et par rayonnement, on peut le conserver pendant une quinzaine de jours. On l'enferme pour cela dans un récipient en verre, constitué par deux enveloppes concentriques, argentées sur les deux faces en regard (fig. 65 *ter*). Les deux enveloppes sont séparées par un espace annulaire dans lequel on a fait le vide.

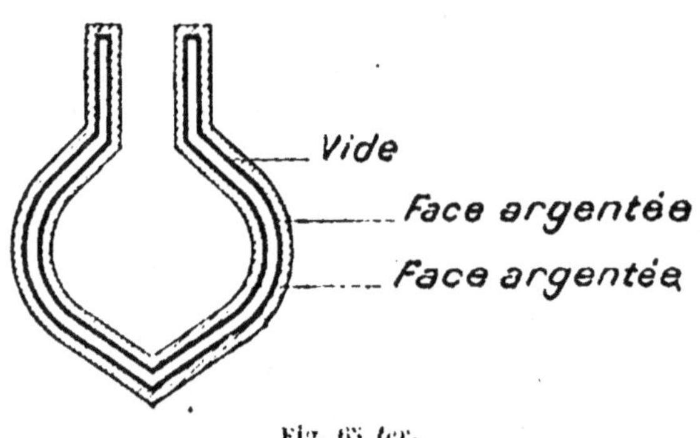


Fig. 65 *ter*.

On ne peut pas conserver l'air liquide dans un récipient *fermé*, car lorsqu'en s'échauffant peu à peu, par sa continuelle agitation il atteint sa température critique — 140°, il passe à l'état gazeux.

L'air liquide est très mobile. Il est opalescent. L'alcool projeté dans l'air liquide se prend en gelée. Le caoutchouc y devient cassant comme le verre. Un fruit, un morceau de viande y deviennent friables.

Le récipient particulier dans lequel on peut conserver l'air liquide a reçu une autre application. Sous forme de bouteille (bouteille thermos) on y conserve les liquides chauds. La bouteille est naturellement bouchée.

# Gaz ammoniac

## $AzH^3$

### Molécule-gramme : 17 gr.

**134 *bis*. — État naturel du gaz ammoniac.** — Le gaz ammoniac se trouve à l'état de sel dans les composés appelés sels ammoniacaux et dans les produits de la décomposition de quelques matières organiques azotées. On le trouve également dissous dans les eaux d'épuration du gaz de l'éclairage.

**135. — Préparation du gaz ammoniac.** — On obtient le gaz ammoniac en traitant le chlorhydrate d'ammoniaque (chlorure d'ammonium) par la chaux vive préalablement pulvérisée. On en fait un

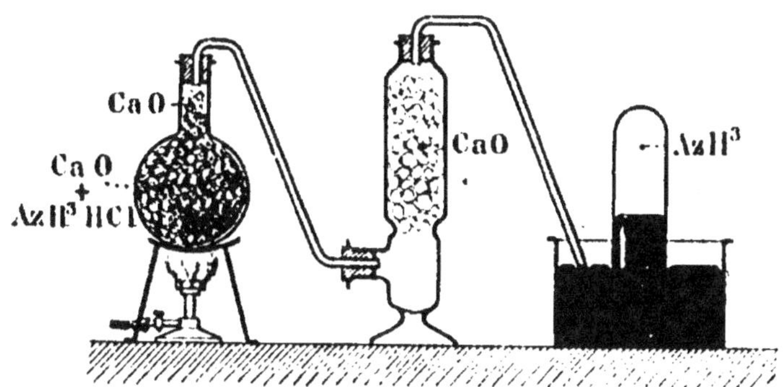


Fig. 66. — Préparation du gaz ammoniac.

mélange que l'on met dans un ballon de verre placé sur un foyer. Le ballon (fig. 66) communique avec le pied d'une éprouvette emplie de fragments de chaux vive, qui dessèchent le gaz au passage. Celui-ci est recueilli sur une cuve à mercure :

$$2\ AzH^3HCl\ +\ CaO\ =\ CaCl^2\ +\ H^2O\ +\ 2\ AzH^3$$

| chlorhydrate d'ammoniaque | chaux vive | chlorure de calcium | eau | gaz ammoniac |
|---|---|---|---|---|

L'industrie prépare le gaz ammoniac par la distillation des eaux vannes résultant de la fermentation des urines en présence de la chaux. Toute matière organique azotée, chauffée en présence de la chaux, dégage du gaz ammoniac.

**136. — Dissolution du gaz ammoniac.** — On n'emploie guère le gaz ammoniac qu'à l'état de dissolution. On obtient de la manière suivante la solution ammoniacale, appelée simplement **ammoniaque** : On fait arriver le gaz dans

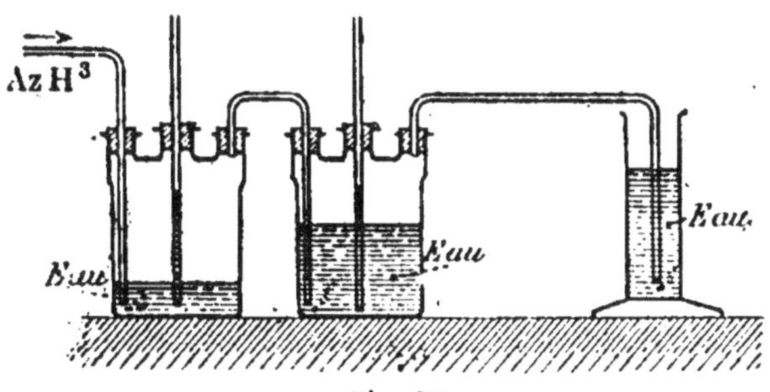


Fig. 67.

deux ou plusieurs flacons à trois tubulures (fig. 67), à moitié remplis d'eau, sauf le premier qui en contient très peu. Deux des tubulures de chaque vase assurent la communication d'un vase à l'autre; la troisième, centrale, porte un tube de sûreté par lequel s'échapperaient liquide ou gaz si un excès de pression se produisait.

Le premier flacon qui contient seulement un peu d'eau est un flacon laveur : le gaz qui le traverse y abandonne ses impuretés. Le tube qui amène le gaz plonge dans l'eau, jusqu'au fond du flacon; le gaz barbote, se dissout partiellement, et ce qui n'est pas dissous s'échappe par un tube de dégagement qui part du sommet du vase. Le dernier vase est une éprouvette à pied.

## 137. — Propriétés physiques du gaz ammoniac. —

Le gaz ammoniac est incolore; il a une odeur vive, qui provoque les larmes, une saveur caustique. Il est plus léger que l'air, sa densité est 0,596. Il est extrêmement soluble dans l'eau, qui, à la température ordinaire, en dissout environ 700 fois son volume, et à 0° 1.050 fois son volume. La solution de gaz ammoniac appelée *ammoniaque* et vulgairement *alcali volatil*, a les mêmes propriétés que le gaz.

On liquéfie aisément le gaz ammoniac en le soumettant à une pression de 8 atmosphères. On utilise l'abaissement de température, qui résulte du nouveau passage à l'état gazeux de l'ammoniaque liquéfié, pour fabriquer la glace.

## 138. — Propriétés chimiques du gaz ammoniac. —

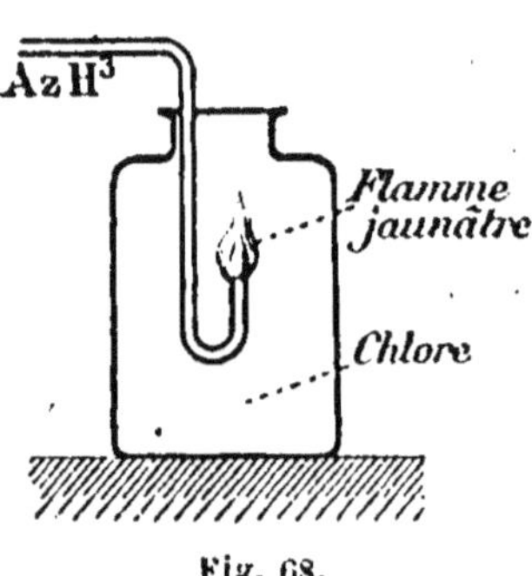



Fig. 68.

Le gaz ammoniac est décomposé par la chaleur. Lorsqu'on le fait passer par un tube de porcelaine chauffé au rouge, il se dissocie :

$$AzH^3 = Az + 3H$$

gaz ammoniac     azote     hydrogène

Le gaz ammoniac ne brûle pas dans l'air et il n'entretient pas la combustion.

On peut l'enflammer dans l'oxygène, et dans ce cas il se forme de l'eau et de l'azote :

$$2(AzH^3) + 3O = 2Az + 3H^2O$$

ammoniac     oxygène     azote     eau

Il s'enflamme spontanément dans le chlore en produisant du chlorure d'ammonium et de l'azote (fig. 68) :

$$4(AzH^3) + 3Cl = 3(AzH^4Cl) + Az$$

| ammoniac | chlore | chlorure d'ammonium | azote |

Le gaz ammoniac est décomposé par la plupart des métaux, sous l'influence de la chaleur. L'oxyde de cuivre chauffé dans un tube traversé par du gaz ammoniac est réduit :

$$2AzH^3 + 3CuO = 3Cu + 2Az + 3H^2O$$

| ammoniac | oxyde de cuivre | cuivre | azote | eau |

L'ammoniaque ramène au bleu le papier de tournesol rougi par un acide. Un mélange d'ammoniaque et d'une solution de sulfate de cuivre constitue l'*eau céleste* que les pharmaciens placent à la devanture de leurs magasins.

**139. — Usages de l'ammoniaque.** — L'ammoniaque qui est un dissolvant des corps gras, sert au dégraissage des tissus. Nous venons de voir que le gaz ammoniac liquéfié sert à la production artificielle de la glace. On se sert de l'ammoniaque pour cautériser les morsures de vipères, de guêpes. On l'emploie pour faire disparaître la *météorisation*. C'est un gonflement considérable de la panse des ruminants : bœufs, moutons, chèvres, qui ont mangé en abondance des légumineuses : trèfle, luzerne, sainfoin. A l'aide du gaz ammoniac, on fabrique les sels ammoniacaux, qui servent d'engrais pour l'agriculture.

# Protoxyde d'azote

## $Az^2O$

### Molécule-gramme : 17 gr.

**140. — Généralités.** — Le protoxyde d'azote est un gaz incolore, inodore, d'une saveur sucrée. Il entretient la combustion. Le phosphore, le soufre emflammé y brûlent comme dans l'oxygène.

Lorsqu'on respire le protoxyde d'azote, il produit d'abord une certaine ivresse (on l'a nommé pour cela *gaz hilarant*); puis il détermine l'insensibilité comme le chloroforme; cette propriété le fait employer en chirurgie comme anesthésique.

On prépare le protoxyde d'azote en chauffant dans un ballon de l'azotate d'ammonium. Le sel fond et se décompose en protoxyde d'azote et vapeur d'eau :

$$AzO^3AzH^4 \qquad Az^2O \qquad + \qquad 2H^2O$$

azotate          protoxyde         eau
d'ammonium       d'azote

# Acide azotique ou nitrique

## $AzO^3H$

### Molécule-gramme : 63 gr.

**141. — État naturel de l'acide azotique.** — L'acide azotique existe à l'état de combinaison avec la soude et la potasse. Il y a des dépôts considérables d'azotate de sodium au Chili. Il se forme sur les murs humides des caves et des écuries de l'azotate de potassium, appelé *salpêtre*.

**142. — Préparation de l'acide azotique. Procédé des laboratoires.** — Dans les laboratoires, on obtient l'acide azotique en décomposant par la chaleur l'azotate de potassium ou de

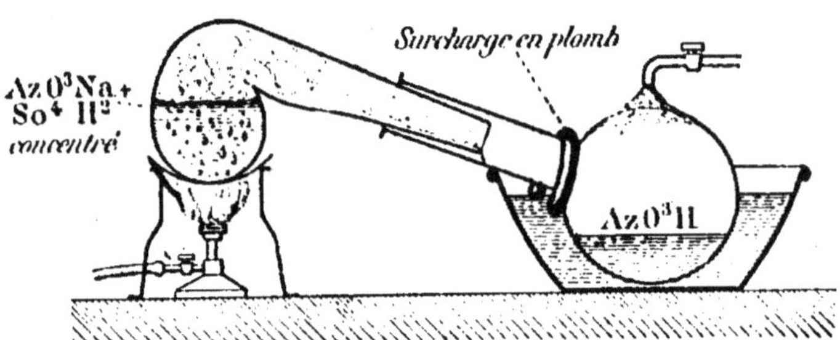


Fig. 69. — Préparation de l'acide azotique.

sodium en présence de l'acide sulfurique. Le mélange est mis dans une cornue en verre (fig. 69), placée sur un foyer. L'acide sulfurique prend la place de l'acide azotique et celui-ci, vaporisé, se dégage dans un ballon constamment refroidi par un courant d'eau :

$$AzO^3Na \quad + \quad SO^4H^2 \quad = \quad SO^4NaH \quad + \quad AzO^3H$$

azotate       acide        sulfate        acide
de sodium    sulfurique    acide de     azotique
                         sodium

**143. — Préparation de l'acide azotique. Procédé industriel.** — Dans l'industrie on remplace simplement le ballon par une énorme chaudière en fonte (fig. 70) inattaquable par l'acide sulfurique et par les vapeurs d'acide azotique. La chaudière peut contenir environ 300 kilogrammes d'azotate de sodium et 400 kilogrammes d'acide sulfurique. Les vapeurs d'acide azotique vont se condenser dans

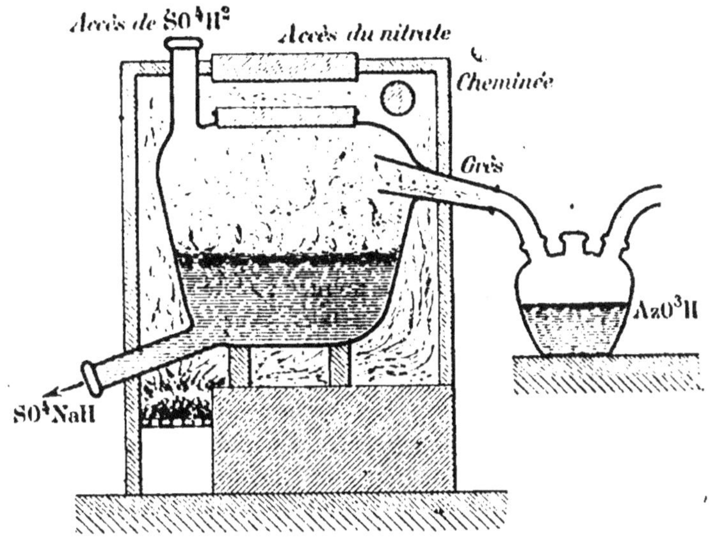


Fig. 70. — Préparation industrielle de l'acide azotique.

des bombonnes communiquant entre elles. Les vapeurs qui ne se sont pas condensées dans la première, se rendent dans la seconde et ainsi de suite. Le sulfate acide de sodium est recueilli au bas de la chaudière. Il existe un autre procédé, dit procédé norvégien, qui consiste à provoquer la formation d'acide azotique aux dépens de l'air. En effet, en faisant éclater une série d'étincelles électriques dans un mélange d'azote et d'oxygène en excès en présence de l'eau, il se forme de l'acide azotique.

**144. — Propriétés physiques de l'acide azotique.** — L'acide azotique, lorsqu'il est pur, est un liquide incolore, très mobile. Lorsqu'il est concentré, il répand toujours des vapeurs fumantes dans l'air humide et se colore sous l'influence de la lumière. C'est l'acide normal $AzO^3H$. Sa densité est 1,52.

Si l'on chauffe l'acide normal, une portion de l'acide distille, et l'autre portion se décompose en oxygène, peroxyde d'azote et eau. Le point d'ébullition s'élève peu à peu jusqu'à 123°. A cette température passe un liquide qui a pour composition :

2 AzO³H 3H²O (ancien acide quadrihydraté Az²O⁵ 4H²O).

La densité de l'acide azotique est 1,42.

**145. — Propriétés chimiques de l'acide azotique.** — L'acide azotique pur est décomposé par la lumière et par la chaleur. Il se colore en jaune et donne des vapeurs de peroxyde d'azote, de l'oxygène et de l'eau. Tous les métalloïdes, sauf le fluor, le chlore, le brome, l'oxygène et l'azote, décomposent l'acide azotique. Sous l'influence de la chaleur, l'hydrogène décompose l'acide azotique; il se forme de la vapeur d'eau et de l'azote :

$$AzO^3H \;+\; 5H \;=\; 3H^2O \;+\; Az$$

<table>
<tr><td>acide<br>azotique</td><td>hydrogène</td><td>eau</td><td>azote</td></tr>
</table>

L'hydrogène naissant peut même donner à froid de l'ammoniaque.

L'acide azotique attaque tous les métaux, sauf l'or et le platine; chose curieuse, ce n'est pas l'acide concentré qui les attaque le plus, c'est l'acide du commerce, qui contient de l'eau. Le fer n'est pas attaqué par l'acide concentré (fer passif).

Les composés organiques sont le plus souvent violemment attaqués par l'acide azotique : le sucre, l'amidon sont transformés en acide oxalique.

De la benzine versée dans de l'acide azotique refroidi, se dissout. Si l'on étend d'eau la dissolution, il se sépare un liquide huileux qui est la nitrobenzine appelée *essence de mirbane*. Elle a l'odeur de l'essence d'amandes amères. On l'emploie dans la parfumerie à bon marché. Avec la glycérine il donne la trinitroglycérine, explosif très puissant (dynamite).

L'acide azotique colore la peau en jaune, et si on le laisse agir trop longtemps, il ronge les chairs.

**146. — Usages de l'acide azotique.** — L'acide azotique entre dans la composition de la nitrobenzine et de beaucoup d'explosifs; il sert à la préparation de l'azotate d'argent appelé *pierre infernale,* pour cautériser.

Sous le nom *d'eau-forte,* on s'en sert à froid pour la gravure sur cuivre; le métal est enduit d'une légère couche de cire sur laquelle on dessine en faisant aller la pointe du burin jusqu'au cuivre. On verse ensuite sur la surface l'acide qui ronge seulement les parties à nu.

L'acide azotique teint en jaune la laine et la soie.

Un mélange de 1 volume d'acide azotique et de 4 volumes d'acide chlorhydrique constitue l'*eau régale* qui a la propriété de dissoudre l'or et le platine, inattaquables par ces deux acides pris séparément.

---

## HUITIÈME LEÇON

### PHOSPHORE — ANHYDRIDE PHOSPHORIQUE
### ACIDE PHOSPHORIQUE ORDINAIRE — ARSENIC
### ANTIMOINE

# Phosphore

**P**

**Pentavalent.**
**Atome-gramme : 31 gr.**
**Molécule-gramme : 124 gr.**

**147. — État naturel.** — Le phosphore existe à l'état de composés divers répandus dans le sol. On le trouve aussi sous la forme de composés dans les os, le système nerveux et les urines. Les laitances des poissons et le jaune d'œuf contiennent encore du phosphore.

**148. — Préparation.** — Le phosphore est extrait industriellement des os. Les os sont composés d'une matière organique *l'osséine,* et de matières minérales : phosphate de calcium (phosphate tricalcique) et carbonate de calcium. L'osséine est une matière grise, flexible, élastique, qui, lorsqu'on la fait bouillir avec de l'eau, se transforme en *gélatine.*

On sépare l'osséine des sels minéraux en soumettant pendant plusieurs jours les os à l'action de l'acide chlorhydrique étendu.

Les sels se dissolvent, la matière organique n'est pas attaquée.

Le phosphate tricalcique est transformé en phosphate monocalcique et le carbonate de calcium en chlorure de calcium :

$$(PO^4)^2Ca^3 + CO^3Ca + 6\ HCl = (PO^4)^2CaH^4 + 3\ CaCl^2 + CO^2 + H^2O$$

| phosphate tricalcique | carbonate de calcium | acide chlorhydrique | phosphate monocalcique | chlorure de calcium | gaz carbonique | eau |
|---|---|---|---|---|---|---|

Pour séparer du chlorure de calcium *soluble,* le phosphate monocalcique également *soluble,* on transforme celui-ci en phosphate bicalcique *insoluble,* en le traitant par l'eau de chaux :

$$(PO^4)^2CaH^4 \quad + \quad Ca(OH)^2 \quad = \quad (PO^4)^2Ca^2H^2 \quad + \quad 2\,H^2O$$

| phosphate monocalcique | eau de chaux | phosphate bicalcique | eau |
|---|---|---|---|

Le phosphate bicalcique, traité par l'acide sulfurique, donne de l'acide phosphorique liquide et du sulfate de calcium insoluble :

$$PO^4CaH \quad + \quad SO^4H^2 \quad + \quad PO^4H^3 \quad + \quad SO^4CA$$

| phosphate bicalcique | acide sulfurique | acide phosphorique | sulfate de calcium |
|---|---|---|---|

L'acide phosphorique séparé par décantation du sulfate de calcium, est enfin réduit par le charbon pour arriver au phosphore. Avec de l'acide phosphorique liquide et du charbon de bois réduit en poudre, on fait une pâte que l'on soumet à une haute température, dans des cornues en terre réfractaire.

Le phosphore distille et les vapeurs viennent se liquéfier dans de l'eau chaude :

$$2\,PO^4H^3 \quad + \quad 5\,C \quad = \quad 2\,P \quad + \quad 3\,H^2O \quad + \quad 5\,CO$$

| acide phosphorique | carbone | phosphore | eau | oxyde de carbone |
|---|---|---|---|---|

Le phosphore ayant entraîné avec lui du charbon, on lui fait traverser un filtre poreux ou une peau de chamois dans de l'eau maintenue à 50 degrés. On le coule ensuite en bâtons et on le conserve dans l'eau, à l'abri de la lumière. Le phosphore obtenu de cette manière est du *phosphore blanc.*

On prépare encore le phosphore au moyen d'un mélange de phosphate tricalcique pulvérisé, de charbon de bois et de silice (sable) qu'on met dans une cornue où pénètrent les électrodes d'un circuit. Grâce à la haute température produite par l'arc électrique, le phosphate tricalcique se transforme en silicate de calcium et acide phosphorique, qui est réduit par le charbon (comme précédemment) avec dégagement d'oxyde de carbone :

$$(PO^4)^2Ca^3 + 3\,SiO^2 + 5\,C \quad = \quad 2\,P \quad + \quad 5\,CO \quad + \quad 3\,SiO^3Ca$$

| phosphate tricalcique | silice | carbone | phosphore | oxyde de carbone | silicate de calcium |
|---|---|---|---|---|---|

## 149. — Propriétés physiques du phosphore blanc. —

Le phosphore blanc est un corps solide, translucide, incolore, mou à la température ordinaire. Son odeur rappelle un peu celle de l'ail. Il fond à 44°. Sa densité est 1,84.

Le phosphore est insoluble dans l'eau, mais il se dissout dans la benzine et dans le sulfure de carbone.

**Le phosphore blanc est vénéneux.**

Sous l'action un peu prolongée de la lumière ou de la chaleur, le phosphore blanc se transforme à la surface en phosphore rouge, modification allotropique du phosphore blanc. Cette modification le rend non vénéneux.

**Remarque.**

Nous avons vu que la molécule d'hydrogène, d'oxygène et de nombreux corps simples est biatomique, c'est-à-dire contient 2 atomes. La molécule de phosphore fait exception : elle contient 4 atomes. En effet, la densité du phosphore étant 4,32, son poids moléculaire est (n° 46) $\dfrac{4,32 \times 2}{0,0695} = 124$. Il s'ensuit que puisque tous les poids moléculaires occupent le même volume, $22^{litres}, 40$, l'atome-gramme de phosphore occupe $\dfrac{22 \text{ lit. } 40}{4} = 5^{litres}, 50$ au lieu de $11^{litres}, 20$.

## 150. — Propriétés chimiques du phosphore blanc.

— Le phosphore luit dans l'obscurité, grâce à l'oxydation lente qu'il subit. Si l'on empêche l'oxydation, la phosphorescence cesse.

A l'air libre, le phosphore s'échauffe et s'enflamme, donnant des flocons d'anhydride phosphorique :

$$2P \quad + \quad 5O \quad = \quad P^2O^5$$

Phosphore        oxygène        anhydride
phosphorique

En raison de cet inconvénient, on conserve le phosphore dans l'eau. **On ne doit le couper que sous l'eau** pour éviter des brûlures très dangereuses.

L'affinité du phosphore pour l'oxygène est considérable. Au-dessus de 30° il s'enflamme spontanément dans l'oxygène. Si l'on fait arriver un courant d'oxygène dans de l'eau maintenue à 50° qui contient du phosphore fondu (fig. 71), le phosphore s'enflamme encore et brûle dans l'eau. Dans un espace limité, le phosphore absorbe tout l'oxygène de l'air.

Un morceau de phosphore placé dans un flacon de chlore fond et s'enflamme. Le phosphore se combine avec tous les métaux. Placé sur une plaque de cuivre chauffée, le phosphore s'empare du cuivre pour former du phosphure de cuivre; la plaque finit par être trouée.

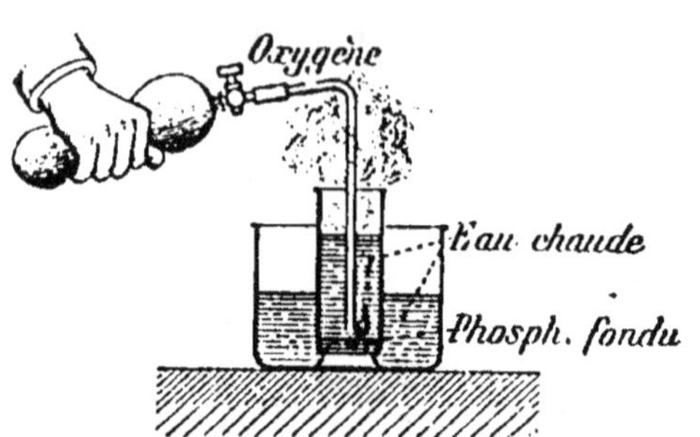


Fig. 71. — Combustion du phosphore dans l'eau.

Le phosphore peut décomposer la vapeur d'eau. En contact avec l'acide azotique fumant, il détermine une explosion violente. Il se forme de l'acide phosphorique et des vapeurs nitreuses.

Une solution concentrée de potasse portée à l'ébullition en présence du phosphore blanc (fig. 72) donne de l'hydrogène phosphoré ou phosphure d'hydrogène, gaz d'odeur alliacée, spontanément inflammable à l'air libre.

Les flammes d'hydrogène phosphoré constituent les *feux follets*.

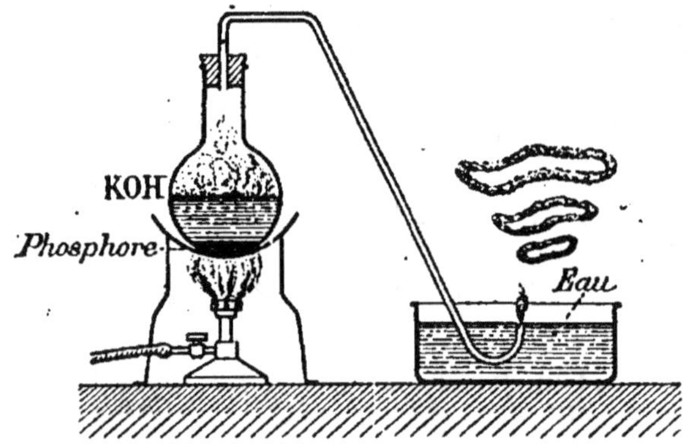


Fig. 72. — Production de l'hydrogène phosphoré.

## 151. — Transformation du phosphore blanc en phosphore rouge. — On transforme le phosphore blanc en phosphore rouge de la manière suivante :

Le phosphore blanc est placé dans une chaudière en fonte (fig. 73), qui contient de l'eau; l'eau doit recouvrir le phosphore. La chaudière est placée dans une autre chaudière en fonte un peu plus grande : elles sont séparées par de la paille de fer pressée. La chaleur est de cette façon uniforme sur tous les points de la chaudière intérieure.

Le couvercle de la chaudière porte un petit tube ouvert qui permettra à l'air et à la vapeur d'eau de s'échapper. Il porte aussi une gaine qui s'enfonce intérieurement dans l'eau; elle est remplie de mercure dans lequel plonge un thermomètre.

On chauffe doucement pour chasser l'air et l'on élève la température jusqu'à 240° où on la maintient pendant une dizaine de jours. On laisse ensuite refroidir et l'on retire la masse solidifiée que l'on pulvérise sous des meules immergées dans l'eau.

On enlève le phosphore blanc qui a pu rester, en lavant la masse pulvérisée dans du sulfure de carbone qui dissout le phosphore non transformé. On lave ensuite dans l'eau le phosphore rouge et on le sèche.

**152. — Propriétés du phosphore rouge. —** Le phosphore rouge n'est pas vénéneux. Sa densité est 2,18 et même parfois 2,37. Il est insoluble dans

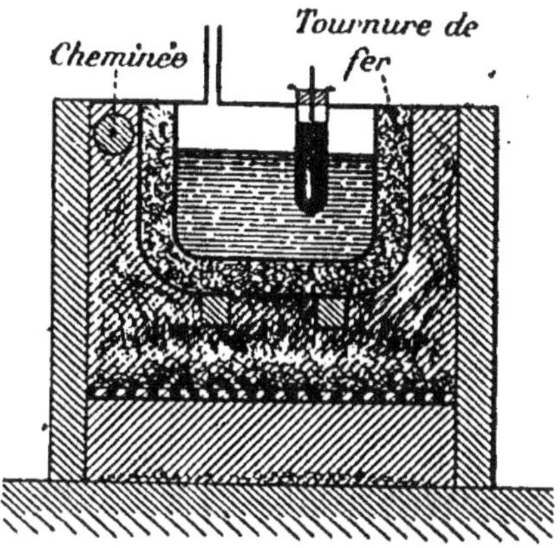

Fig. 73. — **Transformation du phosphore blanc en phosphore rouge.**

le sulfure de carbone. Il fond à 500°; il n'est pas phosphorescent; il ne s'enflamme qu'à 260°. Comme le phosphore blanc, le phosphore rouge est un corps réducteur, mais il ne l'est qu'à une température plus élevée.

**153.— Usages du phosphore. —** On a utilisé le phosphore blanc puis le phosphore rouge à la fabrication des allumettes. On emploie généralement aujourd'hui des allumettes de sûreté, dites *suédoises*, qui ne s'enflamment que sur un frottoir spécial. La pâte de ces allumettes est composée de chlorate de potassium, de sulfure d'antimoine et de colle forte. La pâte du frottoir est formée de phosphore rouge, de sulfure d'antimoine et de colle forte.

On emploie maintenant pour la fabrication des allumettes communes le sulfure de phosphore $P^4S^3$.

# Anhydride phosphorique

## $P^2O^5$

### Molécule-gramme : 142 gr.

**154. —Généralités. —** Nous avons vu n° 122 qu'on obtient de l'anhydride phosphorique en faisant brûler du phosphore dans l'air renfermé sous une cloche en verre. Dans les flocons recueillis on peut reconnaître que l'anhydride se présente sous trois états différents : cristallisé, amorphe et vitreux.

L'anhydride phosphorique forme avec l'eau trois composés :

$$L'acide\ métaphosphorique\ PO^3H ;$$
$$L'acide\ pyrophosphorique\ P^2O^7H^4 ;$$
$$L'acide\ orthophosphorique\ PO^4H^3.$$

Les acides métaphosphorique et pyrophosphorique sont obtenus en partant de l'acide orthophosphorique $PO^4H^3$, qui est l'acide phosphorique ordinaire. Voici comment :

La basicité des acides, déterminée par le nombre d'atomes d'hydrogène remplaçables par un métal, dépend du nombre de groupes OH qu'ils contiennent.

Le phosphore étant pentavalent et l'oxygène, divalent, le radical PO est trivalent puisqu'un atome d'oxygène satisfait deux valences de phosphore :

$$\Big>\ P = O$$

L'acide le plus basique donné par le radical PO est donc exprimé par la formule suivante :

$$PO \Big<\ \begin{matrix} OH \\ OH \\ OH \end{matrix}$$

que l'on écrit :

$$PO(OH)^3 \quad ou \quad PO^4H^3$$

C'est l'acide orthophosphorique ou acide phosphorique.

$$or \qquad 2\,PO^4H^3 = P^2O^5 + 3H^2O$$

En enlevant à ces 2 molécules d'acide phosphorique une molécule d'eau, on a :

$$P^2O^5 + 2H^2O = P^2O^7H^4$$

C'est l'acide pyrophosphorique.

A une seule molécule d'acide phosphorique,

$$PO^4H^3 = PO^3H + H^2O$$

enlevons une molécule d'eau, il reste :

$$PO^3H$$

C'est l'acide métaphosphorique.

# Acide phosphorique ordinaire

## $PO^4H^3$

### Molécule-gramme : 98 gr.

**155. — État naturel de l'acide phosphorique.** — L'acide phosphorique ordinaire existe à l'état de composé dans le phosphate de calcium que l'on rencontre dans la plupart des terrains.

**156. — Préparation de l'acide phosphorique.** — L'acide phosphorique est préparé industriellement de la manière suivante. On traite d'abord par un lait de chaux le superphosphate monocalcique, pour obtenir le phosphate bicalcique :

$$(PO^4)^2CaH^4 \;+\; Ca(OH)^2 \;=\; (PO^4)^2Ca^2H^2 \;+\; 2H^2O$$

| phosphate monocalcique | eau de chaux | phosphate bicalcique | eau |

Le phosphate bicalcique précipité est traité ensuite par l'acide sulfurique. La masse est brassée et chauffée dans des cuves de plomb. Le sulfate de calcium se précipite. Après décantation on concentre la solution d'acide phosphorique :

$$(PO^4)^2Ca^2H^2 \;+\; 2SO^4H^2 \;=\; 2PO^4H^3 \;+\; 2SO^4Ca$$

| phosphate bicalcique | acide sulfurique | acide phosphorique | sulfate de calcium |

**157. — Propriétés physiques de l'acide phosphorique.** — L'acide phosphorique se présente sous la forme de cristaux transparents, incolores. Il rougit le papier bleu de tournesol.

**158. — Propriétés chimiques de l'acide phosphorique.** — L'acide phosphorique ordinaire $PO^4H^3$, est tribasique, car avec la soude, par exemple, il donne trois espèces de sels :

$PO^4NaH^2$    phosphate acide monosodique;

$PO^4Na^2H$    phosphate bisodique;

$PO^4Na^3$    phosphate neutre trisodique acide.

L'acide phosphorique est l'un des éléments minéraux indispensables aux plantes. Il est absorbé par leurs racines sous forme de phosphate monocalcique, qui se dissout dans l'eau. Mais le phosphate tiré des os et le phosphate que l'on trouve dans les terrains est un phosphate tricalcique insoluble dans l'eau. Alors l'industrie le transforme en phosphate monocalcique soluble, en le traitant par l'acide sulfurique :

$$(PO^4)^2Ca^3 \quad + \quad 2\,SO^4H^2 \quad = \quad (PO^4)^2CaH^4 \quad + \quad 2\,SO^4Ca$$

| phosphate | acide | phosphate acide | sulfate |
|---|---|---|---|
| tricalcique | sulfurique | monocalcique | de calcium |

Le mélange de phosphate acide monocalcique et de sulfate de calcium constitue un engrais précieux pour l'agriculture. On lui a donné le nom de *superphosphate*.

# Arsenic

## As

**Trivalent.**
**Atome-gramme : 75 gr.**
**Molécule-gramme : As⁴ = 300 gr.**

**159. — Généralités.** — L'arsenic est un métalloïde à éclat métallique de couleur grisâtre. Il est cassant. Sa densité est 5,75. Il se ternit à l'air. Lorsqu'il est projeté sur un foyer incandescent, il brûle en dégageant une odeur d'ail; sa combustion produit de l'anhydride arsénieux. Réduit en poudre, il s'enflamme spontanément dans le chlore. Il se combine avec le soufre formant le *réalgar* qui sert généralement dans l'industrie comme source d'arsenic, et l'*orpiment* jaune citron, employé en peinture. L'arsenic se combine aussi avec les métaux; il existe un arséniosulfure de fer naturel, nommé *mispickel,* que l'on incorpore souvent en petites quantités à l'acier pour lui donner de la dureté. On extrait aussi l'arsenic du mispickel.

L'arsenic donne avec l'oxygène l'anhydride arsénieux As⁴O⁶ (molécule-gramme : 396 gr.), qui se présente sous la forme d'une poudre blanche, inodore et sans saveur, ressemblant à s'y méprendre à de la farine. Sa densité est 13,84. Il est soluble dans l'eau. Il colore en rouge vineux, comme les acides faibles, le papier bleu de tournesol.

**L'anhydride arsénieux est un poison violent.** Dans le cas d'ingestion d'une dissolution d'anhydride arsénieux, il faut provoquer des vomissements et faire boire ensuite une émulsion de magnésie calcinée et à défaut de l'eau de chaux.

L'anhydride arsénieux entre dans la composition de la matière étendue sur le papier *tue-mouches* et aussi dans la composition de la *mort-aux-rats*.

L'arsenic est employé pour préparer quelques arsénites qui servent à confectionner certaines couleurs : L'arsénite de cuivre $(AsO^3)^2Cu^3$ est employé en peinture sous le nom de *vert de Scheele*. Une autre belle couleur verte, le *vert de Schweinfurt*, est une combinaison d'arsénite et d'acétate de cuivre.

La *liqueur de Fowler*, employée en médecine dans les affections de poitrine, est un arsénite acide de potassium $AsO^3K^2H$.

# Antimoine

## Sb

**Trivalent.**
**Atome-gramme : 120 gr.**

**160. — Généralités**. — L'antimoine existe dans la nature à l'état d'oxyde $Sb^2O^3$, que l'on trouve en Algérie; ou à l'état de sulfure $Sb^2S^3$ appelé *stibine*.

On extrait généralement l'antimoine de la stibine. On pulvérise le minerai et on le grille pour lui enlever son soufre qui se dégage sous la forme d'anhydride sulfureux. Il reste un oxyde que l'on calcine dans un creuset en présence de carbonate de sodium et de charbon. L'oxyde réduit, l'antimoine obtenu est coulé dans des lingotières en fonte.

L'antimoine est blanc à éclat métallique. Sa densité est 6,71. Il fond vers 600°. Réduit en poudre et projeté dans le chlore, l'antimoine s'enflamme spontanément. Les acides sulfurique et chlorhydrique concentrés et chauds, le disolvent lentement. L'eau régale le dissout en donnant du chlorure d'antimoine $SbCl^3$.

L'antimoine incorporé au plomb sert à fabriquer les caractères d'imprimerie; il donne de la dureté au plomb.

On l'emploie en médecine comme vomitif sous le nom *d'émétique*, qui est un tartrate double d'antimoine et de potassium. Le *Kermès*, mélange de sulfure et d'oxyde d'antimoine, est aussi un vomitif.

NEUVIÈME LEÇON

**CARBONE
OXYDE DE CARBONE — ANHYDRIDE CARBONIQUE
SULFURE DE CARBONE — CYANOGÈNE
ACIDE CYANHYDRIQUE**

# Carbone

C

**Tétravalent.
Atome-gramme : 12 gr.**

**161. — État naturel du carbone.** — Le carbone est l'un des corps les plus répandus dans la nature. On le rencontre à l'état de liberté, amorphe, sous forme de variétés plus ou moins pures que l'on appelle charbons naturels : tourbe, lignite, houille, anthracite; et à l'état de cristallisation : diamant, graphite. Le carbone existe à l'état de combinaison dans tous les corps organiques où il forme la majeure partie de la plupart des tissus des animaux et des végétaux. Quand on calcine à l'abri de l'air par exemple du bois, des chairs, du sucre, on obtient un charbon artificiel, qui est du carbone plus ou moins impur.

*CARBONE CRISTALLISÉ*

**162. — Diamant.** — La substance totale du diamant est du carbone pur cristallisé. Il est très rare. On ne le trouve guère qu'à Brésil, au Cap de Bonne-Espérance, au Transvaal et aux Indes. Le diamant est le plus dur de tous les corps. On dit qu'un corps est plus ou moins dur, non pas parce qu'on peut facilement ou difficilement l'écraser, mais parce qu'on peut le rayer plus ou moins facilement. Le diamant raye tous les corps et il n'est rayé par aucun d'eux. Aussi, pour le tailler, il faut l'user avec sa propre poussière, qu'on appelle *égrisée.*

Le diamant est transparent (fig. 74), généralement incolore, quelquefois blanc, noir, jaunâtre et même bleu; il est cristallisé soit en octaèdres réguliers, soit en cristaux qui dérivent de l'octaèdre, à nombreuses faces. Sa densité est 3,4. Les diamants les plus transparents servent à orner des bijoux; des moins beaux on fait des pivots pour les rouages d'horlogerie.

Les rayons X traversent le diamant tandis qu'ils ne traversent pas le verre. C'est un moyen facile pour distinguer les diamants vrais des faux.

La valeur d'un diamant dépend de sa limpidité et de sa taille plutôt que de sa grosseur. Les plus communs sont jaunâtres. Les plus recherchés sont limpides, très transparents. Ils sont taillés de manière à présenter à leur partie supérieure la plus grande largeur (fig. 75).

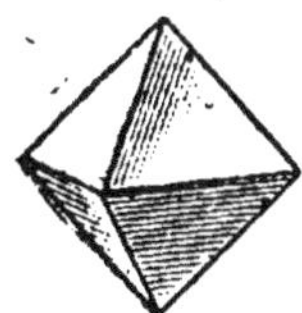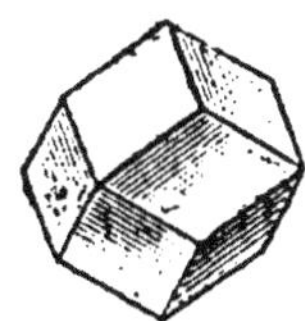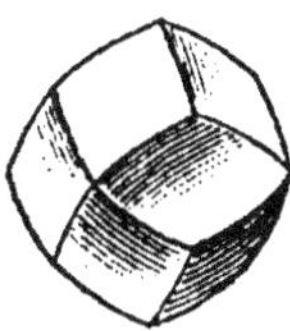

Fig. 74. — Diamants naturels.

Fig. 75. — Diamants taillés.

Les diamants se vendent au poids. L'unité de poids est le *carat*. Il vaut 0$^{gr}$,205. Un brillant de un carat coûte en général de 125 à 250 francs. L'État français possède un beau diamant appelé le *Régent*, parce qu'il fut acheté par Philippe d'Orléans, Régent pendant la minorité de Louis XV. Il pèse 136 carats. Il est estimé aujourd'hui douze millions de francs.

Le chimiste Moissan a obtenu du diamant artificiel en chauffant à l'arc électrique (3.500°) de la fonte de fer en présence d'un excès de charbon; puis en refroidissant brusquement dans l'eau. Il arrive alors ceci : une solidification instantanée est déterminée à la surface et la fonte emprisonnée passe de l'état liquide à l'état solide sans augmenter de volume — comme cela a lieu à la pression ordinaire. Alors le carbone dissous, qui dans le refroidissement ordinaire se séparerait à l'état de graphite, se présente sous la forme de parcelles microscopiques de diamant.

**103. — Graphite.** — On le trouve surtout en Sibérie et dans l'île de Ceylan. C'est une variété opaque de carbone. Il est cristallisé en lamelles soudées les unes avec les autres. Il est bon conducteur de la chaleur et de l'électricité. Il se présente sous la forme d'écailles brillantes. Il est tendre; on peut le rayer avec l'ongle. Il laisse sur le papier une tache grise; aussi on en fabrique des crayons. Délayé avec un peu d'huile, on l'emploie sous le nom de *mine de plomb,* pour entretenir les poêles de fonte. Pétri avec de l'argile, il sert à fabriquer les creusets réfractaires et même les crayons.

## CARBONE AMORPHE

**164. — Houille.** — La houille ou charbon de terre se présente en masse feuilletée, compacte, homogène, noire et brillante. Elle a pour origine les végétaux qui parurent au moment des formations géologiques du globe, surtout à l'époque carbonifère de l'ère primaire. La décomposition des végétaux s'est opérée d'abord sous les eaux qui les avaient submergés, puis au-dessous des sédiments qui les ont recouverts ensuite. Sous la pression énorme qu'ils subirent, et grâce à l'action de certaines bactéries, ces masses végétales considérables s'agglomérèrent et formèrent les dépôts que l'on retrouve aujourd'hui jusqu'à plus de 2.000 mètres de profondeur.

Les végétaux qui ont constitué la houille sont surtout des fougères arborescentes, lesquelles ont laissé de nombreuses empreintes.

La houille est le meilleur des combustibles.

Elle brûle plus facilement que l'anthracite, mais laisse davantage de cendres. On distingue les *houilles grasses,* qui boursouflent en brûlant et donnent une longue flamme; les *houilles* maigres qui brûlent avec une flamme courte.

La distillation de la houille donne le gaz de l'éclairage, des goudrons et des sels ammoniacaux. Le résidu de la distillation est du *coke.*

La houille contient de 75 à 90 pour cent de carbone.

**165. — Coke.** — Le coke est un charbon amorphe, très dur, poreux, très léger, brillant et présentant des boursouflures. C'est un résidu de la houille qui a été employée à la fabrication du gaz de l'éclairage. Le coke brûle sans flamme, justement parce qu'il ne contient plus aucune matière volatilisable, susceptible de fournir du gaz ou des vapeurs combustibles. C'est néanmoins un bon combustible. Dans un corps qui brûle, la flamme est due à la combustion de gaz divers, qui, sous l'action de la chaleur, se dégagent du combustible.

**166. — Anthracite.** — C'est une espèce de charbon noirâtre, à l'aspect vitreux et très brillant. Elle provient, comme la houille, de la décomposition des végétaux enfouis dans les profondeurs des terrains antérieurs au terrain carbonifère. L'anthracite est sèche au toucher, très compacte et dure. Elle brûle plus difficilement que la houille, mais elle donne davantage de chaleur et laisse moins de cendres, car elle renferme moins de matières minérales. On l'emploie pour le chauffage dans les poêles à combustion lente. L'anthracite renferme environ 95 pour cent de carbone.

**167. — Lignite.** — C'est un charbon issu également de la décomposition de végétaux; il se trouve à la base des terrains tertiaires. Il est compact ou fibreux selon que les végétaux qui l'ont formé étaient compacts ou fibreux. Il brûle avec une flamme longue qui donne peu de chaleur.

Il existe un lignite luisant, très dur et susceptible d'acquérir un beau poli, appelé *jais*. Il est employé pour fabriquer certains bijoux de deuil.

**168. — Tourbe.** — La tourbe, d'origine récente, est un combustible très médiocre. Elle brûle lentement et donne peu de chaleur. Elle a l'apparence d'un charbon terreux. Elle est due à la décomposition de végétaux qui croissent dans les marais.

**169. — Charbon de bois.** — Toutes les matières végétales

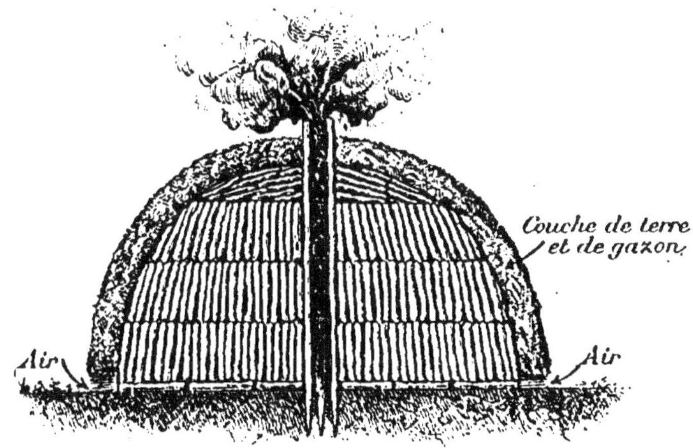


Fig. 70. — Préparation du charbon de bois.

contiennent du carbone. Aussi la carbonisation de ces matières donne un résidu qui est du charbon.

Le charbon de bois est un combustible obtenu par la carbonisation, autrement dit la combustion incomplète du bois. Il est noir, poreux sonore et fragile. On le fabrique au moyen de la combustion incomplète du bois ou de la distillation du bois.

En forêt, des perches verticales sont enfoncées dans le sol, à côté l'une de l'autre, aux quatre angles d'un carré (fig. 76). Elles limitent un espace qui servira de cheminée au centre d'un tas de bois. On dispose autour de la cheminée des rondins de bois d'un demi-mètre environ de longueur. On les superpose de manière que le tout ressemble à une meule. On réserve au bas de la masse des conduites d'air. On recouvre ensuite d'un lit de feuilles et de terre, et l'on remplit la cheminée de

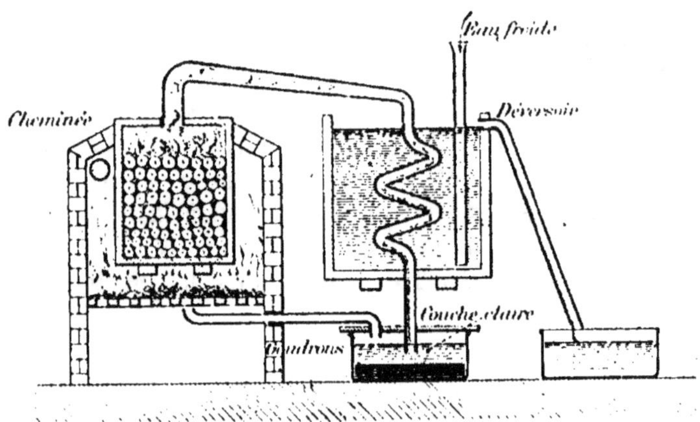


Fig. 77. — Distillation du bois.

bois enflammé. Tout le bois s'embrase peu à peu et brûle lentement et incomplètement.

Le charbon de bois, comme le coke, a perdu toutes ses matières volatiles : il brûle par conséquent sans flamme.

Le charbon de bois a la propriété remarquable d'absorber les gaz, tels que les gaz ammoniac, chlorhydrique, sulfureux, sulfhydrique, carbonique, oxyde de carbone, oxygène, azote, hydrogène. Aussi on l'utilise pour désinfecter les eaux qui contiennent des matières organiques.

La distillation du bois donne aussi du charbon de bois. Ce procédé (fig. 77) est préférable à la calcination des rondins en forêt. Le bois est entassé dans un cylindre en tôle. La cheminée est reliée à un serpentin entouré d'eau froide. Les produits se séparent à la sortie du réfrigérant en deux couches : une couche inférieure noirâtre constituée par les goudrons dont on extrait le phénol et la créosote ; la couche supérieure à peu près claire, formée d'eau, d'alcool de bois, d'acide pyroligneux (acide acétique impur), et d'acétone.

**170. — Noir de fumée.** — C'est une poussière noire très légère, riche en carbone amorphe, déposée par la fumée épaisse de certaines substances : huiles, graisses, goudrons, carbures d'hydrogène, notamment les résines, lorsqu'on les soumet à une combustion incomplète (fig. 78). Le noir de fumée sert à fabriquer l'encre d'imprimerie, le cirage et de la peinture.

**171. — Noir animal.** — Il est obtenu en calcinant des os en vase clos, dans des fours. L'osséine est décomposée en produits volatils qui sont recueillis à part. Après avoir été calcinés, les os sont concassés en fragments fins. Ils constituent ainsi le noir animal en grains.

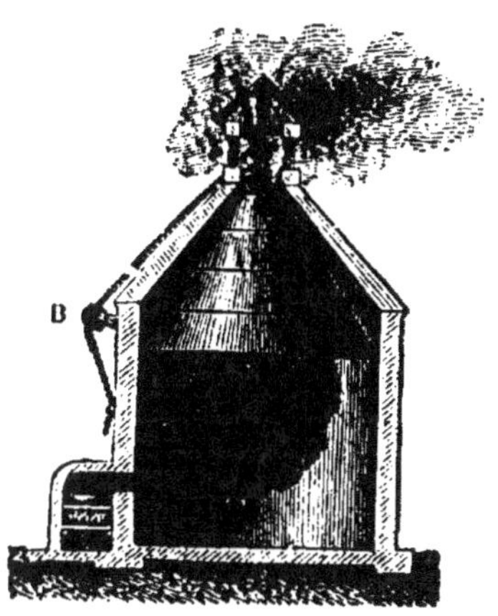

Fig. 78. — Préparation du noir de fumée.

Le noir animal est une substance noire, poreuse, assez pauvre en carbone.

Le noir animal a la propriété d'absorber les matières colorantes. On l'emploie pour décolorer le sucre. Quand on fait traverser à du vin rouge un entonnoir rempli de noir animal, le vin s'écoule totalement décoloré.

**172. — Propriétés physiques du carbone.** — Le carbone est soluble dans quelques métaux en fusion et il peut même s'y combiner. Ainsi la fonte contient du carbone, l'acier en contient un peu moins; le fer est de la fonte dont on a éliminé le carbone. Le carbone se volatilise à la température de l'arc électrique, environ 3.500°.

**173. — Propriétés chimiques du carbone.** — Le carbone à une température très élevée a une grande affinité pour l'oxygène. Aussi c'est un réducteur énergique. En brûlant dans un excès d'oxygène, il produit beaucoup de chaleur et donne lieu à un dégagement de gaz carbonique :

$$C + O^2 = CO^2$$

carbone      oxygène      anhydride carbonique

Si l'oxygène est insuffisant, il se produit de l'oxyde de carbone :

$$C + O = CO$$

carbone      oxygène      oxyde de carbone

L'oxyde de carbone, susceptible de brûler à son tour, se transforme alors en gaz carbonique :

$$CO \quad + \quad O \quad = \quad CO^2$$

oxyde        oxygène        anhydride
de carbone                carbonique

La vapeur d'eau est décomposée par le charbon enflammé. Si le charbon est porté au rouge sombre, il se forme de l'anhydride carbonique; au rouge vif, il se forme de l'oxyde de carbone et de l'hydrogène (gaz à l'eau) :

$$2H^2O \quad + \quad C \quad = \quad CO^2 \quad + \quad 2H^2$$

eau        carbone        anhydride        hydrogène
                       carbonique

$$H^2O \quad + \quad C \quad = \quad CO \quad + \quad H^2$$

eau        carbone        oxyde        hydrogène
                  de carbone

Les acides sulfurique, azotique et phosphorique sont réduits lorsqu'on les chauffe en présence du carbone :

$$2SO^4H^2 \quad + \quad C \quad = \quad 2SO^2 \quad + \quad CO^2 \quad + \quad 2H^2O$$

acide      carbone     anhydride     anhydride     eau
sulfurique            sulfureux     carbonique

La vapeur de soufre mise en présence du charbon porté au rouge, donne du sulfure de carbone :

$$C \quad + \quad 2S \quad = \quad CS^2$$

carbone      soufre      sulfure
                de carbone

Les oxydes métalliques qui, en se formant, ont dégagé peu de chaleur, sont facilement réduits par le carbone :

$$2CuO \quad + \quad C \quad = \quad 2Cu \quad + \quad CO^2$$

oxyde de     carbone     cuivre     anhydride
cuivre                     carbonique

Les autres oxydes sont difficilement réduits.

Le carbone forme avec l'hydrogène de nombreux composés connus sous le nom de carbures d'hydrogène :

Si l'on fait jaillir quelques étincelles électriques entre deux crayons de charbon dans un milieu d'hydrogène, il se forme de l'acétylène :

$$2C \quad + \quad 2H \quad = \quad C^2H^2$$

carbone      hydrogène     acétylène

Un courant d'hydrogène dirigé sur du charbon chauffé à environ 1.200° donne naissance à du méthane :

$$C + 4H = CH^4$$

carbone    hydrogène    méthane

# Oxyde de carbone ou carbonyle

## CO

**Molécule-gramme : 28 gr.**

### 174. — Production naturelle de l'oxyde de carbone.

— L'oxyde de carbone se produit toutes les fois que, dans un foyer, il n'arrive pas assez d'air, ce qui rend alors la combustion incomplète.

### 175.—Préparation de l'oxyde de carbone. —

Dans les laboratoires on obtient

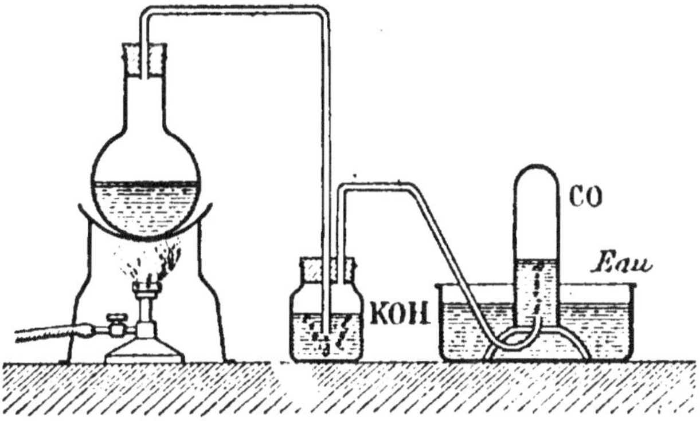

Fig. 79. — Préparation de l'oxyde de carbonne.

l'oxyde de carbone en décomposant l'acide oxalique par l'acide sulfurique (fig. 79). Ce dernier s'empare de l'eau de l'acide oxalique et les deux gaz fournis : oxyde de carbone et anhydride carbonique se dégagent :

$$C^2O^4H^2 + SO^4H^2 = CO + CO^2 + H^2O + SO^4H^2$$

acide       acide        oxyde de    anhydride      eau      acide
oxalique    sulfurique   carbone     carbonique              sulfurique

On fait traverser au mélange des deux gaz un flacon laveur contenant une dissolution de potasse, qui retient l'anhydride carbonique.

On prépare industriellement l'oxyde de carbone à l'aide d'un foyer spécial appelé *gazogène* (fig. 80), où se trouve une colonne épaisse de coke incandescent. On fait arriver de l'air à la base du foyer. Il se produit aussitôt du gaz carbonique :

$$C \quad + \quad O_2 \quad = \quad CO_2$$

carbone     oxygène     anhydride carbonique

L'anhydride s'élève et rencontre encore du charbon incandescent : alors il est converti en oxyde de carbone :

$$CO_2 \quad + \quad C \quad = \quad 2CO$$

anhydride carbonique     carbone     oxyde de carbone

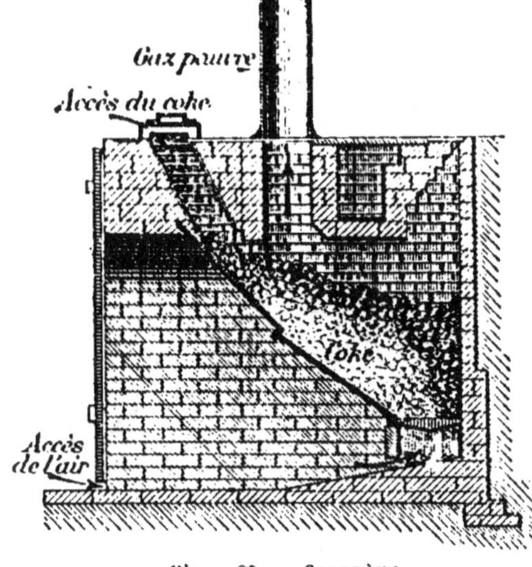


Fig. 80. — Gazogène.

La production est continue, mais le gaz n'est pas pur; il est toujours accompagné d'anhydride carbonique et surtout d'azote, ce qui lui a fait donner le nom de *gaz pauvre*. On se sert du gaz pauvre pour actionner certains moteurs.

On obtient encore de l'oxyde de carbone par la réduction de la vapeur d'eau au contact de charbons incandescents. Vers 500° la réaction est la suivante :

$$2H_2O \quad + \quad C \quad = \quad CO_2 \quad + \quad 2H_2$$

eau     carbone     anhydride carbonique     hydrogène

et la température s'élevant jusque vers 1.000° une seconde réaction se produit :

$$H_2O \quad + \quad C \quad = \quad CO \quad + \quad H_2$$

eau     carbone     oxyde de carbone     hydrogène

Mais les deux réactions ont lieu simultanément et donnent un gaz qu'on appelle le *gaz à l'eau*.

## 176. — Propriétés physiques de l'oxyde de carbone.

— L'oxyde de carbone est un gaz incolore, inodore et sans saveur. Sa densité est 0,967. Il est très peu soluble dans l'eau. Il se dissout au rouge dans la fonte, le fer et l'acier.

## 177. — Propriétés chimiques de l'oxyde de carbone.

— L'oxyde de carbone brûle avec une flamme bleue, très chaude, en donnant de l'anhydride carbonique :

$$CO \quad + \quad O \quad = \quad CO^2$$

oxyde de carbone — oxygène — anhydride carbonique

Beaucoup d'oxydes métalliques sont réduits par l'oxyde de carbone. Aussi, cette propriété le fait utiliser dans les hauts fourneaux pour réduire le minerai de fer :

$$Fe^2O^3 \quad + \quad 3CO \quad = \quad 3CO^2 \quad + \quad 2Fe$$

oxyde ferrique — oxyde de carbone — anhydride carbonique — fer

Nous avons vu qu'il réduit aussi la vapeur d'eau.

L'oxyde de carbone est un corps neutre; il n'a pas d'action sur la teinture de tournesol; il ne trouble pas l'eau de chaux. Ses propriétés chimiques le rapprochent de l'azote, sauf qu'il est, lui, combustible.

L'oxyde de carbone se combine à volume égal avec le chlore, sous l'influence des rayons solaires. Il se forme ainsi un chlorure de carbonyle $COCl^2$.

## 178. — Action physiologique de l'oxyde de carbone.

— **L'oxyde de carbone est très vénéneux.** Il est d'autant plus dangereux que sa présence n'est pas remarquée. Il suffit qu'une salle en contienne environ $\frac{1}{250}$ de son volume pour qu'il soit mortel. Il forme avec l'hémoglobine du sang un composé stable, qui empêche l'oxygène de l'air de s'y fixer. Or, dès que le sang ne peut plus porter d'oxygène dans l'organisme, l'organisme meurt.

Comme l'oxyde de carbone se produit toutes les fois que la combustion est insuffisante, les foyers à tirage limité présentent un grand danger. Il est périlleux de fermer à moitié la clé d'un tuyau de cheminée par économie. On arrête ainsi le tirage et l'on favorise la production d'oxyde de carbone. Tous les braseros et les foyers portatifs devraient être proscrits. L'oxyde de carbone se dégage très souvent des poêles à combustion lente dits poêles portatifs : il faut les surveiller avec soin. Enfin les poêles en fonte eux-mêmes peuvent être dangereux, car l'oxyde de carbone traverse le métal lorsqu'il est porté au rouge.

# Anhydride carbonique ou gaz carbonique

## $CO_2$

### Molécule-gramme : 44 gr.

**179. — État naturel du gaz carbonique.** — Le gaz carbonique existe à l'état de liberté dans l'air où il est fourni par la respiration des plantes et des animaux, et toutes les combustions, les émanations, etc. On le trouve en dissolution dans l'eau. Il existe dans le sol de nombreuses combinaisons de gaz carbonique sous forme de carbonates ; le carbonate de calcium est le plus répandu.

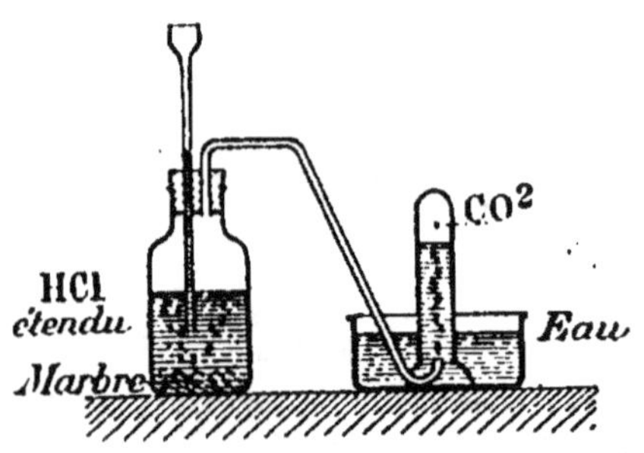


Fig. 81. — Préparation du gaz carbonique.

**180. — Préparation du gaz carbonique.** — On obtient le gaz carbonique en décomposant à froid le carbonate de calcium, marbre ou craie, par l'acide chlorhydrique dans un appareil semblable à celui qui sert à produire l'hydrogène (fig. 81).

$$CO_3Ca \quad + \quad 2\,HCl \quad = \quad CaCl_2 \quad + \quad H_2O \quad + \quad CO_2$$

| carbonate de calcium | acide chlorhydrique | chlorure de calcium | eau | anhydride carbonique |

L'industrie prépare le gaz carbonique de la manière suivante : on brûle du charbon avec de l'air. Les gaz envoyés barboter dans une solution de carbonate neutre de sodium $CO_3Na_2$, donnent du carbonate acide de sodium $CO_3NaH$, qui se précipite et l'azote s'en va. Le carbonate acide de sodium chauffé, régénère le carbonate neutre, en même temps que se forme de l'eau et se dégage du gaz carbonique :

$$2\,CO_3NaH \quad = \quad CO_3Na_2 \quad + \quad H_2O \quad + \quad CO_2$$

| carbonate acide de sodium | carbonate neutre de sodium | eau | gaz carbonique |

Le gaz carbonique est recueilli dans un gazomètre ou est immédiatement liquéfié.

La fermentation nécessaire dans la fabrication de la bière fournit aussi de grandes quantités de gaz carbonique.

## 181. — Préparation industrielle du gaz carbonique.

— L'industrie qui a besoin de grandes quantités de gaz carbonique, traite à froid la craie, qui est du carbonate de calcium, par l'acide sulfurique étendu. Il se forme du sulfate de calcium et de l'eau et l'anhydride carbonique se dégage :

$$CO^3Ca \;+\; SO^4H^2 \;=\; CO^2 \;+\; SO^4Ca \;+\; H^2O$$

<table>
<tr><td>carbonate<br>de calcium</td><td>acide<br>sulfurique</td><td>anhydride<br>carbonique</td><td>sulfate<br>de calcium</td><td>eau</td></tr>
</table>

On opère dans des appareils en plomb munis d'agitateurs mécaniques.

## 182. — Propriétés physiques du gaz carbonique. —

Le gaz carbonique est incolore ; il a une odeur légèrement piquante, une saveur acidulée. Sa densité est de 1,529 ; beaucoup plus lourd que l'air, on peut le transvaser comme un liquide. L'eau en dissout environ son volume à la température ordinaire et sous la pression de 76 cm. La solubilité varie avec la pression. L'eau de seltz est une solution aqueuse de gaz carbonique à la pression de 3 atmosphères.

A la température 0° et à la pression de 36 atmosphères, le gaz carbonique est liquéfié. Le gaz

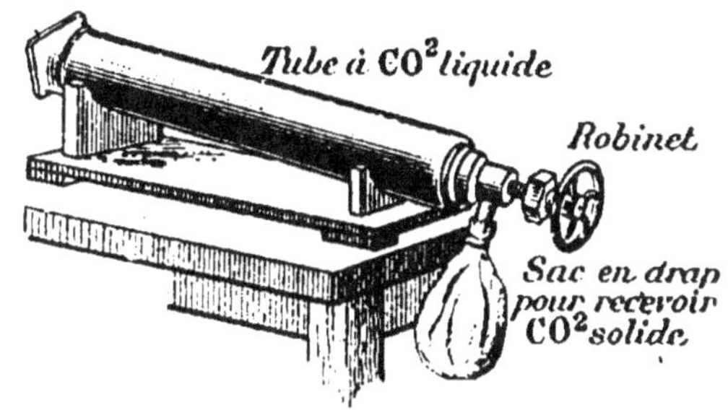


Fig. 82. — Tube à gaz carbonique liquide.

carbonique liquide est livré dans des cylindres d'acier (fig. 82).

Le gaz carbonique liquide est transformé en neige carbonique qui, mélangée d'éther ou d'acétone, donne un abaissement de température d'environ — 80°. On dévisse un peu le bouchon du cylindre de manière à donner passage au liquide par une faible ouverture qui communique avec un petit sac de drap. Le liquide sort en faisant entendre un sifflement. Une partie se volatilise, tandis que l'autre se solidifie dans le sac où le jet est dirigé.

## 183. — Propriétés chimiques du gaz carbonique. —

Le gaz carbonique n'entretient pas la respiration. Il n'entretient pas non plus la combustion. Si l'on verse du gaz carbonique dans une éprouvette contenant une bougie allumée (fig. 83), la bougie s'éteint. Il trouble l'eau de chaux dans laquelle il forme un précipité de carbonate de calcium qui peut se redissoudre par un excès de $CO_2$.

A une température élevée il devient

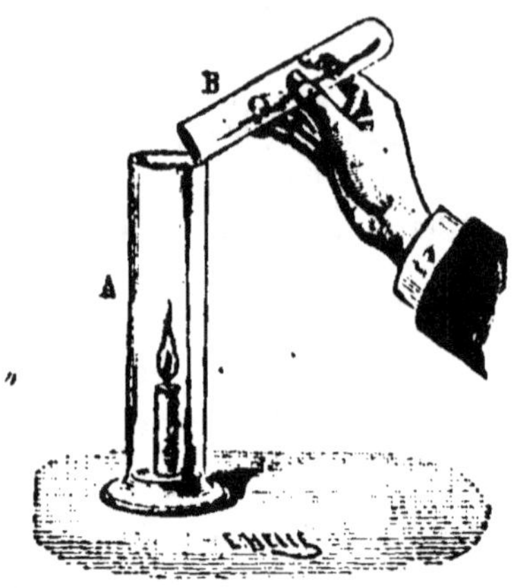

Fig. 83.

Fig. 84. — Combustion avec du magnésium dans le gaz carbonique.

oxydant. En présence du charbon il se transforme en oxyde de carbone :

$$CO_2 \quad + \quad C \quad = \quad 2CO$$

anhydride     carbone     oxyde
carbonique              de carbone

Le magnésium brûle dans le gaz carbonique en donnant de la magnésie et du charbon (fig. 84) :

$$CO_2 \quad + \quad 2Mg \quad = \quad 2MgO \quad + \quad C$$

anhydride    magnésium    oxyde     carbone
carbonique           de magnésium

Le potassium brûle dans le gaz carbonique. Il se forme du carbonate de potassium :

$$3CO_2 \quad + \quad 2K_2 \quad = \quad 2CO_3K_2 \quad + \quad C$$

anhydride    potassium    carbonate    carbone
carbonique          de potassium

Le gaz carbonique se combine également avec la chaux, la baryte, la soude, la potasse, pour former des carbonates.

Le gaz carbonique est impropre à la respiration. Une enceinte qui renferme environ un pour cent de gaz carbonique est dangereuse. Le gaz carbonique pénètre dans le sang non seulement par les poumons, mais aussi par la peau.

Il faut éviter de séjourner près des fours à chaux, près des cuves à fermentation où l'on fait des boissons alcoolisées. Il y a même des parties du sol où le gaz carbonique s'accumule, telle la *grotte du chien* à Naples, ainsi nommée parce que la nappe gazeuse ne s'élève au-dessus du sol qu'à la hauteur de la taille d'un chien. Un chien y meurt tandis qu'un homme peut la traverser sans danger. Dans un endroit suspect, on allume une allumette; si elle s'éteint, c'est que la proportion du gaz carbonique est forte.

**184. — Assimilation chlorophyllienne.** — L'assimilation chlorophyllienne est un phénomène de nutrition des plantes; c'est la première phase du travail de synthèse organique effectué par la plante : absorption de gaz carbonique, décomposition de ce gaz, fixation du carbone et dégagement simultané d'oxygène. Les radiations lumineuses calorifiques et chimiques fournissent l'énergie nécessaire à la décomposition du gaz carbonique[1].

**185. — Usage du gaz carbonique.** — Le gaz carbonique sert à la préparation de l'eau de seltz et des boissons gazeuses. Il est nécessaire pour fabriquer le carbonate de sodium, la céruse. On l'emploie dans la fabrication du sucre; c'est au moyen du gaz carbonique qu'on débarrasse les jus sucrés de la chaux dont on les a chargés pour les épurer. On l'utilise encore à l'état liquide pour produire le froid.

**186. — Composition du gaz carbonique.** — On établit la composition du gaz carbonique en faisant brûler du carbone dans l'oxygène. On prend pour cela un ballon dans lequel on fait d'abord le vide, puis on le remplit d'oxygène. Le ballon (fig. 85) repose par sa tubulure dans une cuve à mercure, qui isole l'oxygène qu'il contient de l'air

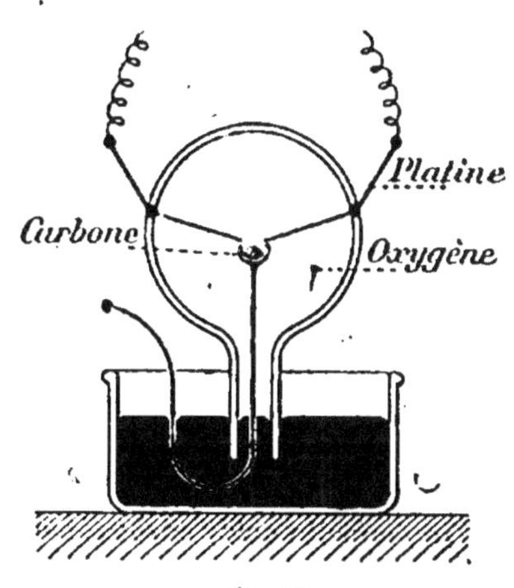


Fig. 85.

ambiant. Par cette tubulure passe un fil de platine qui supporte une coupelle contenant du carbone. Tout près de cette petite masse de carbone, arrivent les extrémités de deux autres fils de platine qui traversent la paroi du ballon, dans laquelle ils sont soudés. Ils sont

1. Voir notre cours de *Sciences naturelles vulgarisées*. Paris, E. de Gigord, éditeur.

reliés à un circuit électrique. On fait éclater quelques étincelles : le carbone s'enflamme, brûle et disparaît.

Le volume du mélange gazeux ramené à la pression et à la température du début de l'expérience, on trouve que le volume de ce mélange est égal à celui de l'oxygène primitif. C'est donc que le gaz carbonique contient un volume d'oxygène égal au sien.

En effet, de la densité du gaz carbonique                 1,529
qui représente le poids d'un volume x de gaz carbonique, retranchons la densité de l'oxygène, qui représente le poids d'une même volume x d'oxygène,           1,105

Il reste    0,424

Ce reste 0,424 est le poids du carbone combiné avec l'oxygène. Par conséquent 1,529 de gaz carbonique en poids renferme 1,105 d'oxygène et 0,424 de carbone.

Supposons que   1,105  +  0,424  =  100

Nous pourrons écrire sensiblement

| au lieu de | 1,105 | 72,4 | ou | 32 | d'oxygène |
|---|---|---|---|---|---|
| » | 0,424 | 27,6 | » | 12 | de carbone |
|  | 1,529 | 100, |  | 44 |  |

Or 44 est le poids moléculaire du gaz carbonique
16   »   atomique   de l'oxygène
12   »   »   du carbone

Donc la formule $CO^3$ exprime bien que la molécule de gaz carbonique est formée d'un atome de carbone et de deux atomes d'oxygène.

**187. — Acide carbonique.** — Étant donné qu'il existe des carbonates, on admet que la solution aqueuse d'anhydride carbonique contient un corps répondant à la formule $CO^3H^2$, c'est-à-dire $CO^2 + H^2O$ : une molécule d'anhydride carbonique plus une molécule d'eau.

On l'appelle *acide carbonique*. Il n'a pas encore été isolé.

Un grand nombre de carbonates existent dans le sol ou, à l'état de bicarbonates, se trouvent en dissolution dans l'eau. Le carbonate de calcium forme une grande partie du sol. Certaines eaux minérales riches en gaz carbonique dissolvent le bicarbonate de calcium $(CO^3)^2CaH^2$. Lorsque ces eaux, au contact de l'air, perdent du gaz carbonique, une partie du bicarbonate dissous se dépose sous forme de carbonate $CO^3Ca$, sur les objets immergés. Ce dépôt a fait donner à ces eaux le nom de fontaines *pétrifiantes* ou *incrustantes*.

Il arrive dans certaines grottes, que les eaux minérales suintent à travers la voûte. Alors une partie du carbonate qui adhère à la voûte s'allonge et constitue une *stalactite*. Les gouttes qui tombent au même point sur le sol, constituent au contraire des aiguilles inférieures qui s'élèvent peu à peu en sens contraire aux stalactites; on les appelle des *stalagmites* (fig. 86).

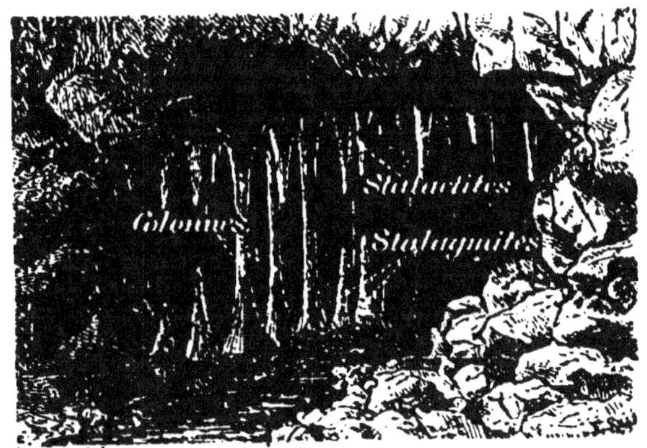


Fig. 86. -- Grottes calcaires.

Les stalactites et les stalagmites se réunissent souvent et forment des colonnades du plus curieux aspect.

# Sulfure de carbone

## $CS_2$

**Molécule-gramme : 76 gr.**

**188. — Généralités.** — Le sulfure de carbone est un liquide incolore, d'odeur repoussante, quand il est impur, et de saveur âcre et brûlante. Il est très mobile. Il dissout le soufre, le phosphore, l'iode, le sélénium, les corps gras et le caoutchouc. Lui-même est soluble dans l'alcool et dans l'éther. Il est combustible : il produit en brûlant de l'anhydride sulfureux et de l'anhydride carbonique :

$$CS_2 + 3O_2 = 2SO_2 + CO_2$$

| sulfure de carbone | oxygène | anhydride sulfureux | anhydride carbonique |

La vapeur de sulfure de carbone en présence de l'oxygène de l'air constitue un mélange explosif, qui à l'approche d'un flamme, détonne violemment. Les métaux décomposent le sulfure de carbone à une température plus ou moins élevée, en donnant un sulfure et un dépôt de charbon.

Le sulfure de carbone est décomposé par la chaleur.

On prépare le sulfure de carbone par l'action directe du soufre sur le charbon. Du charbon de bois et du soufre concassés sont mélangés et portés au rouge dans un tube de porcelaine :

$$C \quad + \quad 2S \quad = \quad CS^2$$
carbone     soufre     sulfure
                       de carbone

On fait dissoudre du soufre dans le sulfure de carbone pour l'incorporer ensuite au caoutchouc. Le soufre vulcanise le caoutchouc, c'est-à-dire lui communique de l'élasticité et lui fait perdre l'inconvénient de durcir lorsqu'il fait froid.

# Cyanogène

## $C^2Az^2$

### Molécule-gramme : 52 gr.

**189. — Généralités.** — Le cyanogène est un gaz formé de carbone et d'azote, d'une odeur vive et pénétrante. **Il est vénéneux.** Sa densité est 1,806. Il se liquéfie à la température ordinaire. L'eau en dissout 4 fois son volume ; il est beaucoup plus soluble dans l'alcool et dans l'éther. L'étincelle électrique le décompose. Il brûle en donnant de l'azote et de l'anhydride carbonique :

$$C^2Az^2 \quad + \quad 2O^2 \quad = \quad 2Az \quad + \quad 2CO^2$$
cyanogène     oxygène          azote          anhydride
                                              carbonique

Le cyanogène se combine avec le potassium et le sodium.

On prépare le cyanogène en décomposant le cyanure de mercure bien sec par la chaleur. On chauffe au rouge dans une cornue en verre :

$$Hg(CAz)^2 \quad = \quad C^2Az^2 \quad + \quad Hg$$
cyanure              cyanogène          mercure
de mercure

REMARQUE.

Lorsqu'on le chauffe en vase clos, vers 400°, le cyanogène se transforme en un isomère solide, brun, appelé paracyanogène. Réciproquement, le paracyanogène chauffé de même vers 500° se transforme aussi, mais partiellement, en cyanogène.

# Acide cyanhydrique

## CyH ou CAzH

### Molécule-gramme : 27 gr.

**190. — Généralités.** — L'acide cyanhydrique, appelé encore acide prussique parce qu'on l'a retiré d'abord du *bleu de Prusse*, existe dans les feuilles du laurier-cerise et du pêcher, et dans les amandes de cerises, de pêches et d'abricots. C'est un liquide incolore, à odeur d'amandes amères. Il brûle en donnant de l'azote, de l'anhydride carbonique et de l'eau :

$$2\,CAzH \;+\; 5\,O \;=\; 2\,Az \;+\; 2\,CO^2 \;+\; H^2O$$

| acide cyanhydrique | oxygène | azote | anhydride carbonique | eau |

Sa densité est 7 à la température ordinaire. On prépare l'acide cyanhydrique en décomposant le ferrocyanure de potassium par l'acide sulfurique :

$$2(FeCy^6K^4) \;+\; 3\,SO^4H^2 \;=\; 6\,CyH \;+\; FeCy^6FeK^2$$

| Ferrocyanure de potassium | acide sulfurique | acide cyanhydrique | cyanoferrure double de fer et de potassium |

**L'acide cyanhydrique est le plus violent des poisons connus.**
Le bleu de Prusse employé dans la préparation d'une certaine peinture, a une belle couleur bleue avec des reflets bronzés. C'est un cyanure de fer $Fe^7Cy^{18}$.

DIXIÈME LEÇON

## SILICIUM — VERRES — BORE

# Silicium

Si

**Tétravalent.**
**Atome-gramme : 28 gr.**

**191. — Généralités.** — Le silicium se présente sous la forme d'une poudre amorphe, brune, ou il est cristallisé en octaèdres réguliers accolés les uns contre les autres. Le silicium amorphe brûle dans l'oxygène vers 400°. Il se combine avec le fluor, formant un fluorure de silicium $SiFl^4$. Il se combine également avec la vapeur de soufre, donnant un sulfure de silicium $SiS^2$; puis avec le chlore, le brome, l'iode, donnan un chlorure $SiCl^4$, un bromure $SiBr^4$, un iodure $SiI^4$. Le gaz acide chlorhydrique attaque le silicium chauffé au rouge.

On prépare le silicium en décomposant la silice ou anhydride silicique $SiO^2$.

# Silice ou anhydride silicique

$SiO^3$

**Molécule-gramme : 60 gr.**

**192. — État naturel de la silice.** — La silice ou anhydride silicique est un composé que l'oxygène forme avec le silicium. Elle se rencontre à l'état de cristallisation. La silice cristallisée se présente sous diverses formes qui sont : le *quartz* ou *cristal de roche* (fig. 87), l'*améthyste*, et à l'état amorphe : la *pierre meulière*, le *grès*, le *sable*. L'*agate* et la *cornaline* sont du quartz amorphe.

La silice existe également à l'état de combinaisons telles que le *feldspath*, partie constitutive du *granit*; le *kaolin* qui est de l'*argile* pure ou *silicate d'aluminium*; l'*amiante*, silicate de magnésium hydraté; les *micas*, silicates complexes d'aluminium, de potassium, de fer, de magnésium, etc.

L'anhydride silicique forme avec 2 molécules d'eau l'acide silicique normal $SiO^2 + H^2O$ ou $Si(OH)^4$. Mais l'acide connu est privé d'une molécule d'eau : il a pour formule $SiO^3H^2$.

Le quartz est de la silice anhydre. L'*opale* que l'on rencontre en stalactites ou en gouttelettes et qui offre une grande variété de couleurs, est de la silice hydratée.

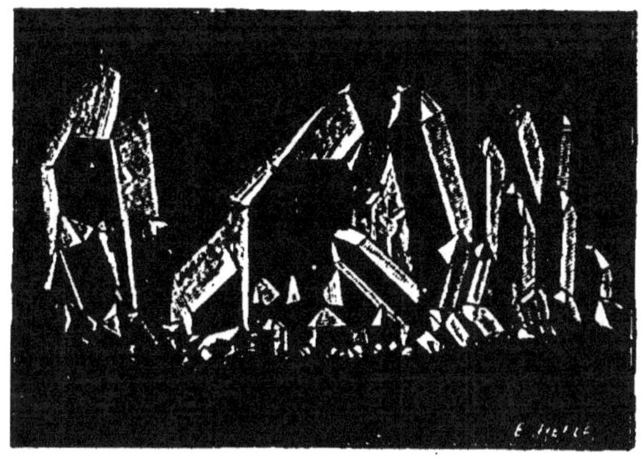

Fig. 87. — Cristal de roche.

## 193. — Préparation de la silice.

— On obtient la silice pure en traitant une solution de silicate de sodium par l'acide chlorhydrique. Il se forme un précipité gélatineux (fig. 88). Après l'avoir lavé, on le calcine pour lui faire perdre son eau :

$$SiO^3Na^2 + 2 HCl = 2 NaCl + H^2O + SiO^2$$

silicate de sodium — acide chlorhydrique — chlorure de sodium — eau — silice

On obtient le silicate de sodium, en soumettant à une température élevée, dans un creuset en terre réfractaire, un mélange de carbonate de sodium et de sable blanc. Le sable est de la silice impure. Il se forme du gaz carbonique qui se dégage et du silicate de sodium. Le silicate de sodium est un verre soluble.

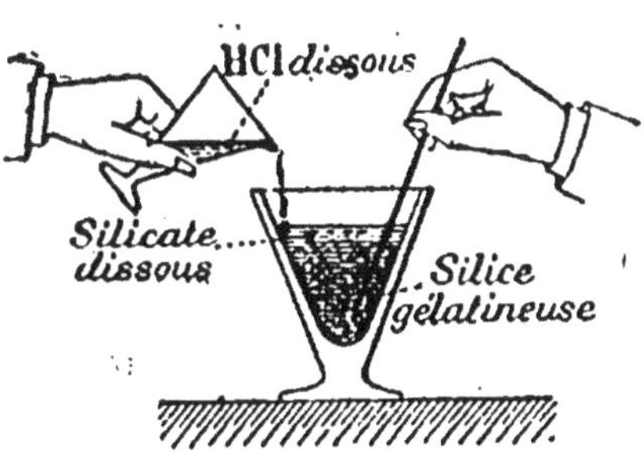

Fig. 88. — Production de silice gélatineuse.

## 194. — Propriétés de la silice. — La silice n'est fusible qu'au chalumeau ; comme elle est beaucoup moins dilatable que le verre, on en fait des creusets très solides.

La silice mise en présence du carbone dans le four électrique où la température atteint environ 3.500°, est réduite. Il se forme un siliciure de carbone que l'on appelle *carborundum*. On en fait des meules pour polir les métaux. Aucun acide, sauf l'acide fluorhydrique, n'attaque la silice. Aussi c'est à l'aide de l'acide fluorhydrique que l'on grave le verre, qui est un silicate.

A l'état de quartz, la silice raye le verre. Sa densité est 2,6.

La silice gélatineuse légèrement soluble dans l'eau, est attaquée par la potasse et par la soude. Certains métaux s'unissent au silicium. Le fer ne réagit sur la silice qu'en présence du charbon; il se forme un *ferrosilicium* employé dans l'industrie. Le cuivre donne avec le silicium, le *bronze de silicium* dont on se sert pour la construction de certains appareils de télégraphie.

Les eaux courantes qui sont chargées de gaz carbonique, dissolvent la silice; aussi on trouve la silice en grandes proportions dans certaines eaux courantes, surtout dans les jets d'eaux chaudes nommés *geysers*, qui existent en Islande et aux États-Unis.

**195. — Usages.** — La silice est employée pour la fabrication du verre.

Lorsqu'on imprègne les tentures de silicate de sodium dissous dans l'eau, appelé *liqueur des cailloux*, on évite la propagation du feu, car la tenture ne peut que se carboniser lentement, sans flammes.

Le quartz est employé pour la fabrication des verres d'instruments d'optique; le jaspe, l'agate, la cornaline, l'opale sont utilisés par la joaillerie.

Le ferrosilicium obtenu en projetant de la silice dans les hauts fourneaux, est un séléciure de fer qui sert à transformer les fontes blanches en fontes grises.

# Verres

**196. — Généralités.** — Le verre ordinaire est un silicate double de sodium et de calcium. Il est fabriqué en effet avec un mélange de sable blanc, de sulfate de sodium et de chaux. Ce mélange fond vers 1.500 degrés. L'acide silicique forme avec le sodium et la chaux un silicate double de sodium et de calcium. C'est un verre, produit amorphe et transparent. Il se solidifie en refroidissant.

Ce mélange donne le verre à *vitre*, il est verdâtre.

Le *verre à bouteilles* est fabriqué avec du sable ferrugineux, de l'argile impure, du sulfate de sodium et des débris de verre. Il a une couleur verdâtre plus ou moins foncée.

Le *cristal* est obtenu avec un mélange de sable blanc très pur, de carbonate de potassium et de minium (oxyde de plomb).

Le *crown-glass*, employé pour les instruments d'optique, est un verre dans lequel la potasse a été substituée à la soude et il est plus riche en chaux. Il est incolore et transparent.

Le *flint-glass* employé en optique pour fabriquer les lentilles achromatiques est plus riche en minium que le cristal. Il est limpide.

### Fabrication du verre.

On fabrique le verre de la manière suivante.

Le mélange est fondu dans un four spécial où la température est très élevée. Dès que la fusion est complète, on enlève l'écume, appelée le *fiel du verre*, et l'on projette dans la masse du bioxyde de manganèse qui décolore le verre, s'il est trouble.

Pour travailler le verre, on fait tomber sa température vers 800 degrés. Alors il est pâteux. L'ouvrier « cueille » une petite quantité de verre avec une canne de fer creux; il porte la canne à sa bouche et souffle. La masse se creuse; elle forme une ampoule. L'ouvrier la balance pour l'allonger. L'ampoule est ensuite placée dans un moule à bouteille. L'ouvrier souffle encore pour que le verre prenne la forme des parois du moule. La bouteille est démoulée, le fond est repoussé et un ruban de verre est soudé au goulot. La bouteille est ensuite remise au four.

Le soufflage est pénible; on l'exécute souvent avec une machine à souffler, au moyen de l'air comprimé.

Le verre à vitre est fabriqué comme si l'on voulait faire une bouteille. On donne à l'ampoule la forme d'un long cylindre. On en fait un manchon dont on enlève les deux calottes au moyen d'un filet de verre brûlant, qu'on y applique. Il se produit une rupture aux points de contact. Le manchon est fendu ensuite longitudinalement avec un diamant, ramolli au four, et ouvert comme une feuille de carton sur une table, avec une règle de fer.

Les glaces sont coulées sur une table en bronze chauffée, et moulées à l'épaisseur voulue au moyen d'un rouleau de fonte. Elles sont ensuite polies à *l'émeri* (poussière de corindon) et « douciers » au *colcotar* (oxyde rouge de fer); on en fait des miroirs en déposant sur une face une couche d'argent réduit (produit par l'action du glucose sur une solution d'azotate d'argent ammoniacal).

Le verre est imperméable aux liquides. Le pétrole qui suinte à la surface des lampes, ne traverse pas le verre : il monte par capillarité et se répand à l'extérieur.

On *trempe* le verre comme l'acier, pour lui donner de la dureté. Le verre trempé résiste mieux que le verre non trempé aux chocs et aux variations de température. On l'utilise surtout pour les verres de lampes.

Le verre trempé a une propriété singulière : au moment de sa rupture, il se réduit en poudre. Si l'on fait tomber, par exemple, une goutte de verre dans l'eau froide, elle se présente alors sous la forme d'une petite masse terminée par une queue effilée. On l'appelle *larme bata-vique*. Si l'on brise l'extrémité de la queue, toute la masse se réduit en poudre.

L'air humide altère lentement le verre.

# Bore

## B

### Trivalent.
### Atome-gramme : 11 gr.

**197. — Généralités.** — Le bore est un corps solide qui se présente sous la forme d'une poudre brune. Il s'enflamme dans l'oxygène et même dans l'air vers 700° en se transformant en anhydride borique $B^2O^3$. Il brûle dans le chlore vers 400° en donnant un chlorure de bore $BCl^3$. Au rouge il réduit l'anhydride phosphorique et l'anhydride arsénieux; il décompose l'acide sulfurique bouillant.

On prépare le bore en traitant l'anhydride borique par le sodium. Il se produit un borate de sodium et du bore est mis en liberté :

$$2\ B^2O^3 \quad + \quad 3\ Na \quad = \quad 3\ BO^2Na \quad + \quad B$$

anhydride borique     sodium     borate de sodium     bore

# Anhydride borique     Acide borique

### $B^2O^3$         $BO^3H^3$

**Molécule-gramme : 70 gr.**     **Molécule-gramme : 62 gr.**

**198. — Acide borique.** — L'acide borique se présente sous forme de lamelles brillantes. On pourrait l'obtenir en décomposant l'eau au rouge par le bore :

$$3 H^2O \quad + \quad B \quad = \quad BO^3H^3 \quad + \quad 3 H$$

eau       bore       acide       hydrogène
borique

L'alcool éthylique et surtout l'alcool méthylique dissolvent l'acide borique. Ils brûlent alors en donnant une belle flamme verte.

L'acide borique se rencontre dans certaines vapeurs, qui, en Toscane, se dégagent spontanément du sol. Dans quelques lacs de l'Inde et dans plusieurs eaux minérales on trouve l'acide borique sous forme de borate de sodium. La plus grande partie de l'acide borique est retirée de certaines vapeurs qui s'élèvent du sol en Toscane, et que l'on dissout dans des bassins dont on fait évaporer l'eau. L'acide borique déposé a l'aspect de paillettes nacrées. Il contient des impuretés qu'on enlève en le traitant par le carbonate de sodium. On obtient alors le *borax* $B^4O^7Na^2$, qui, traité par l'acide sulfurique, redonne l'acide borique.

L'acide borique pur se présente en lamelles brillantes. Une dissolution d'acide borique colore en rouge vineux le papier bleu de tournesol.

L'acide borique est un antiseptique. On s'en sert après l'avoir fait dissoudre dans l'eau pour laver les plaies. Il arrête les fermentations. L'acide borique sert à fabriquer le borax.

**199. — Anhydride borique.** — L'acide borique exposé à la chaleur, se boursoufle, fond, perd son hydrogène à l'état d'eau et se transforme en anhydride borique :

$$2 BO^3H^3 \quad = \quad B^2O^3 \quad + \quad 3 H^2O$$

acide borique       anhydride       eau
borique

Porté au rouge l'anhydride borique fond et se transforme en une masse vitreuse transparente; mais, au contact de l'air humide, il se reforme à sa surface des cristaux d'acide borique qui lui font perdre sa transparence.

**200. — Borax.** — Le borax est un tétraborate de sodium. On le prépare en concentrant à chaud un mélange d'acide borique et de carbonate de sodium :

$$Co^3Na^2 \quad + \quad 4 BO^3H^3 \quad = \quad B^4O^7Na^2 \quad + \quad CO^2 \quad + \quad 6 H^2O$$

carbonate    acide    tétraborate    gaz    eau
de sodium    borique    de sodium    carbonique

Le borax est un corps solide blanc, cristallisé. Fondu, il dissout les oxydes métalliques. Aussi on l'utilise pour la soudure du cuivre et des alliages d'or et d'argent, et pour décaper les métaux. Comme l'acide borique, le borax est un antiseptique.

## MÉTAUX

# Introduction

**Propriétés des métaux. — Alliages. — Minerais. — Oxydes. — Hydrates. — Sels.**

**201. — Propriétés physiques des métaux.** — Les métaux sont des corps simples. Ils se distinguent des métalloïdes en ce qu'ils **peuvent former avec l'oxygène un oxyde basique.** Ils sont bons conducteurs de la chaleur et de l'électricité. Ils sont doués d'un certain éclat dit *éclat métallique*.

Les métaux sont solides à la température ordinaire, sauf le mercure qui est liquide. Sous une épaisseur suffisante, ils sont opaques. Réduits en feuilles très

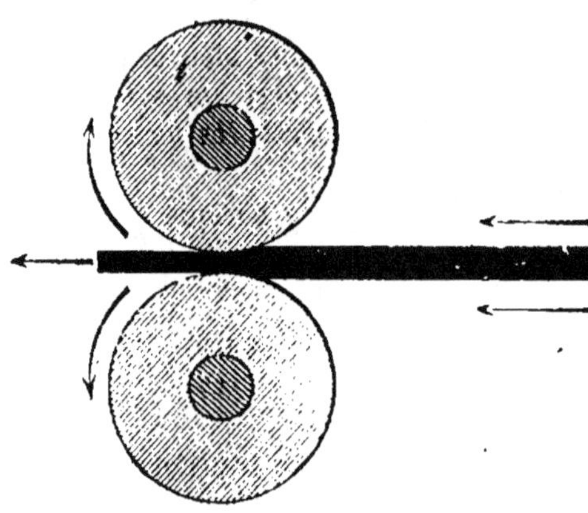

Fig. 89. — Laminoir.

minces, ils ne sont pas transparents, mais se laissent traverser par la lumière. La densité des métaux est très variable; tous, sauf le potassium, le sodium et le lithium, sont plus lourds que l'eau. Les métaux sont fusibles et peuvent être volatilisés. Ils peuvent prendre la forme cristalline.

Les métaux sont **malléables,** c'est-à-dire qu'ils peuvent être réduits en feuilles par le martelage ou le laminage. L'or est le métal le plus malléable.

Le laminage consiste à engager une barre entre deux cylindres parallèles (fig. 89) qui tournent en sens contraire. La barre est écrasée, aplatie. On recommence l'opération en rapprochant un peu plus les cylindres et ainsi de suite jusqu'à ce qu'on ait obtenu l'amincissement désiré.

Les métaux sont **ductiles**, c'est-à-dire qu'on peut les étirer en fils. L'or est le métal le plus ductile.

Un métal est ductile lorsqu'on peut l'étirer en fils plus ou moins ténus à la filière (fig. 90) percée de trous dont les diamètres vont en décroissant.

Les métaux ont plus ou moins de **ténacité**, c'est-à-dire que lorsqu'ils

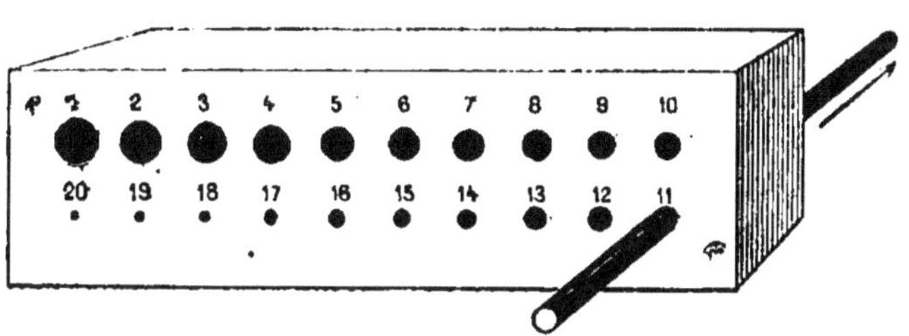


Fig. 90. — Filière.

sont réduits en fils de mince diamètre, ils opposent une plus ou moins grande résistance à la rupture. Le nickel est le métal usuel qui présente la plus grande ténacité.

Le laminage, le battage ou l'étirage rendent certains métaux durs et cassants. Lorsqu'un métal a subi cette transformation, on dit qu'il est **écroui**. On lui redonne ses propriétés primitives par le **recuit**, qui consiste à le chauffer et à le laisser refroidir lentement.

Les métaux sont en général formés par l'agglomération de petits cristaux enchevêtrés, chose que l'on constate bien dans l'étain. Quand on ploie un barreau d'étain, ses cristaux se brisent en faisant entendre un léger bruit qu'on appelle le *cri de l'étain*.

## 202. — Propriétés chimiques des métaux.

### Action de l'oxygène.

Tous les métaux, sauf l'or et le platine, s'oxydent à une température plus ou moins élevée dans l'oxygène et dans l'air sec. Le potassium seul, dans l'air sec, s'oxyde à la température ordinaire. L'air humide oxyde les mêmes métaux à la température ordinaire. On garantit les métaux de l'oxydation en les recouvrant d'une couche d'étain, de zinc, d'émail ou de peinture.

### Action de l'eau.

L'eau est décomposée à froid par les métaux très oxydables tels que le potassium, le sodium et le calcium; il se forme un hydrate et de l'hydrogène se dégage.

Le magnésium, le zinc, le fer, assez oxydables, décomposent la vapeur d'eau, lorsqu'ils sont chauffés.

Aucun autre métal, à aucune température ne décompose l'eau.

### Action du soufre.

A une température élevée, le soufre s'unit avec la plupart des métaux pour donner des sulfures. De la tournure de cuivre ou de fer devient incandescente dans la vapeur de soufre.

### Action du chlore.

A une température plus ou moins élevée, les métaux sont attaqués par le chlore. Il se forme des chlorures. De la tournure de cuivre ou de fer chauffée, devient incandescente dans le chlore.

### Action des acides.

Les acides attaquent la plupart des métaux; le métal prend la place de l'hydrogène de l'acide et il se forme un sel.

Certains métaux sont attaqués à froid par l'acide chlorhydrique et l'acide sulfurique, même étendus; d'autres métaux ne sont attaqués par l'acide sulfurique que lorsqu'il est chaud et concentré.

L'acide azotique attaque presque tous les métaux. L'or et le platine ne sont pas attaqués par les acides chlorydrique, sulfurique et azotique; mais ils le sont par un mélange d'acide chlorhydrique et d'acide azotique, appelé *eau régale*. Dans ce cas il se forme des chlorures, du chlore, des vapeurs nitreuses et de l'eau.

**205. — Alliages.** — On peut, par la fusion, combiner certains métaux entre eux. On obtient ainsi des **alliages** ayant certaines propriétés différentes de celles des métaux qui les constituent. Un alliage possède souvent, par exemple, une dureté que l'on n'aurait pas trouvée dans le métal isolé. Ainsi l'or et l'argent sont trop mous pour être utilisés à l'état pur dans les monnaies et les objets d'orfèvrerie. Ils sont alliés avec une petite quantité de cuivre. Le plomb, qui est également trop mou pour être employé à l'état pur dans les caractères d'imprimerie, acquiert de la dureté par son alliage avec l'antimoine. Parfois l'alliage peut être plus mou que les deux métaux qui lui ont donné naissance, par exemple, l'alliage de sodium qui contient 10 à 30 p. cent de potassium, est liquide à la température ordinaire.

Les alliages sont préparés en fondant ensemble des métaux recouverts d'une couche de poussier de charbon pour éviter leur oxydation. Si après avoir fondu ensemble deux métaux pour en faire un alliage, on les abandonne à un refroidissement lent, les métaux se séparent plus ou moins l'un de l'autre; c'est le phénomène qu'on appelle **liquation**.

Si les alliages sont souvent plus durs que les métaux qui les forment, de même leur ténacité, leur ductilité et leur malléabilité sont tantôt plus grandes, tantôt plus faibles. L'acier chromé est plus tenace que l'acier pur.

En général, les alliages sont moins oxydables que les métaux qui les ont formés; d'autres fois ils le sont davantage, comme l'alliage de plomb et d'étain.

Les propriétés chimiques des alliages ne diffèrent de celles des métaux qui les composent, que lorsque l'alliage a été formé avec un grand dégagement de chaleur.

Si l'un des métaux est le mercure, l'alliage prend le nom **d'amalgame**.

### Principaux alliages.

Monnaies d'or : or 90 — cuivre 10.

Monnaies d'argent : argent 90 — cuivre 10.

Bijouterie d'or : or 75 — cuivre 25.

Bijouterie d'argent : argent 80 — cuivre 20.

Bronze d'aluminium : cuivre 90 — aluminium 10.

Laiton : cuivre 67 — zinc 33.

Maillechort : cuivre 50 — zinc 25 — nickel 25.

Caractères d'imprimerie : Plomb 55 — étain 20 — antimoine 25.

**204. — Minerais.** — On trouve le plus souvent les métaux dans le sol à l'état de combinaisons, qu'on nomme **minerais**. On y trouve aussi des métaux natifs, comme l'or et le platine. On y rencontre également quelquefois de l'argent, du cuivre et du mercure natifs. Les minerais se présentent dans des combinaisons différentes : sulfures, arséniures, chlorures, oxydes, carbonates, sulfates, phosphates et silicates.

**205. — Traitement des minerais.** — Les combinaisons qui forment des minerais sont souvent mélangées avec une matière terreuse ou siliceuse que l'on appelle *gangue*. Pour extraire le métal d'un minerai, on le soumet d'abord à un traitement mécanique, qui le débarrasse de sa gangue.

Après avoir trié et mis à part les minerais à peu près purs, les autres sont concassés entre deux cylindres cannelés, en fonte, qui tournent en face l'un de l'autre, en sens inverse, comme un laminoir. Les minerais sont ensuite lavés dans un courant d'eau et soumis au traitement qui met le métal en liberté.

Les minerais formés par des oxydes sont décomposés directement par le charbon avec lequel on les fond. Il se forme souvent un composé de métal et de carbone; ce dernier est ensuite éliminé. C'est le cas du fer. Si le minerai est un carbonate, il est traité de même. Le gaz carbonique est dégagé par la chaleur.

Les minerais formés par les sulfures sont d'abord grillés à l'air : le soufre est éliminé sous forme d'anhydride sulfureux et le métal resté à l'état d'oxyde.

**206. — Généralités sur les oxydes métalliques. —** Beaucoup de minerais sont des oxydes. Les plus importants sont les oxydes de fer, de cuivre et d'étain. (Disons cependant que le principal minerai du cuivre est un sulfure.) Les oxydes naturels sont généralement amorphes, rarement cristallisés.

On peut préparer les oxydes de plusieurs manières : 1° On soumet le métal à l'oxydation de l'air; par exemple, du plomb en fusion se recouvre d'une couche d'oxyde de plomb; 2° On décompose un sel par la chaleur; par exemple, le carbonate de calcium chauffé énergiquement, abandonne du gaz carbonique et il reste de la chaux vive qui est de l'oxyde de calcium; 3° On déplace l'oxyde par une base; par exemple, si l'on verse de la potasse dans une dissolution d'azotate d'argent, on obtient un précipité d'oxyde d'argent.

Les oxydes sont solides; ceux de potassium, de sodium et de calcium sont solubles dans l'eau. Quelques oxydes sont décomposables par la chaleur seule. Tels sont l'oxyde de mercure et l'oxyde d'argent.

**207. — Généralités sur les hydrates. — Les hydrates sont des corps qui résultent de l'action de l'eau jouant le rôle d'acide, vis-à-vis de certains métaux, avec élimination de la moitié de son hydrogène :** Ainsi, le potassium s'unit à l'eau pour former de l'hydrate de potassium :

$$K \ + \ H^2O \ = \ KOH \ + \ H$$

potassium     eau     hydrate     hydrogène<br>de potassium

Les hydrates résultent encore de l'action de l'eau sur un oxyde anhydride :

$$CaO \ + \ H^2O \ = \ Ca(OH)^2$$

oxyde     eau     hydrate de<br>de calcium            calcium

**208. — Généralités sur les sulfures métalliques. —**

On trouve beaucoup de sulfures métalliques dans le sol où ils forment des minerais :

Les sulfures sont solides, généralement cristallisés, bons conducteurs de la chaleur et de l'électricité. Ils ont, en général, l'éclat métallique. Ils sont le plus souvent faibles. Ils sont décomposés par la chaleur.

**209. — Généralités sur les chlorures métalliques. —** Quelques chlorures existent dans la nature, tels que les chlorures de sodium (sel de cuisine) que l'on trouve dans les eaux de la mer, les chlorure de potassium et de magnésium que l'on trouve également dans les eaux de la mer. On trouve quelquefois dans le sol de certaines régions des chlorures d'or et d'argent.

Les chlorures sont généralement solides. Ils sont généralement décomposés par la chaleur; ils le sont tous par l'électricité.

**210. — Généralités sur les sels. — Un sel est un composé qui résulte du remplacement de l'hydrogène d'un acide par un métal. Ex. :**

$$SO^4H^2 \quad + \quad Zn \quad = \quad SO^4Zn \quad + \quad H^2$$

acide sulfurique     zinc     sulfate de zinc     hydrogène

ou **de la réaction d'un acide sur un oxyde** avec formation d'une molécule d'eau. Ex. :

$$SO^4H^2 \quad + \quad ZnO \quad = \quad SO^4Zn \quad + \quad H^2O$$

acide sulfurique     oxyde de zinc     sulfate de zinc     eau

Les sels sont généralement solides. A l'exception des sels ammoniacaux, ils sont inodores. Leur saveur dépend du métal qui les a formés. L'eau dissout la plupart des sels.

La chaleur décompose les sels qui ont été formés par un acide volatil et une base fixe, ou par un acide fixe et une base volatile. Tous les sels dissous dans l'eau sont décomposables par l'électricité (électrolyse). Le radical oxygéné ou non de l'acide se porte sur l'électrode positive (anode), et le métal se dépose sur l'électrode négative (cathode).

Les métaux décomposent souvent les sels. Trempons une clé dans une dissolution de sulfate de cuivre : une petite quantité de fer de la clé se dissout et est remplacée par du cuivre. C'est ainsi qu'on recouvre de cuivre les fils de fer avec lesquels on fait des ressorts de sommier.

*Un sel est décomposé par un acide :*

1° Quand l'acide libre est moins volatil que l'acide du sel. Ainsi un carbonate est décomposé par l'acide chlorhydrique, parce que cet acide est moins volatil que l'acide carbonique :

$$CO^3Ca \quad + \quad 2HCl \quad = \quad CaCl^2 \quad + \quad H^2O \quad + \quad CO^2$$

| carbonate | acide | chlorure | eau | gaz |
|---|---|---|---|---|
| de calcium | chlorhydrique | de calcium | | carbonique |

2° Quand l'acide libre est plus soluble que l'acide du sel. Ainsi un silicate est décomposé par l'acide sulfurique, plus soluble que l'acide silicique :

$$SiO^3Na^2 \quad + \quad SO^4H^2 \quad = \quad SO^4Na^2 \quad + \quad SiO^3H^2$$

| silicate | acide | sulfate | acide |
|---|---|---|---|
| de sodium | sulfurique | de sodium | silicique |

3° Quand l'acide libre peut former avec le métal un sel insoluble :

$$BaCl^2 \quad + \quad SO^4H^2 \quad = \quad 2HCl \quad + \quad SO^4Ba$$

| chlorure | acide | acide | sulfate de |
|---|---|---|---|
| de baryum | sulfurique | chlorhydrique | baryum insoluble |

### *Un sel est décomposé par une base :*

1° Quand la base libre est moins volatile que la base du sel. Ainsi le chlorure d'ammonium est décomposé par la potasse, car celle-ci est la moins volatile des deux bases :

$$AzH^4Cl \quad + \quad KOH \quad = \quad H^2O \quad + \quad AzH^3 \quad + \quad KCl$$

| chlorure | potasse | eau | gaz | chlorure |
|---|---|---|---|---|
| d'ammonium | | | ammoniac | de potassium |

2° Quand la base libre est plus soluble que la base du sel. Ainsi la potasse étant plus soluble que l'oxyde de cuivre, le sulfate de cuivre est décomposé par la potasse :

$$SO^4Cu \quad + \quad 2KOH \quad = \quad SO^4K^2 \quad + \quad Cu(OH)^2$$

| sulfate | potasse | sulfate | hydrate |
|---|---|---|---|
| de cuivre | | de potassium | de cuivre |

3° Quand la base libre peut former avec l'acide du sel un sel insoluble :

$$SO^4Na^2 \quad + \quad Ba(OH)^2 \quad = \quad 2NaOH \quad + \quad SO^4Ba$$

| sulfate | hydrate de | soude | sulfate de |
|---|---|---|---|
| de sodium | baryum | | baryum insoluble |

### *Deux sels se décomposent :*

Lorsque par l'échange des métaux il peut se former un sel insoluble ou bien un sel volatil :

$$BaCl^2 \quad + \quad SO^4Na^2 \quad = \quad 2\,NaCl \quad + \quad SO^4Ba$$

chlorure     sulfate     chlorure     sulfate de
baryum     de sodium     de sodium     baryum insoluble

$$CO^3Na^2 \quad + \quad SO^4(AzH^4)^2 \quad = \quad SO^4Na^2 \quad + \quad CO^3(AzH^4)^2$$

carbonate     sulfate     sulfate     carbonate
de sodium     d'ammonium     de sodium     d'ammonium
                                                 volatil

**REMARQUE.**

Lorsqu'on mélange les solutions de deux sels qui ne forment pas de sels insolubles, il y a partage entre les acides et les métaux : il se forme quatre sels au lieu de deux.

Mélangeons par exemple une dissolution de chlorure de potassium et une dissolution d'azotate de sodium, il se forme du chlorure de sodium et de l'azotate de potassium. Il s'établit un équilibre entre les quatre sels en présence ; lorsqu'il est atteint, la double décomposition cesse.

---

### DOUZIÈME LEÇON

## MÉTAUX (*suite*)

### POTASSIUM — SODIUM — SELS AMMONIACAUX — CALCIUM — BARYUM

# Potassium

## K

**Monovalent.**
**Atome-gramme : 39 gr.**

**211. — État naturel du potassium.** — Le potassium est un métal alcalin qui n'existe pas à l'état de liberté. On le trouve sous la forme de composés : chlorure de potassium dans les eaux de la mer ; azotate de potassium appelé encore *nitre* ou *salpêtre,* formant les efflorescences blanches sur les murs des écuries ; silicates doubles de potassium et d'aluminium qui constituent un feldspath.

**212. — Préparation du potassium.** — On pourrait l'isoler en décomposant l'hydrate de potassium par un courant électrique. L'industrie le prépare en décomposant le carbonate de potassium par le charbon. L'opération est faite dans un récipient en fer forgé :

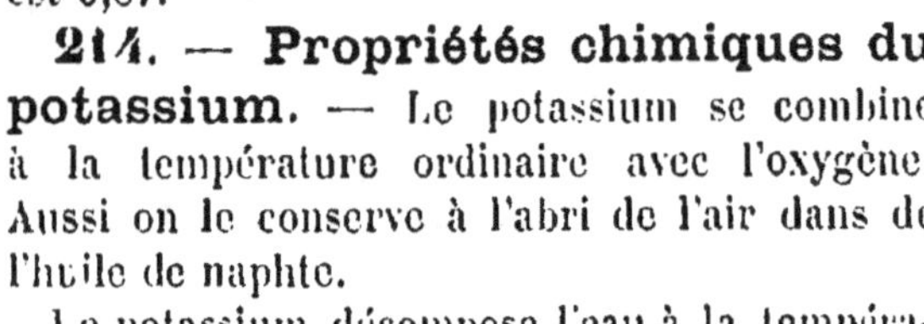

$$CO^3K^2 \quad + \quad 2C \quad = \quad 2K \quad + \quad 3CO$$

carbonate      carbone     potassium     oxyde
de potassium                         de carbone

**213. — Propriétés physiques du potassium.** — Le potassium est un corps solide, mou à la température ordinaire comme du mastic de vitrier. Il brille d'un vif éclat lorsqu'il vient d'être coupé. Il fond à 63°. Sa densité est 0,87.

**214. — Propriétés chimiques du potassium.** — Le potassium se combine à la température ordinaire avec l'oxygène. Aussi on le conserve à l'abri de l'air dans de l'huile de naphte.

Le potassium décompose l'eau à la température ordinaire. Lorsqu'on jette un fragment de potassium dans un verre d'eau (fig. 91), l'eau est décomposée lentement. Le potassium s'empare de son oxygène et met l'hydrogène en liberté. Il se forme en même temps de l'hydrate de potassium.

Fig. 91. — Combustion du potassium dans l'eau.

$$K \quad + \quad H^2O \quad = \quad KOH \quad + \quad H$$

potassium      eau       hydrate     hydrogène
                            de potassium

Il se dégage assez de chaleur pour que l'hydrogène mis en liberté s'enflamme. Il semble que c'est le potassium qui brûle, et comme le dégagement d'hydrogène se fait tantôt sur un point tantôt sur un autre du contact du fragment avec l'eau, ledit fragment se déplace sans cesse. Lorsque le fragment est passé tout entier à l'état d'hydrate, la flamme s'éteint, car il ne se dégage plus d'hydrogène.

Le potassium se combine avec quelques métalloïdes comme le chlore, le brome, l'iode, etc.; et avec certains métaux.

Le bromure et l'iodure de potassium sont employés en médecine.

**215. — Potasse caustique.** — KOH. — On obtient la potasse caustique en traitant le carbonate de potassium par l'hydrate de calcium. On verse peu à peu un lait de chaux dans une solution de carbonate de potassium soumise à l'ébullition :

$$CO^3K^2 \quad + \quad CaO^2H^2 \quad = \quad CO^3Ca \quad + \quad 2\,KOH$$

carbonate      Hydrate      carbonate      potasse
de potassium    de calcium    de calcium    caustique

Ce produit est appelé *potasse à la chaux*. On purifie la potasse en la dissolvant dans de l'alcool où les impuretés ne sont pas dissoutes. On laisse reposer, et on fait évaporer. Il reste une potasse pure dite *potasse à l'alcool*. On obtient aussi la potasse par l'électrolyse d'une solution de chlorure de potassium.

La potasse est un corps solide blanc. En dissolution, même étendue, c'est un caustique énergique. Sa densité est 2,044. Elle fond au rouge sombre ; elle se volatilise au rouge blanc. La potasse est déliquescente, elle se transforme d'abord peu à peu à l'air humide en un liquide sirupeux, puis, au contact du gaz carbonique de l'air, en carbonate de potassium. La dissolution de potasse ramène au bleu le papier de tournesol rougi par un acide.

La potasse caustique est employée en médecine pour cautériser ; on l'appelle *pierre à cautère*.

Les savons mous, dits *savons noirs*, sont préparés avec une dissolution de potasse caustique ou de carbonate de potassium additionné de chaux.

**216. — Chlorure de potassium.** — KCl. — Le chlorure de potassium est extrait de la *carnallite*, qui est du chlorure double de potassium et de magnésium, en dépôt considérable dans les mines de Stassfürt. On retire encore le chlorure de potassium des eaux mères des marais salants et des cendres de varech.

Le chlorure de potassium est un corps solide blanc. Il est soluble dans l'eau. Il fond à 710°. Au rouge vif il se volatilise.

Le chlorure de potassium sert à préparer tous les autres sels de potassium. C'est un engrais important pour l'agriculture.

**217. — Carbonate de potassium.** — $CO^3K^2$. — On obtient le carbonate de potassium en traitant par la magnésie une dissolution de chlorure de potassium, dans laquelle on fait ensuite passer un courant de gaz carbonique. Il se forme un carbonate double de potassium et de magnésium. La calcination enlève à ce sel une partie de son gaz carbonique et l'eau dissout ensuite le carbonate de potassium, en laissant le carbonate de magnésium qui sera utilisé dans une nouvelle opération.

En évaporant les « vinasses » de betteraves, qui proviennent de la fabrication de l'alcool, on obtient un corps solide, noirâtre, appelé *salin de betterave*, riche en carbonate de potassium.

Le *suint*, matière onctueuse, grasse, qui imprègne la laine des moutons, est riche en sels d'acides organiques, qui, par calcination, donnent du carbonate de potassium. Ces sels se trouvent dans les eaux de lavage de la laine.

On peut également employer le procédé Leblanc (voir carbonate de sodium n° 227) et traiter le sulfate de potassium par le charbon et le carbonate de calcium.

Le carbonate de potassium est un corps solide, blanc, de saveur caustique. Il est déliquescent. Il est très soluble dans l'eau. À une température élevée, il est décomposé par le charbon en donnant du potassium.

On emploie le carbonate de potassium impur sous le nom de *potasse*. Il sert à la préparation du verre.

## 218. — Chlorate de potassium. — $ClO^3K$. — Le chlorate

de potassium est un corps solide blanc, cristallisé en petites lamelles. On le prépare par l'électrolyse d'une dissolution chaude et concentrée de chlorure de potassium. Le chlore réagit sur la potasse. Ces deux corps viennent de l'électrolyse du chlorure de potassium.

Le chlorate de potassium peu soluble se précipite.

L'acide dans lequel l'hydrogène est remplacé par le potassium pour donner le chlorate de potassium est l'acide chlorique.

Le chlorate de potassium est un composé très important en raison de la facilité avec laquelle il cède son oxygène. Aussi, sert-il à la préparation de ce gaz.

Un mélange de chlorate de potassium, de soufre et de charbon, forme une poudre qui s'enflamme et explose avec fracas. Cette poudre est **très dangereuse**; elle fait explosion au moindre choc. Il ne faut la préparer qu'en très petite quantité.

Le chlorate de potassium est employé dans la préparation des amorces. On l'emploie en médecine sous forme de pastilles contre les affections bénignes de la gorge.

## 219. — Azotate de potassium ou nitrate de potas-

**sium**. — $AzO^3K$. — L'azotate de potassium, appelé encore *nitre* ou *salpêtre*, se forme en efflorescences blanches sur les murs des écuries. Aux Indes et en Perse, il apparaît sur le sol également sous forme d'efflorescences blanches, pendant la sécheresse qui suit la période des pluies. On l'y balaye comme une légère couche de neige.

L'azotate de potassium est obtenu en mélangeant des dissolutions concentrées de nitrate de sodium du Chili et de chlorure de potassium de Stassfürt. Il se forme du chlorure de sodium et de l'azotate de potassium. Le chlorure de sodium, qui n'est guère plus soluble à chaud qu'à froid, cristallise, tandis que l'azotate de potassium, au contraire plus soluble à chaud qu'à froid, se dépose lorsqu'on laisse refroidir.

**219 *bis*. — Chromates de potassium.** — Il existe trois chromates de potassium : le chromate neutre, le bichromate et le trichromate. Le bichromate $Cr^2O^7K^2$ est préparé en chauffant un mélange de fer chromé et d'azotate de potassium dans un four à réverbère. On jette le mélange ensuite dans l'eau en y ajoutant de l'acide sulfurique. L'évaporation abandonne des cristaux de bichromate de potassium.

Si l'on désire maintenant obtenir du chromate neutre, on traite le bichromate par le carbonate de potassium.

Les chromates sont colorés; les alcalins sont solubles : c'est le cas de ceux de potassium, aussi le bichromate est employé comme dépolarisant dans la pile Grenet; les chromates métalliques sont insolubles.

**220. — Poudre noire.** — L'azotate de potassium est employé pour la fabrication de la poudre noire qui est un mélange de soufre, de charbon et d'azotate de potassium. En brûlant dans un espace limité, les gaz produits ont une force expansive très grande, parce qu'un litre de poudre donne plus de 250 litres de gaz.

Le salpêtre et le soufre employés pour la fabrication de la poudre doivent être très purs. Le charbon de bois employé est celui qui provient de la distillation de bois léger. Le soufre et le charbon sont d'abord pulvérisés séparément, puis mélangés dans des cylindres que l'on fait tourner autour d'un axe horizontal. On y ajoute ensuite le salpêtre; on humecte d'eau et on bat le mélange dans un mortier. On en fait une galette qu'on expose à l'air. Dès qu'elle est sèche, on la brise et on la concasse en grains plus ou moins fins. Les grains sont ensuite frottés mécaniquement les uns contre les autres dans des cylindres mobiles. Composition de la poudre de chasse : salpêtre 78 parties, charbon 12, soufre 10.

Lorsque la poudre noire explose, il se produit une épaisse fumée. Elle est due aux corps solides, notamment le sulfate de potassium formé, qui extrêmement divisés par la déflagration, flottent dans l'air.

# Sodium

## Na

**Monovalent.**
**Atome-gramme : 23 gr.**

**221. — État naturel du sodium.** — Le sodium n'existe pas à l'état de liberté. On le rencontre seulement sous forme de composés. Tels sont le chlorure de sodium et l'azotate de sodium. Le chlorure de sodium se trouve dissous dans les eaux de mer, on le nomme alors *sel marin;* ou il est rencontré en dépô dans le sol, on l'appelle dans ce cas *sel gemme.* Il existe d'importantes mines de sel gemme dans la région de Nancy. L'azotate de sodium forme au Chili des dépôts considérables.

**222. — Préparation du sodium.** — On prépare généralement le sodium par l'électrolyse de la soude fondue (fig. 92). Le sodium s'accumule sur l'électrode négative, où il se porte en même temps de l'hydrogène qui se dégage; l'oxygène se porte vers l'électrode positive :

$$\text{NaOH} = \text{Na} + \text{H} + \text{O}$$

hydrate      sodium      hydrogène      oxygène
de sodium     $\underbrace{\qquad\qquad\qquad}_{\text{électrode négat.}}$     électrode positive

La cuve qui contient la soude fondue, est séparée en deux par une cloison poreuse. De chaque côté plonge une électrode. La cloison laisse passer le courant.

On électrolyse aussi le chlorure de sodium.

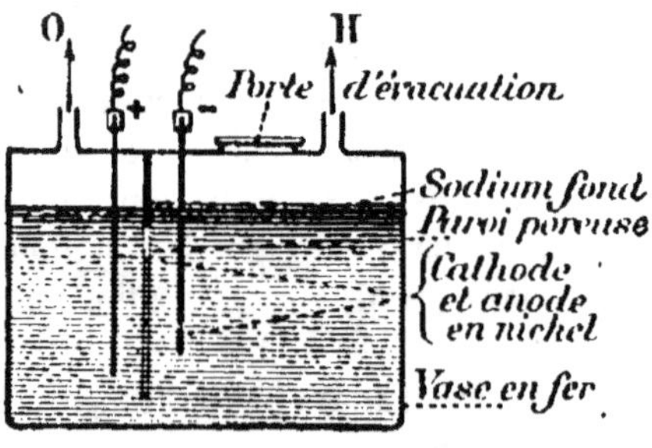

**223. — Propriétés physiques du sodium.** — Le sodium est un métal mou, se laissant couper au couteau comme du mastic de vitrier. Il est plus léger que l'eau. Sa densité est 0,970. Il fond à 95°

Fig. 92. — Préparation du sodium.



Fraîchement coupé, il a l'éclat de l'argent, mais il se ternit très vite.

**224. — Propriétés chimiques du sodium.** — A une température élevée, il brûle en laissant un résidu de protoxyde de sodium :

$$2\ \mathrm{Na} \quad + \quad \mathrm{O} \quad = \quad \mathrm{Na^2O}$$

sodium — oxygène — protoxyde de sodium

Le sodium décompose l'eau à froid. Il se forme de l'hydrate de sodium et de l'hydrogène se dégage :

$$\mathrm{H^2O} \quad + \quad \mathrm{Na} \quad \cdots \quad \mathrm{NaOH} \quad + \quad \mathrm{H}$$

eau — sodium — hydrate de sodium — hydrogène

Le sodium décompose les chorures métalliques en présence de la chaleur :

$$\mathrm{MgCl^2} \quad + \quad 2\ \mathrm{Na} \quad = \quad 2\ \mathrm{NaCl} \quad + \quad \mathrm{Mg}$$

chlorure de magnésium — sodium — chlorure de sodium — magnésium

**225. — Hydrate de sodium** ou **soude caustique. —** NaOH. Molécule-gramme : 40 gr. — On obtient la soude caustique par l'électrolyse d'une solution aqueuse de chlorure de sodium. L'électrolyse du chlorure de sodium se fait de plusieurs manières. Le plus généralement on met une solution de chlorure de sodium sur un bain de mercure qui forme la cathode, l'anode est constituée par du graphite. Le chlore se dégage et le sodium se dissout dans le mercure, formant un amalgame. Celui-ci est décomposé par l'eau qui régénère le mercure et donne de la soude caustique. On sépare le bain en deux parties au moyen d'une cloison poreuse, très mince, qui laisse passer le courant, mais sépare la soude du chlore. La soude est soumise ensuite à une chaleur intense pour évaporer l'eau de la solution, puis elle est coulée sur des plaques de fer, concassée après refroidissement, et les fragments sont mis en flacons soigneusement bouchés.

On fait encore de la soude caustique en chauffant une solution de carbonate de sodium avec de la chaux vive. Le carbonate de calcium se précipite, on décante la solution qu'on soumet à une rapide évaporation, comme il vient d'être dit plus haut :

$$\mathrm{CO^3Na^2} \quad + \quad \mathrm{CA(OH)^2} \quad = \quad \mathrm{CO^3CA} \quad + \quad 2\ \mathrm{NaOH}$$

carbonate de sodium — Hydrate de calcium — carbonate de calcium — Hydrate de sodium

La soude caustique se dissout dans l'eau avec dégagement de chaleur. Exposée à l'air, elle absorbe l'humidité et l'anhydride carbonique. En présence du gaz carbonique, elle se transforme en carbonate de sodium, que, dans le commerce, on appelle *cristaux de soude*.

La soude caustique est une base énergique; elle ronge les chairs. Même très étendue, elle bleuit encore le papier rouge de tournesol. Avec les divers acides elle donne des sels avec dégagement de chaleur.

La soude caustique sert à fabriquer les savons durs.

**226. — Azotate de sodium.** — $AzO^3Na$. — L'azotate de sodium, ou nitrate de sodium, existe en dépôts considérables dans le sol du Chili, d'où on l'extrait. C'est un corps solide, blanc, soluble dans l'eau. Il est décomposé par la chaleur en azotite de sodium et oxygène. Mis à chaud en présence de l'acide sulfurique, il se forme de l'acide azotique et du sulfate acide de sodium :

$$AzO^3Na \quad + \quad SO^4H^2 \quad = \quad SO^4HNa \quad + \quad AzO^3H$$

| azotate | acide | sulfate acide | acide |
|---|---|---|---|
| de sodium | sulfurique | de sodium | azotique |

Lorsqu'on le met en présence du chlorure de potassium et de l'azotate de sodium, il se forme de l'azotate de potassium et du chlorure de sodium :

$$AzO^3Na \quad + \quad KCl \quad = \quad AzO^3K \quad + \quad NaCl$$

| azotate | chlorure | azotate | chlorure |
|---|---|---|---|
| de sodium | de potassium | de potassium | de sodium |

L'azotate de sodium est employé pour préparer l'acide azotique et l'azotate de potassium. C'est un engrais important pour l'agriculture; il enrichit le sol en azote nécessaire aux plantes.

**227. — Carbonate de sodium.** — $CO^3Na^2 + 10H^2O$. — Le carbonate de sodium se présente sous forme de cristaux blancs. Il est soluble dans l'eau froide, très soluble dans l'eau chaude, insoluble dans l'alcool. Il n'est décomposé par la chaleur qu'à une température très élevée (arc électrique).

Le bicarbonate de sodium, $CO^3HNa$, existe dans certaines eaux minérales telles que celles de Vichy et de Carlsbad, ordonnées pour faciliter la digestion. Il est moins soluble dans l'eau que le carbonate de sodium.

On peut préparer le carbonate de sodium en chauffant à haute température un mélange de sulfate de sodium, de charbon et de carbonate de calcium (c'est le *Procédé Leblanc*) :

$$SO^4Na^2 \quad + \quad CO^3Ca \quad + \quad 2C \quad = \quad CO^3Na^2 \quad + \quad CaS \quad + \quad 2CO^2$$

| sulfate | carbonate | carbone | carbonate | sulfure | anhydride |
|---|---|---|---|---|---|
| de sodium | de calcium | | de sodium | de calcium | carbonique |

La masse spongieuse obtenue est épuisée par l'eau, qui dissout le carbonate de sodium et laisse le sulfure de calcium.

Le procédé le plus économique pour préparer le carbonate de sodium est le procédé *Solvay*.

On fait dissoudre du chlorure de sodium dans l'eau et cette dissolution est répandue au sommet d'une haute colonne, contenant un grand nombre de cloisons perforées, horizontales, qui en font comme autant de cases superposées. La colonne est traversée de bas en haut par un courant de gaz ammoniac, qui se dissout. On sature ensuite de gaz carbonique pour précipiter le bicarbonate de sodium formé. Celui-ci est filtré, lavé à l'eau froide et calciné. La calcination décompose le bicarbonate de sodium et le transforme en carbonate de sodium avec déplacement de $CO_2 + H_2O$ :

$$2\ CO_3HNa\quad =\quad H_2O\quad +\quad CO_2\quad +\quad CO_3Na_2$$

bicarbonate      eau      gaz      carbonate<br>
de sodium             carbonique    de sodium

L'économie de ce procédé réside dans ce fait que le bicarbonate d'ammonium formé à mesure, réagit sur le chlorure de sodium :

$$CO_3HAzH_4\quad +\quad NaCl\quad =\quad AzH_4Cl\quad +\quad CO_3HNa$$

bicarbonate    chlorure    chlorure    bicarbonate<br>
d'ammonium   de sodium   d'ammonium   de sodium

Et l'ammoniac est régénéré en traitant par la chaux le chlorure d'ammonium :

$$2\ AzH_4Cl\quad +\quad CaO\quad =\quad 2\ AzH_3\quad +\quad H_2O\quad +\quad CaCl_2$$

chlorure    chaux    ammoniac    eau    chlorure<br>
d'ammonium                    de calcium

L'ammoniac est de nouveau transformé en bicarbonate d'ammonium au moyen du gaz carbonique qui provient d'une calcination de carbonate de calcium ou de la calcination du bicarbonate de sodium :

$$AzH_3\quad +\quad CO_2\quad +\quad H_2O\quad =\quad CO_3HAzH_4$$

ammoniac    gaz    eau    bicarbonate<br>
      carbonique        d'ammonium

Le carbonate de sodium neutre $CO_3Na_2$ sert à la fabrication des savons durs et du borax; il est employé par les blanchisseuses dans le lessivage du linge.

**228. — Chlorure de sodium.** — NaCl. — Le chlorure de

sodium ou sel marin est le plus important des sels de sodium. Il est retiré des *marais salants* où l'on fait arriver l'eau de mer. Les eaux de mer en contiennent environ 25 gr. par litre. L'eau arrive dans un bassin à fond argileux, imperméable, appelé *vasière* (fig. 93), où les matières en suspension se déposent. On fait ensuite passer l'eau successivement dans trois autres bassins à même fond, où se produit l'évaporation. Celle-ci ne s'effectue bien que dans un lieu exposé au soleil et au vent. Dans le premier elle abandonne le carbonate de calcium; on trouve surtout du sulfate de calcium dans le second, et enfin le chlorure de sodium dans le troisième. Le sel est mis à égoutter en petits tas appelés *mulons*.

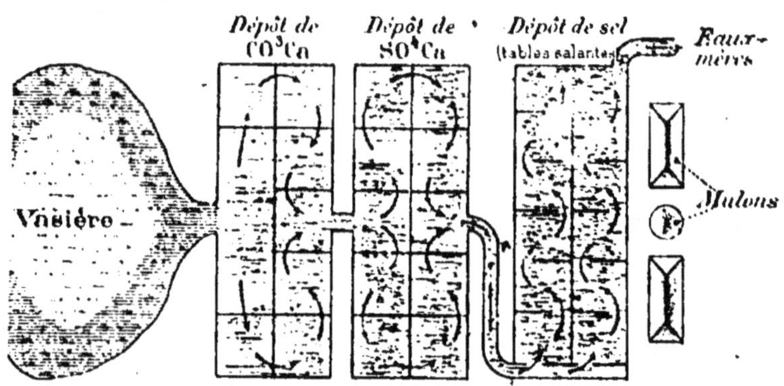


Fig. 93. — Marais salants.

Le sel obtenu ainsi contient souvent un peu de sulfate de magnésium.

Les principaux marais salants sont, en France, ceux de la côte de la mer Méditerranée, de Hyères à Port-Vendres et ceux de la côte de l'Océan dans la région du Croisic et de Guérandes.

Le *sel gemme* est extrait de certaines carrières où l'eau de mer a eu accès et s'est évaporée. Il se présente en masses compactes granulaires. Les principales mines de sel gemme se trouvent à Wieliczka (Pologne). Il en existe en France dans la région de Nancy. Le sel gemme n'est pas assez pur pour pouvoir être consommé ainsi : il doit être d'abord dissous dans l'eau que l'on fait ensuite évaporer.

L'évaporation lente laisse des cristaux groupés en pyramides quadrangulaires creuses, nommées *trémies* (fig. 28).

Le chlorure de sodium, qui est le sel de cuisine, est indispensable à l'alimentation de l'homme; ses propriétés antiseptiques font qu'il est employé à la conservation des viandes. Il sert à préparer le chlore, le sodium, l'acide chlorhydrique, le sulfate et le carbonate de sodium.

Un litre d'eau, à la température ordinaire dissout environ 360 grammes de chlorure de sodium. La densité de ce sel est 2. Il fond à 790°.

Le chlorure de sodium est un antiseptique employé pour la conservation des viandes (salaisons) et des poissons. Avec la glace il forme un mélange réfrigérant avec lequel on obtient la température de — 22°.

**229).** — **Sulfate de sodium.** — $SO^4Na^2$. — Le sulfate de sodium existe dans l'eau de mer et dans certaines sources d'eau minérale. On le prépare industriellement en traitant le chlorure de sodium

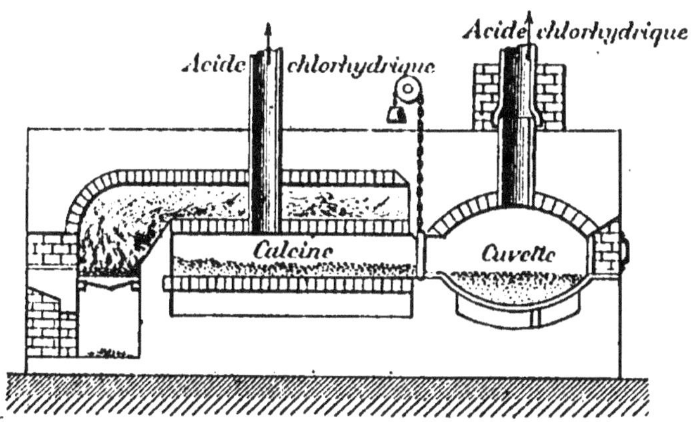


Fig. 94. — Préparation du sulfate de sodium et de l'acide chlorhydrique.

par l'acide sulfurique, dans des fours à deux compartiments (fig. 94) où se produisent consécutivement deux réactions.

Dans le premier compartiment garni d'une cuvette en fonte, éloignée du foyer, mais maintenue à une température d'environ 70°, a lieu la première réaction :

$$NaCl \quad + \quad SO^4H^2 \quad = \quad SO^4NaH \quad + \quad HCl$$

| chlorure | acide | sulfate | acide |
|---|---|---|---|
| de sodium | sulfurique | acide de sodium | chlorhydrique |

Dans l'autre compartiment, garni d'une cornue en terre réfractaire, appelée *calcine*, portée au rouge par le foyer, se produit la seconde réaction. Le chlorure de sodium qui n'a pas été attaqué dans la cuvette, réagit sur le sulfate acide formé et donne du sulfate neutre avec nouveau dégagement d'acide chlorhydrique :

$$NaCl \quad + \quad SO^4NaH \quad : \quad SO^4Na^2 \quad + \quad HCl$$

| chlorure | sulfate acide | sulfate neutre | acide |
|---|---|---|---|
| de sodium | de sodium | de sodium | chlorhydrique |

Le sulfate de sodium est un sel important à cause de ses propriétés purgatives qui le font utiliser en médecine. Il est appelé souvent *sel de Glauber*.

Le sulfate de sodium contient en général 10 molécules d'eau : sa formule est alors $SO^4Na^2 + 10\ H^2O$. Il cristallise à la température ordinaire en prismes transparents. La chaleur lui fait perdre son eau de cristallisation. Il se dissout facilement dans l'eau. Il fond à 867°.

# Sels ammoniacaux

Il est admis qu'il existe un composé $AzH^4$ qu'on a appelé **ammonium**, et qui, dans les sels ammoniacaux, joue le rôle de métal.

**250.** — La dissolution de gaz ammoniac ramène au bleu le papier de tournesol rougi par un acide : c'est donc qu'elle contient une base. Or, une base peut, en présence d'un acide, donner un sel. En effet, le gaz ammoniac en présence de l'acide chlorhydrique donne du chlorure d'ammonium; en présence de l'acide azotique, il donne de l'azotate d'ammonium; en présence de l'acide sulfurique, il donne du sulfate d'ammonium :

$$AzH^3 \quad + \quad HCl \quad = \quad AzH^4Cl$$

| gaz ammoniac | acide | chlorure d'ammonium |
|---|---|---|
|  | chlorhydrique |  |

$$AzH^3 \quad + \quad AzO^3H \quad = \quad AzO^3AzH^4$$

| gaz ammoniac | acide azotique | azotate d'ammonium |
|---|---|---|

$$2\,AzH^3 \quad + \quad SO^4H^2 \quad = \quad SO^4(AzH^4)^2$$

| gaz ammoniac | acide | sulfate d'ammonium |
|---|---|---|
|  | sulfurique |  |

Ces composés sont analogues aux composés correspondants du potassium. Ce n'est pas le gaz ammoniac $AzH^3$ qui se trouve dans les sels ammoniacaux, mais le composé $AzH^4$.

On a trouvé d'autres composés ammoniacaux : par exemple des sulfures d'ammonium qui correspondent aux sulfures de potassium et de sodium, tels que le protosulfure d'ammonium $(AzH^4)^2S$; le bisulfure d'ammonium $(AzH^4)^2S^2$, etc.

Également du sulfhydrate d'ammonium $AzH^4HS$, qui se forme directement par l'action de l'ammoniaque sur l'hydrogène sulfuré.

# Calcium

## Ca

**Divalent.**
**Atome-gramme : 40 gr.**

**231. — Généralités**. — Le calcium est un métal alcalino-terreux qui n'existe pas à l'état de liberté dans la nature. C'est un métal blanc, doué d'un vif éclat lorsqu'il est fraîchement coupé. Il s'altère rapidement à l'air humide en se recouvrant d'une couche d'hydrate de calcium. Il décompose l'eau à froid. Il forme avec l'oxygène la chaux ou protoxyde de calcium.

On prépare le calcium par électrolyse du chlorure de calcium fondu.

## *CHAUX* ou *PROTOXYDE DE CALCIUM*

### CaO

**Molécule-gramme : 56 gr.**

**232. — Propriétés**. — La chaux est une matière très caustique, solide, blanche, amorphe, dont la densité est 3,2. Elle fond et se volatilise au four électrique seulement où la température atteint 3.500°. Un fragment de chaux placé dans la flamme d'un chalumeau à gaz oxhydrique y est infusible; il donne à la flamme un éclat éblouissant qu'on appelle *lumière de Drummond*.

La chaux anhydre, appelée **chaux vive**, a une très grande affinité pour l'eau. Lorsqu'on verse un peu d'eau sur de la chaux, elle l'absorbe et la masse s'échauffe; en même temps la chaux gonfle, se fendille, tombe en poussière et forme avec l'eau une matière épaisse et molle, appelée *chaux éteinte*. La chaux s'est transformée en hydrate de calcium :

$$CaO + H^2O = Ca(OH)^2$$

protoxyde      eau      hydrate
de calcium           de calcium

La chaux éteinte délayée avec de l'eau constitue un *lait de chaux*. Lorsqu'on ajoute une quantité convenable d'eau à un peu de chaux éteinte et qu'on laisse reposer, il reste au-dessus de la chaux déposée au fond du vase, un liquide qui contient de l'hydrate de calcium en dissolution : c'est l'eau de chaux médicinale. A la température ordinaire, un litre d'eau de chaux contient un peu moins d'un gramme et demi de chaux.

L'eau de chaux ramène au bleu le papier de tournesol rougi par un acide.

La chaux vive exposée à l'air se transforme lentement, au contact du gaz carbonique de l'air, en carbonate de calcium ; la vapeur d'eau contenue dans l'air y ajoute aussi un peu d'hydrate de calcium.

La chaux est capable de se combiner avec le sucre en dissolution. C'est pourquoi on l'emploie pour épurer le sucre d'où on la retire ensuite au moyen d'un courant de gaz carbonique qui la précipite sous forme de carbonate de calcium, avec les impuretés.

**233. — Préparation de la chaux.** — La chaux est préparée dans l'industrie par la calcination du carbonate de calcium, que l'on trouve dans le sol. On l'appelle *pierre calcaire* ou *pierre à chaux*. La calcination se fait dans un four « coulant ». C'est un four continu, composé d'une haute cuve en maçonnerie (fig. 95), rétrécie au bas. Un, deux ou trois foyers ménagés au pourtour, envoient leurs flammes dans la cuve remplie de calcaire. A mesure que la chaux est cuite, on la fait s'écouler par un orifice ménagé entre les foyers, et on charge

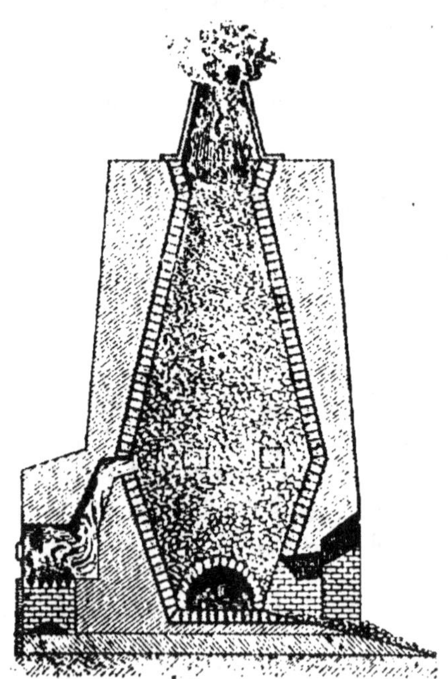

Fig. 95. — Four à chaux.

le sommet de la cuve de calcaire nouveau. Il se dégage du gaz carbonique :

$$CO^3Ca = CaO + CO^2$$

carbonate de calcium     chaux     gaz carbonique

**234. — Chaux maigre, chaux grasse.** — La chaux maigre
provient de calcaires impurs; elle est de couleur gris jaunâtre; elle
foisonne peu.

La chaux grasse provient de calcaires à peu près purs; elle est blanche;
elle foisonne beaucoup; elle forme avec l'eau une pâte liante.

**235. — Mortier.** — Le mortier est un mélange de chaux grasse,
de sable, et d'eau. Il forme une pâte épaisse qui sert à lier entre elles
les briques ou les pierres d'une construction. Le mortier durcit assez
vite, parce que la chaux, absorbant du gaz carbonique de l'air, se transforme en carbonate de calcium. Le sable intervient pour empêcher le
fendillement qui se produirait pendant la dessiccation, si la chaux était
seule. Les grains de sable, recouverts de carbonate, adhèrent au contraire parfaitement entre eux.

**236. — Chaux hydraulique.** — La chaux hydraulique est
préparée par la calcination du silicate d'aluminium hydraté, calcaire
spécial qui contient de 15 à 18 pour cent d'argile. La chaux hydraulique a la propriété de durcir sous l'eau. On explique cette prise sous
l'eau de la manière suivante : pendant la calcination, l'argile se déshydrate. En présence de l'eau elle s'hydrate de nouveau, et en même
temps elle s'unit à la chaux pour former un silicate double d'aluminium
et de calcium, ou un silicate et un aluminate de calcium, composés insolubles dans l'eau.

**237. — Ciments.** — Les ciments sont des sortes de chaux
hydrauliques provenant de la calcination de calcaires qui renferment
une plus ou moins grande quantité d'argile, supérieure à une proportion
de 20 pour cent. Les calcaires qui contiennent de 21 à 23 pour cent
d'argile donnent un ciment à prise lente; les calcaires qui contiennent
une plus grande quantité d'argile donnent un ciment à prise rapide.

**238. — Béton.** — Le béton est un mélange de ciment et de
petites pierres. Il offre une résistance et une dureté remarquables. Les
constructions édifiées dans les sols mouvants sont assises sur des puits
remplis de béton.

# SULFATE DE CALCIUM

## $SO^4Ca$

**239. — Généralités.** — Le sulfate de calcium combiné avec deux molécules d'eau, $SO^4Ca + 2\,H^2O$, existe en abondance dans certains terrains. On lui donne le nom de *gypse*. Il se présente quelquefois en cristaux groupés ayant la forme de fer de lance (fig. 96).

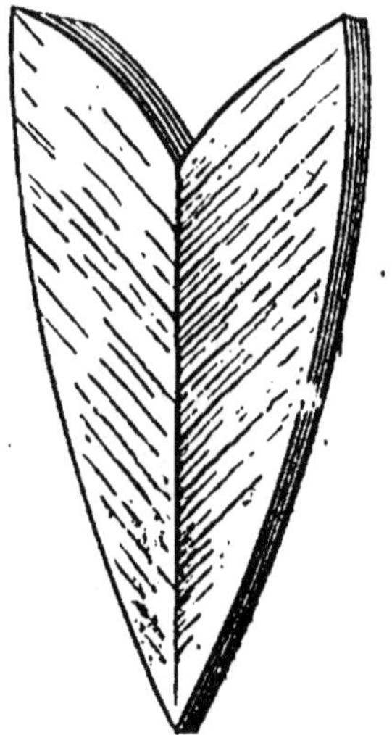

Fig. 96. — Cristaux de gypse.

Lorsque le gypse se présente en masses amorphes, il constitue la *pierre à plâtre*; s'il est translucide, finement grenu, il constitue l'*albâtre*.

Le sulfate de calcium hydraté est un corps solide, blanc, peu soluble dans l'eau. Les eaux dans lesquelles se trouve du sulfate de calcium sont appelées *eaux séléniteuses*. Elles sont impropres à la boisson, à la cuisson des légumes et au savonnage.

Chauffé suffisamment, le sulfate de calcium perd ses deux molécules d'eau et devient sulfate anhydre; au contact de l'eau, il reprend son eau de cristallisation.

**240. — Plâtre.** — Le plâtre est du gypse privé de son eau par la calcination. Par conséquent en calcinant du gypse, on le déshydrate et l'on obtient du plâtre. Cette opération se fait dans des fours spéciaux.

Un four à plâtre (fig. 97) est une sorte de grand hangar où, entre deux murs, on édifie des voûtes avec des gros morceaux de gypse. Sur ces voûtes on entasse de plus petits morceaux de pierre à plâtre. On entretient ensuite, pendant douze heures, sous chaque voûte, un feu clair de broussailles. Si l'on employait du charbon et si celui-ci se mélangeait avec la pierre à plâtre, il se formerait du sulfure de calcium et de l'oxyde de carbone :

$$SO^4Ca + 4C = 4CO + CaS$$

sulfate     carbone     oxyde     sulfure<br>
de calcium             de carbone     de calcium

La pierre se déshydrate vers la température de 100° à 150°. On dit alors que le plâtre est « cuit ». Après la cuisson on le réduit en poudre et on l'enferme dans des sacs à l'abri de l'humidité.

Lorsqu'on en a besoin, on gâche le plâtre avec un peu d'eau et on l'emploie comme le mortier. Il faut se hâter, car il « prend » rapidement,

Fig. 97. — Four à plâtre.

grâce à l'hydratation formant une multitude de cristaux qui s'enchevêtrent.

On emploie encore le plâtre en le gâchant avec une dissolution de colle forte; il acquiert ainsi de la dureté et un beau poli. Le produit porte le nom de *stuc*. Si l'on ajoute du sesquioxyde de fer ou du bioxyde de manganèse, on colore le stuc qui prend l'apparence du marbre.

Le plâtre sert encore, lorsqu'il est pur, à fabriquer des moulures de décoration pour les plafonds d'appartements. On l'utilise aussi pour prendre l'empreinte de certains objets comme les médailles.

Le plâtre améliore la culture des légumineuses : la luzerne et le trèfle qui ont été plâtrés donnent une récolte très supérieure.

# CARBONATE DE CALCIUM

## $CO^3Ca$

**241. — Généralités.** — Le carbonate de calcium est très répandu dans le sol sous des aspects variés. Il est cristallisé comme dans le *spath d'Islande* et l'*aragonite,* ou amorphe comme les *calcaires* divers.

Les principaux calcaires sont :

1° Le *marbre blanc* que l'on ne rencontre guère qu'à Carrare, en Italie. Il a l'apparence du sucre. Il est dur et compact. On l'emploie pour la statuaire;

2° Les *marbres de couleur*, constitués par du calcaire dur et compact, où des substances diverses y forment des veines. Comme le marbre blanc, le marbre de couleur est susceptible d'un beau poli;

3° Les *pierres lithographiques*, susceptibles d'un poli très net. Ces pierres servent à l'imprimerie. On y reporte un dessin à l'aide d'un crayon gras, pour le reproduire ensuite sur le papier en autant d'exemplaires qu'on veut. Après chaque tirage, on mouille la pierre et l'on passe un rouleau à encre grasse, qui n'adhère que sur les parties grasses (dessin reporté);

4° Les *calcaires ordinaires*, qui comprennent la *pierre à bâtir*, les *moellons*, les *pierres tendres;*

5° La *craie*, qui est un calcaire très blanc, tendre, friable, dont on se sert pour écrire sur les ardoises scolaires. La craie a été constituée dans les terrains tertiaires par des débris d'animaux microscopiques.

Le *spath d'Islande* ou *calcite* et l'*aragonite* sont encore des calcaires. Le premier est incolore et transparent; le second est d'un blanc laiteux. Ils n'ont guère d'applications.



Fig. 98. — Grottes calcaires.

Le carbonate de calcium est décomposable par la chaleur. Nous avons vu qu'il donne de la chaux et de l'anhydride carbonique. Le carbonate de calcium est peu soluble dans l'eau, mais dès que l'eau renferme du gaz carbonique, il s'y dissout, car il se transforme en bicarbonate soluble. Certaines eaux de source, riches en gaz carbonique, contiennent justement en dissolution une grande quantité de carbonate de calcium; aussi dès qu'elles arrivent sur le sol, perdant leur gaz, elles déposent le calcaire sur les objets avec lesquels elles sont en contact. L'eau qui suinte goutte à goutte dans les grottes forme de cette manière des colonnettes que l'on appelle *stalactites* et *stalagmites* (fig. 98).

# Baryum

## Ba

**Atome-gramme : 137 gr.**

**241 *bis*. — Généralités.** — Le baryum est un métal alcalino-terreux qui n'existe qu'à l'état de combinaisons. C'est un métal blanc ressemblant à l'argent, qui, à la température ordinaire, décompose l'eau. Ses principaux composés sont le protoxyde de baryum ou baryte, le bioxyde de baryum, le sulfate et l'azotate de baryum.

**Protoxyde de baryum ou Baryte, BaO.** — On l'obtient en décomposant par la chaleur le sulfate de baryte que l'on rencontre dans le sol. On obtient ainsi de la baryte anhydre. Pour avoir la baryte hydratée, on chauffe dans une cornue en grès un mélange de carbonate de baryum, qui existe aussi dans le sol, avec du charbon; on jette ensuite le mélange dans l'eau bouillante. La baryte s'y dissout. Le refroidissement laisse des cristaux de baryte hydratée, qui, portés ensuite au rouge, abandonnent une partie de leur eau. On les réduit en une poudre blanche $Ba(OH)^2$.

**Bioxyde de baryum $BaO^2$.** — On l'obtient en faisant passer un courant d'air dans un tube en porcelaine porté au rouge, qui contient de la baryte. Celle-ci absorbe de l'oxygène et se transforme ainsi en bioxyde.

**Sulfate de baryum $SO^4Ba$.** — On le trouve mélangé générale-ment à des filons métalliques. On peut le préparer par l'action de l'acide sulfurique sur un sel de baryum soluble.

**Azotate de baryum $(AzO^3)^2Ba$.** — On l'obtient en oxydant au moyen de l'acide azotique une solution de protosulfure de baryum. La chaleur le décompose en baryte, peroxyde d'azote, azote et oxygène.

**REMARQUE.**

Les sels de baryum sont employés dans la préparation des feux d'artifice. Ils colorent les flammes en jaune verdâtre.

---

TREIZIÈME LEÇON

MAGNÉSIUM — ZINC

# Magnésium

**Mg**

**Divalent.**
**Atome-gramme : 24 gr.**

**242. — Généralités.** — Le magnésium est un métal blanc à l'éclat de l'argent lorsqu'il est pur. Il n'existe qu'à l'état de combinaisons. On l'extrait par électrolyse du chlorure de magnésium fondu que l'on trouve dans les eaux de la mer.

La densité du magnésium est 1,75. Il fond vers 625°. Il est peu tenace; aussi pour l'obtenir en fils, il faut le placer dans un cylindre d'acier que l'on chauffe. Il fond. On le comprime et on le fait sortir par un petit orifice sous la forme d'un fil.

Le magnésium s'altère à l'air humide : il se recouvre d'une couche d'hydrate de magnésium :

$$Mg \quad + \quad H^2O \quad = \quad Mg(OH)^2$$
magnésium      eau      hydrate de magnésium

Chauffé, il brûle dans l'air en produisant une flamme éblouissante; il se transforme ainsi en magnésie ou oxyde de magnésium :

$$Mg \quad + \quad O \quad = \quad MgO$$
magnésium      oxygène      magnésie

La lumière du magnésium est employée souvent en photographie, car elle contient suffisamment de rayons chimiques.

La magnésie calcinée, employée en pharmacie comme purgatif, est obtenue par la calcination du carbonate de magnésium. Le carbonate de magnésium se trouve dans certaines régions du sol à l'état amorphe ou cristallisé $MgCo^3$; on donne à ce minerai le nom de *giobertite*. On trouve encore le carbonate de magnésium dans la *dolomie,* carbonate double de calcium et de magnésium $CaO, MgO, 2CO^2$.

Le sulfate de magnésium ($SO^4Mg + 7H^2O$), employé aussi comme purgatif, généralement sous le nom d'*eau de sedlitz,* est retiré des eaux de la mer.

Les sels de magnésium précipitent par la potasse et la soude caustiques.

# Zinc

## Zn

**Divalent.**
**Atome-gramme : 66 gr.**

**243. — État naturel du zinc.** — Le zinc n'existe pas à l'état de liberté. On le trouve sous la forme de deux minerais : la *calamine,* carbonate de zinc ou silicate de zinc hydraté, qui se rencontre principalement en Belgique; la *blende,* sulfure de zinc qui existe en Allemagne.

**244. — Réduction de la calamine.** — La calamine est d'abord calcinée de manière à la transformer en oxyde :

$$CO^3Zn \;=\; CO^2 \;+\; ZnO$$

carbonate     gaz     oxyde<br>de zinc     carbonique     de zinc

La blende est grillée, c'est-à-dire transformée elle aussi en oxyde :

$$ZnS \;+\; 3O \;=\; ZnO \;+\; SO^2$$

sulfure     oxygène     oxyde     anhydride<br>de zinc             de zinc     sulfureux

Pour réduire ensuite l'oxyde, on le chauffe en vase clos avec du charbon. Celui-ci s'empare de l'oxygène et le zinc est mis en liberté :

$$ZnO + C = Zn + CO$$

oxyde　　　carbone　　　zinc　　　oxyde
de zinc　　　　　　　　　　　　de carbone

Si l'on opérait à l'air, il se reformerait à mesure à la surface du métal de l'oxyde de zinc; pour éviter cet inconvénient, on condense le métal

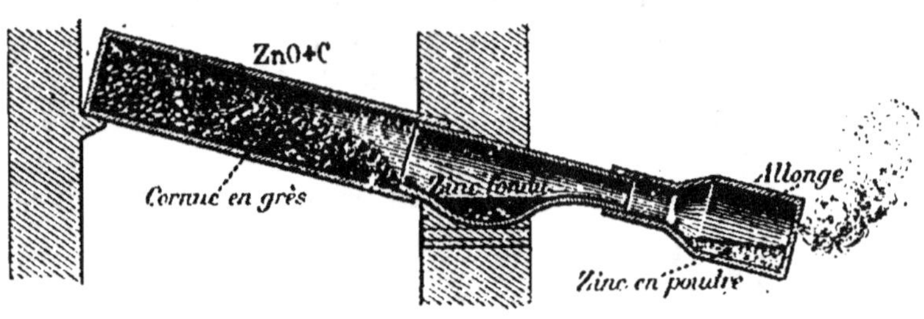


Fig. 99.

dans des cornues cylindriques en terre refractaire closes. Chaque cornue (fig. 99) est munie d'une allonge en fer qui est refroidie par l'air extérieur. Le zinc s'écoule dans une partie déclive de l'allonge; à l'extrémité de l'allonge, s'accumule de la poussière de zinc.

**245. — Propriétés physiques du zinc. —** Le zinc est un métal blanc bleuâtre. Sa densité est 7. Il est cassant à la température ordinaire; l'antimoine le rend résistant. Entre 120° à 130° il devient ductile et malléable. C'est à cette température qu'on le lamine en feuilles minces pour l'employer ensuite à froid. Si l'on élève la température vers 200°, il redevient cassant; on peut même alors le pulvériser.

Le zinc est très dilatable; il l'est trois fois plus que le fer. On doit tenir compte de cette propriété dans ses applications. Le zinc fond vers 410° et bout à 930°. Il conduit mal la chaleur et l'électricité.

**246. — Propriétés chimiques du zinc. —** Inaltérable à l'air sec, le zinc se recouvre d'une couche de carbonate hydraté à l'air humide. Il décompose l'eau au-dessus de 100°. Il s'enflamme à 500° et brûle dans l'air en donnant de l'oxyde de zinc $ZnO$, qui monte en flocons blancs.

Le zinc se dissout dans une solution aqueuse de soude ou de potasse. Il se forme un oxyde qui s'unit à l'alcali et de l'hydrogène se dégage.

Les acides attaquent facilement le zinc à froid :

$$SO^4H^2 \quad + \quad Zn \quad = \quad SO^4Zn \quad + \quad H^2$$

acide      zinc      sulfate      hydrogène<br>sulfurique           de zinc

Le meilleur dissolvant du zinc est l'acide chlorhydrique, même étendu :

$$2HCl \quad + \quad Zn \quad = \quad ZnCl^2 \quad + \quad H^2$$

acide      zinc      chlorure      hydrogène<br>chlorhydrique          de zinc

**247. — Usages du zinc.** — On emploie le zinc sous forme de feuilles minces pour couvrir les toits des maisons et pour confectionner les gouttières et les tuyaux de descente des eaux. Une grande quantité d'ustensiles : arrosoirs, baignoires, etc. sont en zinc. Certains objets d'ornement sont moulés avec du zinc.

Il ne faut jamais employer d'ustensiles en zinc pour la cuisine, car avec le sel marin et les acides il forme des sels vénéneux.

Le zinc est employé encore dans la confection de plusieurs piles électriques où il sert de pôle négatif : il est alors amalgamé.

Le zinc entre dans la constitution d'alliages importants dont les principaux sont le **maillechort** : zinc, cuivre, nickel; le **laiton** : cuivre, zinc.

On recouvre enfin d'une couche de zinc certains objets en fer pour les préserver de l'oxydation. On les trempe pour cela dans un bain de zinc fondu. On a ainsi du **fer galvanisé** employé pour la confection des tuyaux extérieurs de cheminées, les fils télégraphiques, les boîtes à ordures, etc.

**248. — Oxyde de zinc.** — C'est un corps solide blanc, inso-

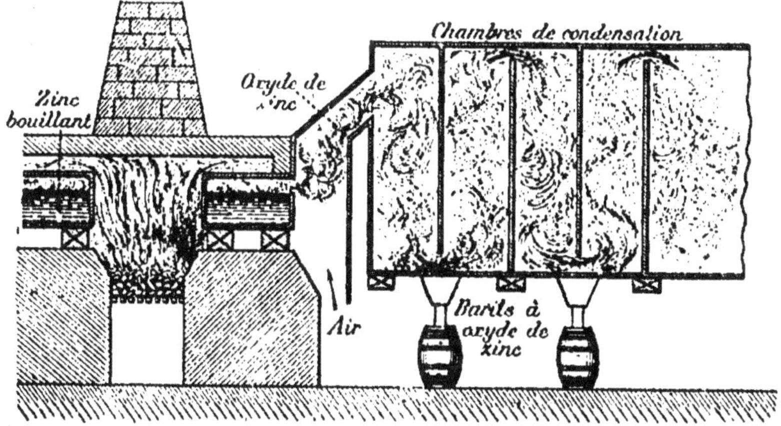


Fig. 100. — Préparation de l'oxyde de zinc.

luble dans l'eau, mais soluble dans les acides. L'oxyde de zinc ZnO, appelé *blanc de zinc,* est obtenu industriellement en chauffant le zinc dans des cornues en terre pour le vaporiser, et ses vapeurs, entraînées par un courant d'air, brûlent dans des chambres closes, où l'oxyde se dépose (fig. 100).

Il est employé en peinture pour remplacer la *céruse,* car il n'est pas vénéneux comme ce sel de plomb.

De l'oxyde de zinc délayé avec un peu de carbonate de sodium dans une dissolution de chlorure de zinc, forme, quand on y ajoute un peu de sable, un mastic qui durcit fortement; on l'appelle *ciment métallique.*

**249.** — **Sulfate de zinc.** — Le sulfate de zinc $SO^4Zn$, appelé *vitriol blanc,* est obtenu en mettant du zinc en présence de l'acide sulfurique étendu d'eau :

$$SO^4H^2 \;+\; Zn \;=\; SO^4Zn \;+\; H^2$$

acide        zinc        sulfate        hydrogène

sulfurique                de zinc

Le sulfate de zinc est très soluble dans l'eau. Il cristallise avec 7 molécules d'eau. C'est un antiseptique, un désinfectant. Il est employé pour rendre les peintures siccatives. **Il est vénéneux.**

---

QUATORZIÈME LEÇON

**FER — MANGANÈSE — CHROME — NICKEL**

# Fer

**Fe**

**Divalent.**
**Atome-gramme. 56 gr.**

**250.** — **État naturel du fer.** — Le fer n'existe à l'état de liberté que dans certaines météorites (fragments minéraux venant des espaces interplanétaires). Mais on le trouve dans tous les terrains sous forme de combinaisons qui constituent les minerais de fer. Les principaux minerais de fer sont :

1° L'*oxyde de fer magnétique*, $Fe^3O^4$. On le trouve abondamment en Suède et en Norvège; il est de couleur grisâtre. Il fournit le meilleur fer;

2° L'*oxyde ferrique* $Fe^2O^3$, appelé *fer oligiste*. On le trouve en masses fibreuses qu'on appelle *hématite rouge*, ou en masses terreuses qu'on appelle *ocre rouge;*

3° L'*hydrate ferrique*, plus ou moins hydraté, qui répond à la formule $Fe^2O^3 + H^2O$ ou $2Fe^2O^3 + 3H^2O$. Il se présente en masses amorphes de couleur brune; on lui donne le nom d'*hématite brune;*

4° Le *carbonate de fer*, $CO^3Fe$, appelé *fer spathique* ou *sidérose*. On le trouve dans les Pyrénées et en Normandie.

## MÉTALLURGIE DU FER

**251. — Réduction du minerai.** — Les minerais traités sont

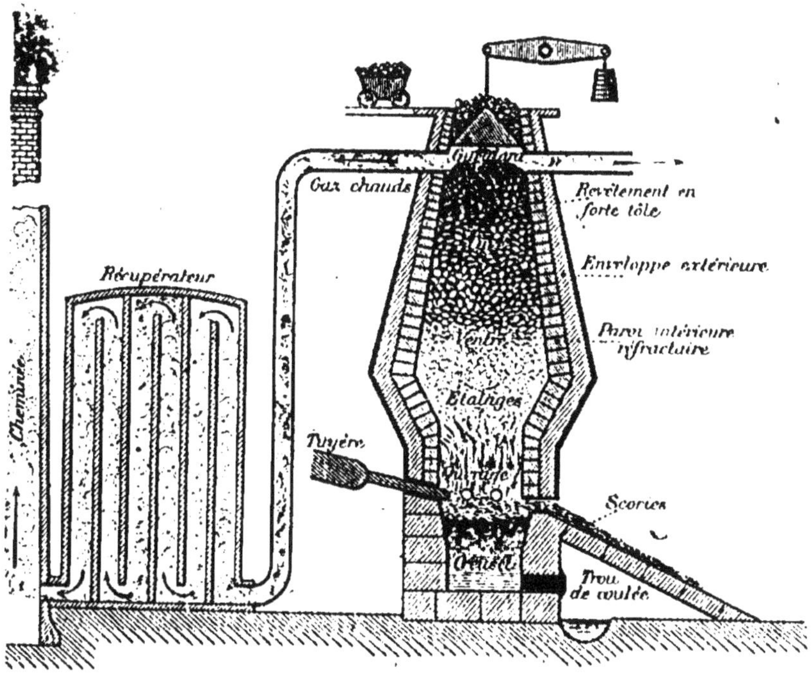


Fig. 101. — Haut fourneau.

les oxydes. On ramène les pyrites à cet état, en les grillant. Le soufre se dégage sous la forme d'anhydride sulfureux.

On réduit, c'est-à-dire on sépare l'oxygène du fer d'un minerai, au moyen de la combustion du charbon. Le charbon donne naissance à de l'oxyde de carbone. Celui-ci s'empare de l'oxygène du minerai. La réduction du minerai se fait dans un vaste appareil en briques réfractaires appelé *haut fourneau* (fig. 101). Il a de 15 à 20 mètres de hauteur et de 5 à 10 mètres de largeur. La partie inférieure est le *creuset* où tombe le métal fondu, au bas du creuset est le trou de coulée du métal. Au-dessus du creuset se trouve l'*ouvrage*, espace où débouchent : 1° les *tuyères* par lesquelles souffle un vent violent, lancé par des *machines soufflantes*; 2° l'ouverture de rejet des scories, qui descendent sur une plaque inclinée. La partie supérieure de l'appareil se compose des *étalages*, du *ventre* et de la *cuve*, dans lesquelles on verse par l'ouverture appelée *gueulard*, des couches alternatives de coke, de minerai et de *castine*. La castine est un calcaire commun qui se combine avec les éléments de la gangue du minerai, et aide le tout à fondre. A cette combinaison se mêlent les cendres du charbon. L'ensemble forme le *laitier*, scories, qui, plus légères que le métal, surnagent et s'écoulent sur la plaque inclinée.

On enflamme le coke placé dans le creuset et on lance le vent par les *tuyères*. Il active et entretient la combustion.

Au voisinage des tuyères, l'oxygène arrivant en excès, il se forme du gaz carbonique :

$$C \quad + \quad O^2 \quad = \quad CO^2$$

carbone  oxygène  gaz carbonique

Mais un peu au-dessus, le gaz carbonique passant sur le charbon incandescent se transforme en oxyde de carbone :

$$CO^2 \quad + \quad C \quad = \quad 2CO$$

gaz carbonique  carbone  oxyde de carbone

Plus haut encore, l'oxyde de carbone réagit sur l'oxyde ferrique en donnant du gaz carbonique et du fer ou plutôt de la fonte, car le fer se combine au carbone du gaz carbonique :

$$Fe^2O^3 \quad + \quad 3CO \quad = \quad Fe^2 \quad + \quad 3CO^2$$

oxyde ferrique  oxyde de carbone  fer  gaz carbonique

Le gaz carbonique ainsi formé, se trouvant encore en présence de charbon incandescent, se transforme de nouveau en oxyde de carbone, et enfin les gaz chauds (ils ont une température d'environ 400°) s'échappent à droite et à gauche du gueulard, par deux conduits qui les conduisent aux *récupérateurs*. Là, trouvant de l'air, ces gaz combustibles, oxyde de carbone et hydrogène, sont enflammés. Les récupérateurs sont simplement des chambres closes garnies d'un empilage en brique. En brûlant à travers ces empilages, les gaz échauffent fortement les briques.

De cette manière le haut fourneau reçoit toujours de l'air chaud. Il en résulte une économie de combustible d'au moins 20 0/0.

Une partie des gaz chauds combustibles est brûlée aussi dans les moteurs, qui actionnent les machines soufflantes.

A mesure que la première couche de coke se consume, le minerai et la castine au-dessus fondent et la masse descend. On les remplace par des apports nouveaux au gueulard. Le haut fourneau n'est plus éteint : il fonctionne jour et nuit pendant plusieurs semaines. La température près des tuyères est environ de 2.000 degrés.

On fait écouler le métal fondu par le trou de coulée, que l'on rebouche avec un tampon d'argile. La fonte est conduite soit dans des moules pour la confection (lorsque c'est de la fonte grise) d'objets grossiers, tuyaux, colonnes, etc.; soit dans des rigoles creusées dans du sable, où elle se solidifie en *gueuses;* qui seront refondues.

Un haut fourneau donne environ 500.000 kilos de fonte par 24 heures.

**252. — Fonte.** — Le métal en se combinant au carbone devient fusible. On lui donne le nom de *fonte*. La fonte est cassante; elle n'est ni malléable, ni ductile.

Il y a deux sortes de fonte : la *fonte grise* et la *fonte blanche*. La fonte grise, refroidie lentement, contient du graphite disséminé dans la masse et cristallisé à la surface; la fonte blanche est celle dans laquelle, par suite du refroidissement rapide, le carbone dissous n'a pu se séparer du fer. Les fontes blanches servent à la fabrication du fer et de l'acier. Les fontes grises sont employées à la fabrication des objets grossiers moulés, tels que les poêles, les tuyaux, etc. On prend dans du sable fin tassé dans deux châssis, l'empreinte des deux moitiés d'un moule en bois de l'objet à reproduire. On rapproche ensuite les châssis et l'on coule la fonte dans le vide resté. On a soin, bien entendu, de disposer un noyau à l'intérieur lorsqu'on veut obtenir un objet creux.

On peut transformer la fonte grise en fonte blanche en la fondant et en la refroidissant brusquement au moyen de la *trempe* dans l'eau froide. Au contraire, la fonte blanche fondue et refroidie lentement, se transforme en fonte grise.

**253. — Fer.** — Le fer est de la fonte dont on a éliminé le carbone dissous ou combiné. C'est le plus important de tous les métaux. Il a l'inconvénient de s'oxyder assez vite à l'air humide; on préserve le fer de la *rouille* en le recouvrant de *minium,* en l'*étamant* ou en le *galvanisant.* Le fer étamé prend le nom de *fer-blanc;* c'est du fer qui a été trempé dans un bain d'étain. Galvaniser le fer, c'est le plonger dans un bain de zinc fondu.

Le fer est le plus ductile, le plus malléable et le plus tenace des métaux. Il faut une charge de 30 kilogrammes pour rompre un fil dont la section est de $1^{mm2}$ de diamètre. Le fer se soude à lui-même.

Le fer est *magnétique,* c'est-à-dire qu'il est attiré par l'aimant. Sa densité est 7,86. Il fond à 1.600°. Lorsqu'il est chauffé au rouge, les gaz le traversent facilement. C'est pourquoi il est dangereux de chauffer au rouge les poêles de fonte dans une salle close. L'air sec n'altère pas le fer, mais l'air humide l'oxyde. Il est attaqué par les acides à froid. L'acide azotique fumant l'attaque, mais le rend **passif,** c'est-à-dire que presque aussitôt l'attaque cesse et le métal n'est plus attaqué par l'acide étendu, qui l'eût attaqué facilement avant son passage dans l'acide fumant.

Tous les métalloïdes, sauf l'azote, se combinent avec le fer. Le fer ne forme point d'alliages avec les autres métaux, du moins difficilement. Il ne s'amalgame pas avec le mercure. Il est attaqué par beaucoup d'acides.

**254. — Acier.** — L'acier est un métal intermédiaire entre le fer et la fonte. En effet, le fer ne contient point de carbone, la fonte en contient beaucoup, tandis que l'acier en contient environ de 5 à 15 millièmes.

L'acier a les propriétés du fer : il est ductile, malléable; il a une grande ténacité et il se soude à lui-même. Ce qui le différencie du fer, c'est la propriété qu'il acquiert lorsqu'à sa sortie du brasier, encore rouge, on le plonge dans l'eau froide; il devient aussitôt élastique, très résistant, très dur, mais cassant. Cette opération s'appelle la *trempe.* En le « recuisant » au four, sa fragilité disparaît; il redevient dur et résistant.

**255. — Transformation de la fonte en fer ou en acier.** — On transforme la fonte en fer ou en acier par l'*affinage,* auquel on procède dans un *four à puddler* (mot anglais qui signifie façonner par martelage).

La sole C du four (fig. 102) est en fonte creuse; elle est séparée du foyer A par une petite élévation B appelée *pont*, également en fonte creuse. Dans la sole et dans le pont circule constamment de l'eau froide ou de l'air froid, pour les préserver de la fusion.

Des morceaux de fonte sont placés dans le four avec des *battitures* de fer (oxyde séparé du fer rouge battu au marteau). Lorsque la fonte est en fusion, l'ou-

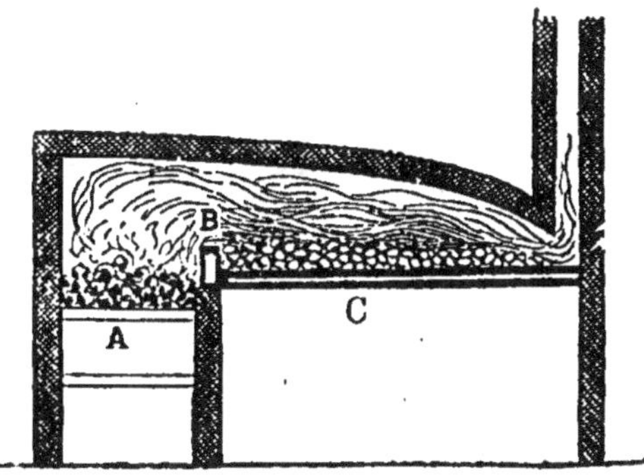

Fig. 102. — Four à puddler.

vrier puddleur la brasse à l'aide d'une tige de fer. Des bulles d'oxyde de carbone, dues à la combinaison de l'oxygène des battitures et du carbone de la fonte, font bouillonner la masse et viennent brûler à la surface. La fonte perd ainsi son carbone : elle se transforme en fer ou en acier, selon la quantité de carbone qu'on lui laisse.

Lorsque la masse métallique est à point, elle est pâteuse. On la divise

Fig. 103. — Laminoir.

alors en *loupes* que l'on soumet au *corroyage*. C'est un martelage, un écrasement violent dans tous les sens, pratiqué avec un énorme marteau-pilon. Les impuretés restées dans le métal jaillissent en étincelles. La masse est ensuite étirée en barres dans un laminoir (fig. 103 et 104) où les cylindres rapprochés produisent un amincissement. Après chaque passage de la barre on rapproche un peu plus les cylindres pour obtenir un nouvel amincissement, et on recommence jusqu'au point

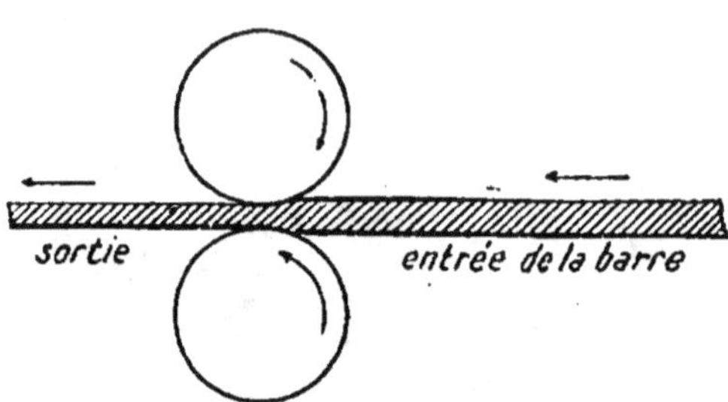



Fig. 104. Fonctionnement du laminoir.

convenable. Les barres sont coupées, remises au four et corroyées une seconde fois. Un nouveau laminage en barres est effectué.

**256. — Acier de cémentation.** — La cémentation est une opération qui a pour but de carburer du fer, c'est-à-dire de lui restituer une certaine quantité de carbone pour le transformer en acier. La cémentation se fait dans des caisses en briques hermétiquement closes, dans lesquelles on a enfermé, par couches alternatives, des barres de fer et du charbon de bois en poudre, de la suie et des cendres. Ces caisses sont chauffées au rouge jour et nuit, pendant environ une semaine, puis on laisse refroidir. Une portion du carbone s'est combinée au fer dans ses parties extérieures. Pour donner de l'homogénéité à l'acier ainsi préparé, on fond les barres, on coule le métal et les lingots sont ensuite martelés et laminés.

**257. — Acier Bessemer.** — La préparation de l'acier au moyen du *convertisseur Besse-mer* est plus rapide et plus économique. Le convertisseur est une énorme cornue

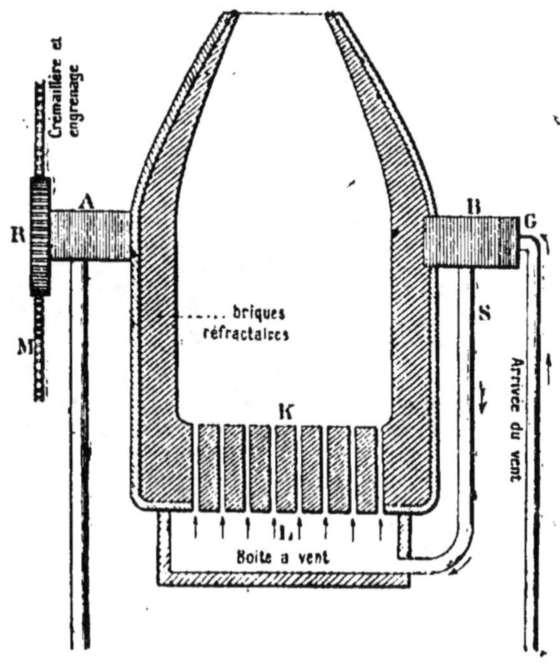



Fig. 105. — Cornue Bessemer.

en tôle (fig. 105), doublée à l'intérieur d'un revêtement en briques réfractaires. Elle est posée sur deux tourillons AB, fixés à sa ceinture. Par le tourillon B, creux, on fait arriver le vent d'une machine soufflante. Il se rend par le tube S à la boîte à vent L, à la base de l'appareil, d'où il est lancé dans la cornue par les orifices K. Au tourillon A est fixée une roue dentée R engrenée dans une crémaillère M. Au moyen de ce dispositif, on peut faire basculer la cornue pour l'emplir et pour la vider.

On élève à une haute température l'intérieur de la cornue en y brûlant du coke; on y verse ensuite de la fonte en fusion qui vient du haut fourneau. On donne le vent, la fonte bouillonne : des étincelles produites par des impuretés de la fonte jaillissent. Des flammes dues à la combustion du carbone apparaissent, puis une fumée noirâtre se produit. C'est la fin de l'opération : tout le carbone est brûlé.

On a ainsi du fer, car on ne peut pas arrêter la décarburation au point précis où la proportion du carbone dans le métal constitue l'acier.

On recarbure alors la masse pour en faire de l'acier, en y jetant, en quantités déterminées, des morceaux de fontes spéciales appelées *spiegel* et *ferro-manganèse*. On obtient d'un coup avec cet appareil 15.000 kilog. d'acier.

Lorsque le minerai contient du phosphore qui rend l'acier cassant, on emploie des cornues dont le revêtement est confectionné avec des briques de *dolomie*. C'est un carbonate double de magnésium et de calcium. D'autre part, on projette dans la masse, de temps en temps, un peu de chaux vive. Le phosphore s'unit à la chaux pour former du phosphate de calcium, qui est éliminé avec les scories. Ces scories constituent un engrais précieux pour l'agriculture. On leur donne le nom *de scories de déphosphoration*. Les cornues revêtues de dolomie sont dites *basiques;* celles qui sont revêtues de briques siliceuses sont dites *acides*.

**258. — Acier Martin.** — L'acier Martin est obtenu dans un four en briques réfractaires (fig. 106) aux dimensions considérables : environ 10 mètres de longueur sur 4 mètres de largeur. Il est chauffé au moyen d'un mélange de gaz et d'air enflammé alternativement à chacune de ses extrémités. Le gaz est fourni par un foyer placé au dehors, où se consume lentement de la houille.

On fait traverser tour à tour au gaz et à l'air le récupérateur de chaleur BC et le récupérateur DE. Ce sont des chambres remplies d'empilages de briques. L'air et les gaz se mélangent dans le conduit. On enflamme ce mélange à un orifice qui se trouve en M. La flamme s'allonge dans le four.

A l'autre extrémité du four, les deux chambres semblables sont traversées par les fumées et autres produits de la combustion. Par conséquent, les empilages s'échauffent. Lorsqu'ils sont portés à une température suffisante, on renverse le courant de gaz et d'air : on le fait arriver par les chambres opposées. Il s'échauffe alors sur les empilages. On alterne ainsi constamment. On a de cette manière des gaz très chauds lorsqu'ils arrivent au four, et capables de fournir par la combustion une température très élevée.

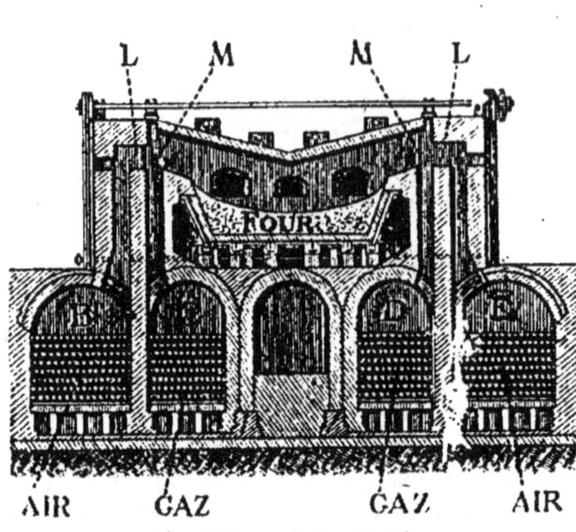

Fig. 106. -- Four Martin.

L'acier est obtenu dans cet appareil, en y fondant ensemble des quantités déterminées de fonte et de fer. On produit jusqu'à 40.000 kilog. à la fois.

L'acier Bessemer et l'acier Martin sont employés pour la confection des poutrelles, des essieux de voiture, des rails de chemin de fer, etc., car ils n'ont pas les qualités de l'acier de cémentation. C'est avec celui-ci que l'on fait les outils.

On emploie un four Martin revêtu de briques de dolomie, lorsqu'on a à traiter des minerais phosphorés, comme on fait dans la cornue Bessemer.

**259. — Propriétés physiques du fer**. — Le fer pur est appelé *fer doux*. C'est un métal blanc grisâtre, ductile, malléable, très tenace. Sa densité est 7,8. Il fond vers 1.500°. Il se soude à lui-même.

**260. — Propriétés chimiques du fer.** — Le fer s'unit directement avec tous les métalloïdes, sauf l'azote. De la tournure de fer chauffée, introduite dans un flacon de chlore, y devient incandescente; il se forme un chlorure ferrique $FeCl^3$. A la température ordinaire le fer est inaltérable dans l'air sec; il s'oxyde à l'air humide en donnant du sesquioxyde de fer hydraté $2Fe^2O^3, 3H^2O$. Lorsqu'il est porté au rouge, le fer se transforme en oxyde magnétique $Fe^3O^4$. Les lamelles qui se détachent du fer que l'on forge sur l'enclume, appelées *battitures,* sont des fragments d'oxyde magnétique.

Lorsqu'il est chauffé avec du soufre, il se produit un sulfure de fer FeS.

Le fer ne s'amalgame pas : on peut alors conserver le mercure dans des récipients en fer. Il s'étame lorsqu'il est trempé dans un bain d'étain fondu; il est ainsi préservé de la rouille.

La vapeur d'eau est décomposée par le fer porté au rouge. C'est un des moyens de préparation de l'hydrogène.

Le fer est attaqué par la plupart des acides.

**261. — Sulfate ferreux.** — Le sulfate ferreux, $SO^4Fe + 7\,H^2O$, appelé encore *couperose verte* ou *vitriol vert*, est obtenu généralement en traitant à chaud des déchets de fer (ferraille), par l'acide sulfurique impur étendu d'eau; celui qui a servi par exemple à l'épuration des huiles. Le fer se dissout. On concentre la dissolution jusqu'à ce que les cristaux de sulfate ferreux se déposent par refroidissement.

Le sulfate ferreux est un corps solide, cristallisé, de couleur vert clair. Il a une saveur astringente. C'est un antiseptique. Il entre dans la préparation des couleurs noires; il est l'élément principal de l'encre ordinaire.

Chauffé vers 300°, le sulfate ferreux perd son eau; il devient blanc. La calcination de ce sel anhydre donne un dégagement de gaz sulfureux mélangé d'anhydride sulfurique : il reste du sesquioxyde de fer, $Fe^2O^3$ appelé *colcothar* dont on se sert pour polir les glaces et les métaux.

**262. — Chlorure ferrique.** — Le chlorure ferrique, $Fe^2Cl^6$, est obtenu en faisant passer un courant de chlore sur de la limaille de fer portée au rouge. Il se présente sous la forme de tablettes brillantes, de couleur rouge foncé. La dissolution aqueuse de chlorure ferrique a la propriété de coaguler l'albumine du sang. Aussi est-il employé en médecine pour arrêter les hémorragies.

# Manganèse

## Mn

**Divalent.**
**Atome-gramme : 55 gr.**

**265. — Généralités.** — Le manganèse est un métal qui n'existe pas à l'état de liberté. Il est gris d'acier, très cassant et très dur. Vers 25° il devient magnétique. Le manganèse décompose l'eau à 100°. On obtient le manganèse en transformant par la chaleur le bioxyde $MnO^2$ en sesquioxyde $Mn^2O^3$ et en réduisant ensuite celui-ci en présence de charbon très pur, dans un creuset en terre réfractaire.

Le manganèse peut s'allier à divers métaux. Le seul alliage important est celui qu'il forme avec le fer, qu'on appelle *ferromanganèse*. Il est employé dans la fabrication des aciers doux, pour réduire l'oxyde de fer magnétique, ce que le charbon n'a pu faire. L'oxyde de fer magnétique, qui rendrait l'acier cassant, est transformé en protoxyde :

$$Fe^3O^4 \quad + \quad Mn \quad = \quad 3\,FeO \quad + \quad MnO$$

<table>
<tr><td>oxyde de fer<br>magnétique</td><td>manganèse</td><td>protoxyde<br>de fer</td><td>protoxyde<br>de manganèse</td></tr>
</table>

Les deux protoxydes de fer et de manganèse ne se dissolvant pas dans l'acier sont rejetés avec les scories.

Le bioxyde de manganèse $MnO^2$ est employé quelquefois à la préparation de l'oxygène. On le chauffe dans une cornue : il se transforme en oxyde salin (oxyde analogue à l'oxyde magnétique de fer) et de l'oxygène se dégage :

$$3\,MnO^2 \quad = \quad O^2 \quad + \quad Mn^3O^4$$

<table>
<tr><td>bioxyde<br>de manganèse</td><td>oxygène</td><td>oxyde salin<br>de manganèse</td></tr>
</table>

Le permanganate de potassium $MnO^4K$, sel de l'acide permanganique $MnO^4H$, mis en contact avec de l'eau dont la pureté est douteuse, montre si l'eau contient des matières organiques. Il les détruit. Le permanganate de calcium agit de même. L'eau traitée devient rosée. Le permanganate est décomposé ; c'est l'acide permanganique mis en liberté qui détruit les matières organiques. L'excès de permanganate disparaît lorsqu'on ajoute à l'eau une matière organique utilisée pour la boisson : vin, bière, etc.

# Chrome

## Cr

**Divalent.**
**Atome-gramme : 52 gr. 5.**

**264. — Généralités.** — Le chrome est un métal qui n'existe pas à l'état de liberté. Il est grisâtre, très dur, capable de rayer le verre. Sa densité est 6,92. Son point-de fusion est très élevé. Il est inoxydable à la température ordinaire.

On obtient le chrome en réduisant l'oxyde de chrome par le charbon, dans un creuset en chaux. Incorporé à l'acier, il donne à ce métal une grande dureté.

Le bichromate de potassium $Cr^2O^7K^2$ est employé comme dépolarisant dans la pile Grenet.

L'hydrate de chrome $Cr^2O(OH)^4$ d'un beau vert, appelé *vert Guignet*, est employé dans l'impression des tissus et des papiers peints.

Le chromate de plomb $CrO^4Pb$ donne le *jaune de chrome* employé en peinture.

# Nickel

## Ni

**Divalent.**
**Atome-gramme : 59 gr.**

**265. — Généralités.** — Le nickel n'existe pas à l'état de liberté. On le trouve sous forme de minerais : arséniures, arséniosulfures ou silicates hydratés.

Si le minerai renferme beaucoup de nickel et peu de matières étrangères, un grillage le transforme en oxyde, et celui-ci est réduit par le charbon, mais il faut encore éliminer l'arsenic qu'il peut contenir. En le chauffant avec du soufre, il se forme du sulfure d'arsenic volatil, et un peu de sulfate de nickel qui se décompose à une chaleur élevée.

Le nickel est un métal blanc grisâtre, très dur. Sa densité est 9. Il n'est pas attaqué à la température ordinaire par l'air, même humide; c'est pourquoi on recouvre d'une couche de nickel, par la galvanoplastie, certains objets en fer. Le nickel s'oxyde à une température élevée. Il est attaqué par les acides chlorhydrique et sulfurique. L'acide azotique l'attaque, mais le rend aussitôt passif, comme le fer.

Le nickel entre dans la composition du *maillechort* : alliage de nickel, de zinc et de cuivre. Il est employé dans la confection de certains instruments de chirurgie et de divers ustensiles de ménage. On l'incorpore aussi à l'acier pour donner à celui-ci plus de dureté.

---

## QUINZIÈME LEÇON

### ALUMINIUM — ALUMINE — ALUNS — ARGILES
### PORCELAINE, FAIENCES

# Aluminium

## Al

**Divalent.**
**Atome-gramme : 27 gr.**

**266. — État naturel de l'aluminium.** — L'aluminium n'existe pas à l'état de liberté, mais à l'état de composés assez nombreux. Ce sont la *cryolithe*, fluorure double d'aluminium et de sodium; la *bauxite*, oxyde d'aluminium hydraté; le *kaolin* ou argile pure, silicate d'aluminium hydraté; le *feldspath*, silicate double d'aluminium et de potassium ou de sodium, entrant dans la composition du granit; le *mica*, qui est aussi un silicate double d'aluminium et d'un alcali, contenant des oxydes de fer ou de magnésium, et entrant également dans la composition du granit.

**267. — Préparation de l'aluminium.** — On le prépare par l'électrolyse de la *cryolithe* (fig. 107). La cryolithe est un fluorure double d'aluminium et de sodium. On ajoute du chlorure de sodium et un peu d'alumine. Ce dernier produit retient le fluor. Les électrodes sont en charbon.

**268. — Propriétés physiques de l'aluminium. —**

L'aluminium est un métal blanc dont la couleur rappelle celle de l'argent. Il est sonore, malléable, ductile et tenace. Sa densité est 2,6. Il fond à 600°. C'est le plus léger de tous les métaux. Lorsqu'il est pur, l'aluminium conduit bien l'électricité; c'est un bon conducteur de la chaleur.

**269. — Propriétés chimiques de l'aluminium.** — L'aluminium est inaltérable à l'air, mais si on allume un mélange d'aluminium et d'un corps oxydant, le métal brûle avec une vive incandescence; il se forme un sesquioxyde d'aluminium $Al^2O^3$. L'aluminium

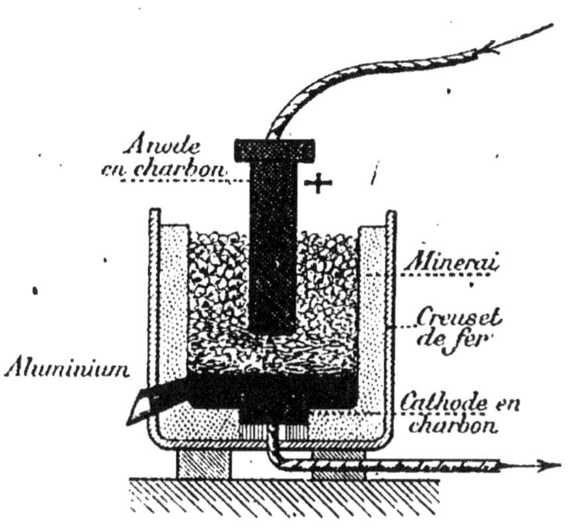



Fig. 107. — Préparation de l'aluminium.

ne décompose l'eau qu'à une température élevée. Il est inattaquable à froid par les acides sulfurique et azotique, mais il est attaqué par l'acide chlorhydrique et par les solutions de soude et de potasse.

Chauffé en présence du chlore, l'aluminium donne un chlorure d'aluminium $AlCl^3$.

L'aluminium est employé dans l'industrie comme réducteur des oxydes métalliques. On fabrique ainsi à l'état presque pur le manganèse, le chrome et un autre métal, le tungstène Tu, incorporé à l'acier pour lui donner de la dureté.

**270. — Usages de l'aluminium.** — L'aluminium est aujourd'hui d'un emploi considérable dans l'industrie. Non seulement tous les objets qui doivent être légers : montures de lunettes, pièces de moteurs électriques, etc., sont en aluminium, mais on en fait des ustensiles de cuisine (les sels d'aluminium qui peuvent se former ne sont pas vénéneux), des couverts de table, des pièces de carrosserie, des enveloppes de ballons dirigeables, etc.

L'aluminium entre dans quelques alliages dont le plus important est le bronze d'aluminium : 90 parties de cuivre et 10 parties d'aluminium.

# Alumine

$Al^2O^3$

**Molécule-gramme : 102 gr.**

**271. — État naturel de l'alumine.** — L'alumine est un sesquioxyde d'aluminium. On trouve différents minerais d'alumine dans le sol. Lorsque le minerai d'alumine est pur on lui donne le nom de *corindon*; il est incolore et cristallisé en un rhomboèdre aigu. Le corindon a la dureté du diamant, mais il est rayé par celui-ci.

Lorsque le minerai d'alumine est impur, c'est-à-dire qu'il contient un autre oxyde métallique, il est coloré.

Les principaux minerais d'alumine colorés par divers oxydes métalliques sont : le *rubis* coloré en rouge, le *saphir* en bleu, la *topaze* en jaune, l'*émeraude* en vert.

L'émeri employé pour le polissage du verre, est une variété d'alumine qui contient de l'oxyde de fer et de la silice. Il est ordinairement noirâtre.

Le principal minerai d'aluminium est enfin la *bauxite*. C'est un mélange d'hydrate d'alumine et de sesquioxyde de fer. La bauxite est amorphe, terreuse, blanchâtre.

**272. — Préparation de l'alumine.** — On prépare l'alumine anhydre en calcinant la bauxite en présence de carbonate de sodium.

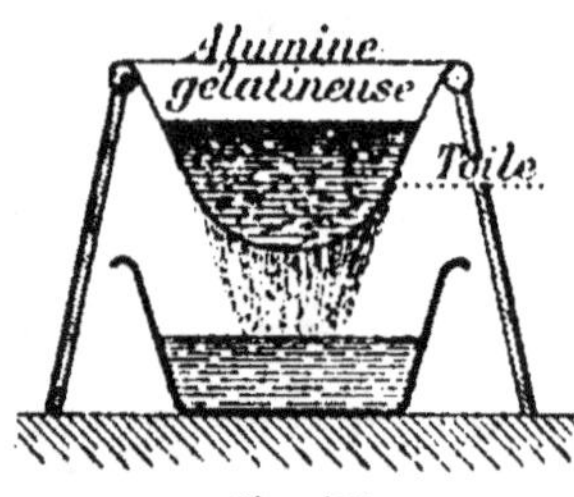

Fig. 108.

Il se forme un aluminate de sodium que l'on dissout en traitant la masse par l'eau; le sesquioxyde de fer se précipite. On fait passer ensuite un courant de gaz carbonique qui, se combinant avec le sodium, reforme du carbonate de sodium. Il reste un précipité d'alumine que l'on calcine de nouveau et l'on obtient l'alumine anhydre.

L'alumine hydratée, dite *alumine gélatineuse,* est préparée de la manière suivante : on verse de l'ammoniaque dans une dissolution de sulfate d'aluminium. Il en résulte un précipité blanchâtre, qui est de l'alumine gélatineuse. On le filtre sur une toile (fig. 108) et on lave ensuite à l'eau bouillante. L'alumine gélatineuse ou hydratée obtenue ainsi a pour formule $Al(OH)^3$. On peut remplacer dans cette préparation l'ammoniaque par le carbonate de sodium. On obtient dans ce cas un dépôt d'alumine hydratée et du sulfate de sodium; il se dégage du gaz carbonique.

**273. — Propriétés de l'alumine.** — L'alumine pure anhydre se présente sous la forme d'une poudre blanche, sans odeur et sans saveur. Elle est insoluble dans l'eau, difficilement soluble dans les acides et les alcalis lorsqu'elle est anhydre; elle y devient soluble à l'état hydraté. On ne peut fondre l'alumine qu'au chalumeau à gaz oxygène et hydrogène, qui donne une température de 2.000°.

L'alumine n'est pas décomposée par la chaleur. Elle est irréductible. L'alumine gélatineuse constitue l'un des meilleurs mordants; c'est-à-dire qu'elle fixe énergiquement les matières colorantes employées dans la coloration des tissus. Le tissu est trempé dans un bain d'alumine gélatineuse avant d'être soumis à la teinture. Délayons par exemple de l'alumine gélatineuse dans une dissolution de cochenille et chauffons : l'alumine se sépare en entraînant la couleur rouge de la cochenille qu'elle a fixée. On filtre (fig. 109) : la liqueur décolorée passe : il reste sur le filtre un précipité d'un beau rouge. On donne à ce précipité, qui est un composé insoluble, le nom de *laque*.

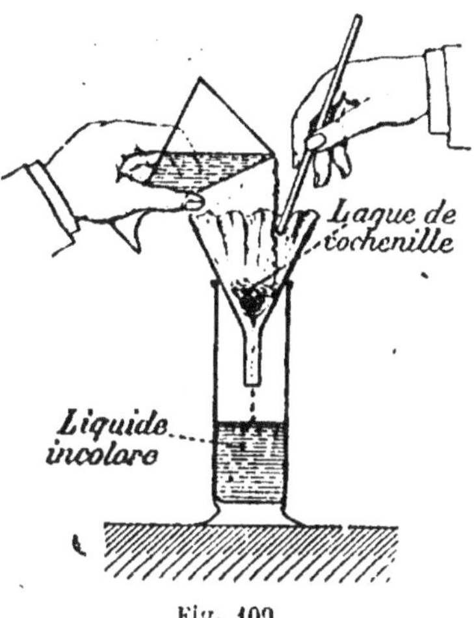


Fig. 109.

**274. — Sulfate d'aluminium.** — Le sulfate d'aluminium est préparé dans l'industrie, en chauffant un mélange de silicate d'aluminium (argile pure) et d'acide sulfurique. Il se forme du sulfate d'aluminium et de la silice :

$$(SiO^3)^3Al^2 \; + \; 3\,SO^4H^2 \; = \; (SO^4)^3Al^2 \; + \; 3\,SiO^2 \; + \; 3\,H^2O$$

silicate d'aluminium — acide sulfurique — sulfate d'aluminium — silice — eau

On prépare ainsi le sulfate d'aluminium en traitant la bauxite par l'acide sulfurique.

Le sulfate d'aluminium est un corps solide blanc, de saveur astringente, soluble dans l'eau. Il est décomposé par la chaleur, en donnant de l'alumine. Il est employé à la préparation de *l'alun*; il sert encore à l'encollage des papiers.

# Aluns

**275. — Qu'est-ce qu'un alun?** — L'alun ordinaire est un sulfate double d'aluminium et de potassium qui répond à la formule

$$(SO^4)^3Al^2 + SO^4K^2 + 24\,H^2O.$$

C'est le type d'un groupe de corps analogues, où l'aluminium est remplacé par un autre métal qui donne un sesquioxyde, comme le chrome, le fer, etc.; et le potassium par un autre métal alcalin tel que l'ammonium, etc.

| | | |
|---|---|---|
| alun ammoniacal | $(SO^4)^3Al^2 +$ | $SO^4(AzH^4)^2 + 24\,H^2O$ |
| alun de fer | $(SO^4)^3Fe^2 +$ | $SO^4K^2 + 24\,H^2O$ |
| alun de chrome | $(SO^4)^3Cr^2 +$ | $SO^4K^2 + 24\,H^2O$ |

Les aluns sont isomorphes, c'est-à-dire qu'ils peuvent exister en

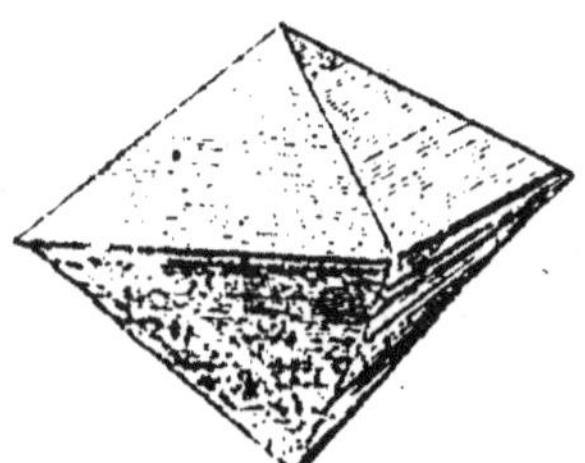

Fig. 110. — Alun cristallisé en octaèdres.

Fig. 111. — Alun.

toutes proportions avec un même cristal.

Ils contiennent tous chacun 24 molécules d'eau et cristallisent en octaèdres réguliers (fig. 110 et 111). L'alun ordinaire est transparent; l'alun de fer est rosé; l'alun de chrome est violacé.

**276. — Préparation de l'alun ordinaire.** — On prépare

l'alun en faisant évaporer un mélange de solutions chaudes et concentrées de sulfate d'aluminium et de sulfate de potassium. On laisse refroidir et l'alun beaucoup moins soluble à froid qu'à chaud se dépose.

On obtient aussi de l'alun en calcinant l'*alunite*, minerai que l'on trouve en Italie aux environs de Rome. C'est un sulfate double de potassium et d'aluminium impur. Après avoir été calcinée, l'alunite est traitée par l'eau bouillante qui détache l'alun soluble et laisse à part l'alumine insoluble. L'eau qui a dissous l'alun donne en refroidissant des cristaux cubiques qu'on appelle *alun de Rome*.

**277. — Propriétés de l'alun.** — L'alun est incolore, astringent, beaucoup plus soluble à chaud qu'à froid dans l'eau. Lorsqu'il est chauffé vers 92°, il fond dans son eau de cristallisation. Au rouge sombre il perd son eau, devient par conséquent anhydre; il se présente dans ce cas sous la forme pulvérulente; c'est celui qu'on emploie en médecine comme caustique sous le nom d'*alun calciné*. Chauffé à une température plus élevée, l'alun se décompose en un mélange d'alumine et de sulfate de potassium.

# Argiles

**278. — Généralités.** — Les argiles sont des silicates d'aluminium hydratés, mélangés avec des matières étrangères en plus ou moins grandes quantités. Elles forment une partie importante du sol. Toutes les argiles sont amorphes, tendres, onctueuses au toucher. Leur couleur est variable : pures, elles sont blanches et prennent le nom de *Kaolin;* l'oxyde de fer les rend jaunes ou rouges.

Les argiles paraissent résulter de la désagrégation des roches feldspathiques telles que les granits, les gneiss, les porphyres, les pegmatites.

Le feldspath est une silicate double d'aluminium et de potassium ou d'aluminium et de sodium ou encore d'aluminium et de calcium. Sous la lente influence des pluies, le silicate alcalin se dissout et est entraîné; il reste le silicate d'aluminium, qui est de l'argile.

**Argile pure.** — L'argile pure ou kaolin est solide, friable, insoluble dans l'eau avec laquelle elle forme une pâte plastique qui sert à fabriquer la porcelaine. En raison de sa pureté, elle est infusible et inattaquable par les acides.

**Argile plastique.** — L'argile plastique est du kaolin altéré. Elle est blanche, grise, jaune ou rouge. Elle papile fortement la langue. Elle forme avec l'eau une pâte qui éprouve un retrait à la cuisson. Elle est plus ou moins attaquable par les acides parce qu'elle contient de l'oxyde de fer et de la chaux. Elle est infusible mais ramollie par un feu violent.

**Argile smectique.** — L'argile smectique, ou **terre à foulon**, se délaye mal dans l'eau. Elle a la propriété d'absorber les corps gras. Aussi on s'en est servi pendant longtemps pour dégraisser les tissus en fabrication. Elle est plus ou moins fusible.

**Marnes.** — Les marnes sont des mélanges d'argile et de calcaire; elles sont employées en agriculture comme amendement calcaire.

**Ocres.** — L'ocre jaune est un mélange d'argile et d'oxyde de fer hydraté.

L'ocre rouge est un mélange d'argile et de sesquioxyde de fer anhydre.

## PORCELAINES, FAÏENCES

**270.** — **Généralités.** — La porcelaine est du kaolin broyé avec de la *pegmatite*. La pegmatite est une roche composée de quartz et de feldspath. On incorpore de l'eau à la poudre pour en faire une pâte. A l'aide de moules, on fait prendre à la pâte la forme des objets que l'on veut fabriquer, et les pièces sont soumises à la cuisson, enfermées dans des caisses en terre réfractaire appelées *casettes*.

Pour faire une assiette, une portion de pâte est placée sur un moule dont la surface reproduit le fond de l'assiette; on enlève ensuite l'excès de pâte avec une lame à courbure sinueuse comme le fond de l'assiette.

Les vases sont généralement modelés sur un *tour à potier*. C'est un disque de bois horizontal, qu'une tige mobile relie à un même disque placé au-dessous. Sur celui-ci reposent les pieds de l'ouvrier qui est assis. Lorsqu'il fait tourner avec ses pieds ce disque, l'autre tourne également. Un bloc de pâte, placé sur le disque supérieur, suit par conséquent le mouvement circulaire. Par des pressions convenables des doigts, le vase est façonné; il prend une première forme appelée l'*ébauchage*. Il passe ensuite au *tournassage*. C'est une opération qui consiste à lui donner le relief voulu, au moyen d'instruments tranchants.

La pâte de porcelaine étant poreuse, on la recouvre d'un émail imperméable; cet émail a encore l'avantage de donner à l'objet du brillant, de la dureté et de la solidité. On prépare l'émail avec de la pegmatite finement broyée et délayée dans de l'eau. On lui donne le nom de *barbotine*. Les objets sont trempés dans la barbotine avant d'être portés au four. L'émail se vitrifie; il forme un enduit inattaquable.

On décore la porcelaine avec des oxydes métalliques. On mélange l'oxyde choisi avec des substances qui forment un émail en se vitrifiant, par exemple, de la silice, du borate de sodium et du minium. Le mélange est réduit en poudre et délayé dans de l'essence de térébenthine. La décoration se fait au pinceau ou avec une roulette qui répète le dessin.

Le bleu est obtenu avec l'oxyde de cobalt; le vert avec l'oxyde de chrome; le jaune avec l'oxyde de titane; le rouge avec l'oxyde rouge de fer; le violet avec le bioxyde de manganèse, etc.

La coloration se produit pendant la cuisson. La matière vitrifiée, par conséquent transparente, laisse voir les dessins qu'elle emprisonne.

Les faïences sont fabriquées avec des argiles ordinaires mélangées avec un peu de sable qui neutralise le retrait causé par la cuisson. L'argile qui ne contient point de sels de fer, appelée *terre de pipe,* donne une faïence blanche; lorsqu'elle est ferrugineuse, le produit devient à la cuisson rouge, jaune ou brun, selon le sel de fer qu'elle contient.

La faïence est extrêmement poreuse. Aussi on la recouvre d'un émail épais que le feu vitrifie. Si la faïence est blanche, on lui applique un émail transparent composé de carbonate de potassium, de quartz et de minium; si la faïence est colorée, on la revêt d'un émail opaque obtenu en ajoutant de l'oxyde d'étain au mélange.

---

SEIZIÈME LEÇON

BISMUTH —ÉTAIN —PLOMB

## Bismuth

**Bi**

Pentavalent.
Atome-gramme : 210 gr.

**280. — Généralités.** — Le bismuth est un métal blanchâtre, de structure cristalline, que l'on trouve dans la nature à l'état natif mélangé avec du quartz. On l'en sépare par calcination dans des tubes en fonte inclinés, le métal fond à 261° et s'écoule. La densité du bismuth est 9,85. On ne peut pas travailler le bismuth : un choc le pulvérise. Il entre dans la composition de certains alliages auxquels il communique une grande fusibilité. Ainsi l'alliage d'une partie de plomb, d'une partie d'étain et de deux parties de bismuth, connu sous le nom d'alliage de Darcet, fond à 93°.

Le bismuth est inaltérable à l'air à la température ordinaire, mais en contact avec de l'eau aérée il s'oxyde et se transforme en carbonate de bismuth. Il forme avec l'acide azotique dans lequel il se dissout, un azotate basique ou sous-azotate de bismuth, $BiAzO^3(OH)^2$, employé en médecine.

# Étain

## Sn

**Tétravalent.**
**Atome-gramme : 118 gr.**

**281. — État naturel de l'étain.** — L'étain n'existe pas à l'état de liberté. On ne le rencontre que sous la forme d'un minerai, la *cassitérite*, qui est un bioxyde d'étain $SnO^2$.

**282. — Métallurgie de l'étain.** — La métallurgie de l'étain consiste à préparer d'abord le minerai pour la réduction. La cassitérite est triée, broyée et lavée; puis est réduite par le charbon dans un fourneau haut et étroit dont le fond est garni d'une cuve avec tuyau d'écoulement. Le minerai, mélangé avec du charbon de bois, est empilé dans le fourneau. Une machine soufflante envoie le vent pour activer la combustion. L'étain fondu s'écoule dans la cuve et de là au dehors dans un bassin.

En présence du carbone, le bioxyde d'étain se décompose en étain et gaz carbonique qui se dégage :

$$C + SnO^2 = Sn + CO^2$$

carbone    bioxyde    étain    gaz
           d'étain            carbonique

Le métal obtenu n'est pas pur; il faut l'affiner. Pour cela, on le fond de nouveau sur la sole d'un four à réverbère : l'étain fond le premier et s'écoule. Il reste dans le four un alliage d'étain et d'autres métaux apportés par le minerai.

**283. — Propriétés physiques de l'étain.** — L'étain est

un métal blanc à léger reflet bleuâtre. C'est le plus fusible de tous les métaux usuels : il fond à 223°. Sa densité est 7,29. Il est malléable, mais très peu ductile; il n'a point de ténacité. La texture de l'étain est cristalline; aussi quand on le plie, il fait entendre un petit bruit qu'on appelle le *cri de l'étain;* ce bruit provient de la rupture des cristaux.

L'étain peut être réduit en feuilles extrêmement minces. Il reste mou et flexible; il ne s'écrouit pas.

**284. — Propriétés chimiques de l'étain.** — L'étain, à la température ordinaire, est inaltérable à l'air sec et humide, mais chauffé à sa température de fusion, il se recouvre d'une couche de matière grise qui est un mélange de protoxyde d'étain $SnO$ et de bioxyde $SnO^2$. Si les étameurs qui l'appellent *crasse de l'étain* chauffaient cette matière avec du charbon, ils réduiraient les oxydes et l'étain serait régénéré.

Au rouge seulement, l'étain décompose l'eau. L'eau, chauffée à 100° et contenant un alcali, est décomposée par l'étain. Si, à la place d'un alcali, l'eau contient un acide, elle n'est pas décomposée.

L'acide azotique et l'acide chlorhydrique attaquent l'étain. L'acide sulfurique concentré l'attaque très lentement à 150°.

**285. — Usages de l'étain.** — L'étain est employé en feuilles très minces pour envelopper certaines denrées alimentaires, comme le chocolat. Il fait partie de nombreux alliages parmi lesquels nous citerons le bronze : cuivre et étain dans des proportions qui varient avec l'usage auquel l'alliage est destiné. Le bronze des cloches renferme 78 parties de cuivre et 22 d'étain. Citons encore la *soudure des plombiers*, alliage de plomb et d'étain; le *métal anglais,* alliage d'étain et d'antimoine auquel on ajoute de petites quantités de cuivre et de zinc.

L'étain sert à obtenir le *fer blanc* qui est du fer étamé. La pièce de fer est décapée; c'est-à-dire lavée avec de l'acide chlorhydrique étendu qui enlève les lamelles d'oxyde formées, puis frottée avec du sable et brossée. Elle est ensuite plongée dans un bain d'étain fondu. L'étamage qui s'est produit à la surface du fer est à vrai dire un alliage de fer et d'étain. L'étamage protège le fer contre l'oxydation.

On étame le cuivre d'une manière analogue. On décape la pièce en la saupoudrant de chlorhydrate d'ammoniaque, en la chauffant ensuite et en la frottant avec un tampon d'étoupe. On verse ensuite l'étain fondu sur la surface décapée où on l'étale avec de l'étoupe,

Un sel d'étain, le bichlorure ou chlorure stanneux $SnCl^2$, appelé dans l'industrie *sel d'étain*, est employé dans l'impression des tissus pour ronger certaines couleurs obtenues avec le sesquioxyde de fer ou le bioxyde de manganèse.

Le tétrachlorure d'étain ou chlorure stannique $SnCl^4$ est employé en teinture comme mordant pour la fixation des couleurs sur un tissu.

Le bioxyde d'étain est employé sous le nom de *potée d'étain* à la confection des émaux et de quelques couleurs. On l'obtient par la calcination à l'air du métal ou de l'oxyde.

# Plomb

## Pb

**Divalent.**
**Atome-gramme : 207 gr.**

**286. — État naturel du plomb**. — Le plomb n'existe pas à l'état de liberté. On le trouve sous forme de minerais, dont le plus abondant est la *galène*, sulfure de plomb $PbS$; on rencontre quelquefois un autre minerai appelé *cérusite*, carbonate de plomb $CO^3Pb$.

**287. — Métallurgie du plomb**. — Comme la cérusite est rare, c'est presque toujours de la galène qu'on retire le plomb. Selon la qualité du minerai, le procédé d'extraction du métal diffère. Lorsque le minerai ne renferme point de quartz, on le grille au rouge sombre dans un four à réverbère, analogue au four à puddler. Il se forme d'abord de l'anhydride sulfureux et de l'oxyde de plomb :

$$PbS \;+\; 3O \;=\; SO^2 \;+\; PbO$$

sufure      oxygène      anhydride      oxyde<br>de plomb              sulfureux      de plomb

puis du sulfate de plomb :

$$PbS \;+\; 2O^2 \;=\; SO^4Pb$$

sulfure      oxygène      sulfate<br>de plomb              de plomb

On intercepte alors l'air et on élève la température. Aussitôt le sulfate et l'oxyde réagissent sur le sulfure non encore décomposé, et il se forme de l'anhydride sulfureux et du plomb :

$$SO^4Pb \;+\; 2PbO \;+\; 2PbS \;=\; 3SO^2 \;+\; 5Pb$$

sulfate      oxyde      sulfure      anhydride      plomb<br>plomb      de plomb      de plomb      sulfureux

Lorsque le minerai renferme du quartz, on le réduit en présence du fer, qui s'empare du soufre et met le plomb en liberté. Le minerai est mélangé avec des morceaux de fonte dans un four à cuve :

$$PbS + Fe = FeS + Pb$$

sulfure de plomb      Fer      sulfure de fer      plomb

**288.** — **Plomb argentifère. Coupellation.** — Le plus souvent, la galène contient un peu d'argent qu'on extrait par *coupellation*. La coupellation est fondée sur l'oxydation à l'air du plomb fondu. Il se produit un oxyde fusible, la litharge, que l'on fait écouler l'argent reste.

L'opération se fait dans un four à réverbère (fig. 112). La sole du four,

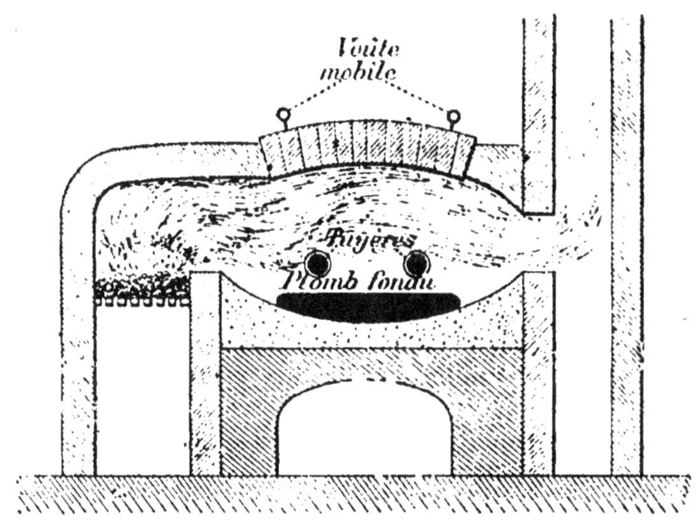


Fig. 112. — Coupellation du plomb argentifère.

faite d'argile et de calcaire, a la forme d'une calotte sphérique creuse, appelée coupelle. Le plomb fondu s'y rassemble. Par des tuyères qui débouchent au-dessus, on fait arriver un violent courant d'air. L'oxyde qui se forme est chassé à mesure par le vent ; il s'écoule par une rigole ménagée au bord de la coupelle opposé aux tuyères. Peu à peu la couche d'oxyde s'amincit et disparaît. Par la voûte mobile enlevée, à un moment qu'on appelle *l'éclair*, on voit la surface brillante de l'argent qui ne s'oxyde pas. On arrête alors le vent et on laisse refroidir l'argent que l'on recueille.

**289. — Propriétés physiques du plomb.** — Le plomb est un métal qui, fraîchement coupé, a un éclat très brillant. Il est malléable, un peu ductile, très peu tenace. Il est mou : on le raye avec l'ongle. Comme l'étain, on peut le laminer à froid sans qu'il s'écrouisse. Sa densité est 11,37. Il fond à 332°. Il conduit très mal l'électricité et la chaleur.

**290. — Propriétés chimiques du plomb.** — A la température ordinaire, le plomb s'oxyde lentement à l'air, mais si on élève sa température vers 200°, il s'oxyde rapidement.

L'eau distillée et privée d'air n'attaque pas le plomb. L'eau de pluie l'attaque rapidement parce qu'elle contient de l'air et du gaz carbonique dissous. L'eau de source ou de rivière qui contient des sulfates et des carbonates n'attaque pas le plomb : ces sels recouvrent le métal d'un enduit protecteur.

Le plomb est attaqué par le gaz acide chlorhydrique et sa solution concentrée. Mais il n'est pas attaqué par l'acide sulfurique étendu. Il se dissout dans l'acide azotique à froid : il se forme de l'azotate de plomb et il se dégage des vapeurs nitreuses.

**291. — Usages du plomb.** — Le plomb sert à la préparation du *minium* et de la *céruse*. On l'emploie pour fabriquer les tuyaux pour la conduite de l'eau et du gaz de l'éclairage; pour fabriquer le plomb de chasse, les balles. Il entre dans certains alliages, tels que la *soudure des plombiers*. Le métal des caractères d'imprimerie est un alliage de plomb et d'antimoine, avec une petite quantité d'étain et de cuivre.

**292. — Oxydes de plomb.** — Les oxydes de plomb sont :

| | | | |
|---|---|---|---|
| Le protoxyde | $PbO$ | appelé | *litharge;* |
| L'oxyde salin | $Pb^3O^4$ | » | *minium;* |
| Le bioxyde | $PbO^2$ | » | *oxyde puce.* |

Le protoxyde de plomb est obtenu en chauffant le plomb à l'air, à basse température. Sa surface se recouvre d'une couche jaunâtre appelée *massicot.*

Lorsqu'on élève la température, le massicot fond et il se solidifie en lamelles couleur orangé. C'est la litharge.

L'oxyde salin est obtenu en chauffant fortement à l'air le massicot. Cet oxyde se combine avec une nouvelle quantité d'oxygène et donne une matière rouge qui constitue le minium.

Le bioxyde de plomb est obtenu en traitant le minium par l'acide azotique étendu. Il se forme de l'azotate de plomb et un précipité brun de bioxyde.

La litharge est un corps solide à l'aspect de lamelles rougeâtres cristallisées. Elle sert à préparer l'acétate de plomb et par suite la céruse. Mélangée avec de l'huile de lin elle la rend siccative.

Le minium est un corps solide d'un beau rouge. Délayé avec de l'huile et étendu sur le fer il le protège contre la rouille. Il sert à fabriquer la cire à cacheter. Il entre dans la composition du cristal.

Le bioxyde de plomb est un oxydant énergique. Il a la propriété d'absorber l'anhydride sulfureux.

## 295. — Carbonate de plomb.

— Le carbonate de plomb $CO^3Pb$, existe sous forme de minerai qu'on appelle la *cérusite*. Le carbonate de plomb du commerce, nommé **céruse**, est préparé par des procédés différents. Après avoir obtenu de l'acétate de plomb en dissolvant de la litharge dans de l'acide acétique, on fait bouillir l'acétate avec un excès de litharge.

On obtient ainsi un acétate de plomb basique, que l'on traite par un courant de gaz carbonique. Le sel est décomposé et la céruse est précipitée.

On prépare encore la céruse par le procédé hollandais qui consiste à disposer sur une couche de fumier des pots de grès contenant du vinaigre

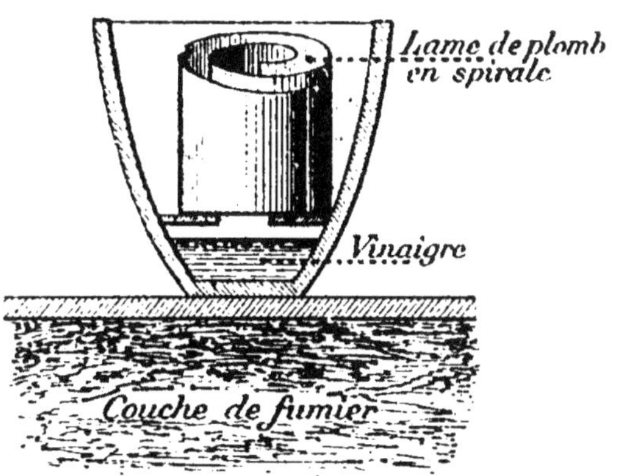


Fig. 113.

et au-dessus de ce liquide une spirale de plomb (fig. 113). Le vinaigre émet des vapeurs d'acide acétique qui, avec l'air ambiant, oxydent les lames de plomb. Le fumier qui fermente élève en même temps la température et active l'oxydation. Après deux ou trois mois, on déroule les lames de plomb et on en fait tomber la céruse qui s'est formée sur une assez forte épaisseur.

La céruse est un corps solide blanc, insoluble dans l'eau. Elle forme avec l'huile une peinture blanche, qui noircit en présence de l'acide sulfhydrique. C'est une matière vénéneuse.

**294. — Action physiologique du plomb et des sels de plomb. — Le plomb et tous les sels de plomb sont vénéneux.** Les effets de l'empoisonnement ne se font sentir que lentement, au bout d'un certain temps. L'ouvrier qui manie ces matières, travaille dans une atmosphère chargée de poussières plombiques qui l'exposent à de graves dangers. Il éprouve d'abord un amaigrissement, une décoloration de la peau et des coliques appelées *coliques de plomb* ou *saturnines*, souvent mortelles.

DIX-SEPTIÈME LEÇON

## CUIVRE — MERCURE

# Cuivre

## Cu

**Divalent.**
**Atome-gramme : 77 gr.**

**295. — État naturel du cuivre. —** On trouve du cuivre natif dans l'Amérique du Nord, mais on rencontre le plus généralement ce métal sous forme de minerais divers : la *cuprite*, oxyde de cuivre, $Cu^2O$, en Australie ; la *chalcosine*, sulfure de cuivre, $Cu^2S$, en Angleterre et en Russie ; la *chalkopyrite* ou *pyrite cuivreuse*, sulfure double de fer et de cuivre, $Cu^2S + F^2S^3$, en Allemagne et en Angleterre ; la *malachite*, hydrocarbonate de cuivre qui a un bel éclat vitreux vert. On l'appelle *azurite* lorsque l'éclat est bleu.

**296. — Métallurgie du cuivre. —** Le cuivre est extrait principalement de la chalkopyrite. La pyrite est soumise d'abord à un grillage partiel, qui fait disparaître une partie du soufre à l'état d'anhydride sulfureux, et transforme alors le minerai en un oxyde double de fer et de cuivre dans lequel il reste du sulfure.

Le minerai est ensuite fondu dans un four à réverbère en présence de charbon et de silice. Il se produit un silicate de fer qui est entraîné dans les scories. En même temps l'oxyde de cuivre est réduit par le charbon. Il reste alors un minerai de sulfure de cuivre, riche en métal, que l'on appelle *matte*.

La matte est maintenant soumise à une série de grillages et de fusions qui éliminent les derniers éléments étrangers et laissent du *cuivre noir* qui renferme encore quelques impuretés.

Le cuivre noir est enfin affiné. On le soumet pour cela à une légère oxydation, puis la masse mélangée de charbon est fondue. Le charbon commence la réduction; elle est achevée par les gaz dégagés de morceaux de bois vert qu'on jette dans le four. Le cuivre qui a changé de couleur est alors coulé en lingots.

## 297. — Propriétés physiques du cuivre. — Le cuivre est

un métal solide rouge, malléable, ductile et tenace. Il est très bon conducteur de la chaleur et de l'électricité. Il fond vers 1.050°. Il bout vers 2.000° et ses vapeurs brûlent avec une flamme verte. Sa densité est 8,92; elle augmente par le laminage qui rend le cuivre dur et élastique.

## 298. — Propriétés chimiques du cuivre. — Le cuivre est

inaltérable à l'air sec, mais chauffé au contact de l'air il s'oxyde : il se produit d'abord de l'oxyde cuivreux rouge $Cu^2O$ ou sous-oxyde; puis de l'oxyde cuivrique noir $CuO$ :

$$2Cu + O = Cu^2O$$
cuivre — oxygène — oxyde cuivreux

$$Cu^2O + O = 2CuO$$
oxyde cuivreux — oxygène — oxyde cuivrique

L'air humide attaque un peu le cuivre; il se forme à sa surface un hydrocarbonate de cuivre appelé *vert-de-gris*, **qui est vénéneux.** Quand on le chauffe à une température élevée, il donne de l'oxyde noir. En présence de l'ammoniaque, l'oxygène se fixe facilement sur le cuivre et sur l'ammoniaque en formant de l'azotite d'ammonium; l'oxyde ainsi formé se dissout et donne une belle liqueur bleue appelée *liqueur de Schweitzer*. Cette liqueur a la propriété de dissoudre la cellulose (coton, papier, moelle de sureau, etc.). Le cuivre est attaquable par les acides. L'action de l'acide azotique est très vive; cet acide le dissout à froid en donnant de l'azotate de cuivre, de l'eau et un dégagement de vapeurs nitreuses. L'attaque par l'acide azotique est utilisé dans la gravure sur cuivre.

Le cuivre est attaqué par l'acide chlorhydrique à froid; il se forme un chlorure cuivreux $Cu^2Cl^2$ et il se dégage de l'hydrogène.

Une spirale de cuivre chauffée et introduite dans un flacon de chlore, devient incandescente. Cette combustion donne lieu à un chlorure cuivrique $CuCl^2$. De la tournure de cuivre et de la fleur de soufre chauffées dans un ballon se combinent. Il se produit du sulfure de cuivre.

**299. — Usages du cuivre.** — Le cuivre est après le fer le métal le plus important dans l'industrie. Il sert à fabriquer une foule d'objets : alambics, chaudières, ustensiles de cuisine, etc. On l'emploie, réduit en feuilles, pour doubler les parois des navires; étiré en fils, il sert à conduire l'électricité. Il entre dans plusieurs alliages : associé à l'étain, il constitue le *bronze;* avec le zinc, il forme le *laiton;* avec le zinc et le nickel, il donne le *maillechort.*

**300. — Action physiologique du cuivre.** — Le cuivre à l'état métallique n'est pas vénéneux. Ce sont les oxydes et les sels de cuivre qui sont dangereux. Ils sont dus au séjour d'aliments gras ou acides dans les ustensiles de cuivre mal étamés. A ce contact en présence de l'air, il se forme un oxyde de cuivre qui se dissout. On prépare les confitures dans des bassines de cuivre non étamé, sans aucun danger. Le contrepoison de l'oxyde ou des sels de cuivre est l'eau albumineuse (blancs d'œufs délayés dans l'eau).

**301. — Sulfate de cuivre.** — Le sulfate de cuivre, appelé *vitriol bleu,* $SO^4Cu + 5\,H^2O$, est obtenu industriellement en grillant dans un courant d'air des pyrites cuivreuses. On obtient un mélange d'oxyde et de sulfate de cuivre. Pour retirer le sel, on traite par l'eau la masse grillée : le sel se dissout; ensuite on évapore.

On utilise aussi pour la préparation du sulfate de cuivre les cuivres hors d'usage. On les arrose d'eau, on les saupoudre de fleur de soufre et on les chauffe au rouge. Il se forme d'abord du sulfure de cuivre, mais un courant d'air l'oxyde et le transforme en sulfate. Celui-ci est séparé du cuivre non attaqué, par l'eau qui le dissout.

Le sulfate de cuivre cristallise en prismes bleus. Il est soluble dans l'eau. Anhydre, il est blanc et pulvérulent. C'est un antiseptique. Il sert à préparer plusieurs matières colorantes. La galvanoplastie en consomme de grandes quantités pour la confection de certains objets en cuivre, tels que les tuyaux en cuivre sans soudure et les clichés d'imprimerie. On l'emploie pour la conservation du bois et additionné d'un lait de chaux, pour combattre les maladies parasitaires de la vigne (*bouillie bordelaise*).

# Mercure

## Hg

**Divalent.**
**Atome-gramme : 200 gr.**

**502. — État naturel du mercure.** — On rencontre rarement le mercure à l'état natif ; on le trouve surtout à l'état de sulfure HgS, dans un minerai nommé *cinabre*, qui existe en Espagne et en Autriche.

**503. — Métallurgie du mercure.** — On extrait le mercure par simple grillage du minerai. Le soufre brûle en donnant de l'anhydride sulfureux et le mercure est mis en liberté à l'état de vapeur, que l'on condense :

$$HgS \quad + \quad O^2 \quad = \quad Hg \quad + \quad SO^2$$

| sulfure | oxygène | mercure | anhydride |
| de mercure | | | sulfureux |

Le minerai est placé au-dessus d'un foyer à feu de bois (fig. 114). Les vapeurs de mercure et le gaz sulfureux produits vont traverser une série

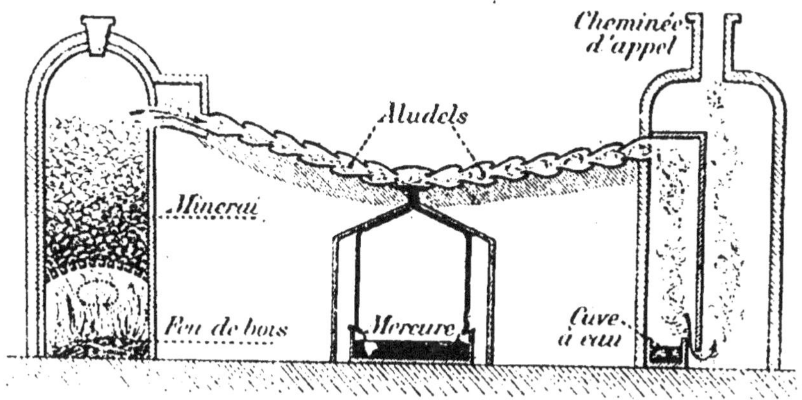


Fig. 114. — Extraction du mercure.

de tuyaux en terre cuite, nommés *aludels*, qui s'emboîtent les uns dans les autres et forment une chaîne en arc de cercle. Les vapeurs de mercure se condensent et le mercure se réunit dans la partie basse de la chaîne d'aludels, d'où il se déverse dans une chambre au-dessous.

Les gaz sulfureux se dirigent dans une chambre plus loin d'où ils s'échappent par une cheminée.

Le mercure obtenu ainsi renferme d'autres métaux qu'on élimine de différentes manières, par exemple en traitant le métal par l'acide azotique étendu. Il se produit de l'azotate mercureux; le mercure est précipité par les métaux qui prennent sa place, et les azotates formés sont éliminés ensuite par l'eau qui les dissout.

On obtient encore le mercure en décomposant le cinabre par la chaux, qui transforme le soufre du minerai en gaz sulfureux et sulfure de calcium, tandis que le mercure est mis en liberté :

$$3HgS \ + \ 2CaO \ = \ 3Hg \ + \ 2CaS \ + \ SO^2$$

| sulfure de mercure | | chaux | | mercure | | sulfure de calcium | | anhydride sulfureux |

**304. — Propriétés physiques du mercure**. — Le mercure est un métal liquide à la température ordinaire, blanc, d'un vif éclat. Sa densité à 0° est 13,596. Il se solidifie à — 39°,5. Le mercure est le plus volatil de tous les métaux : il émet constamment des vapeurs. Il bout à 337°.

**305. — Propriétés chimiques du mercure**. — **Les sels de mercure sont vénéneux** : absorbés même à petite dose, ils peuvent donner la mort.

Le mercure s'altère lentement à l'air : il se forme à sa surface une pellicule de sous-oxyde ou oxyde mercureux $Hg^2O$. Lorsque cet oxyde se dissout dans le métal, il s'attache aux parois en verre du vase qui le contient. Chauffé à 350°, le mercure se recouvre d'une couche d'oxyde mercurique (oxyde rouge) $HgO$.

Le soufre chauffé doucement avec le mercure donne un sulfure de mercure $HgS$.

Le chlore attaque le mercure à froid. Il se produit du chlorure mercureux :

$$Hg^2 \ + \ Cl^2 \ = \ Hg^2Cl^2$$

| mercure | | chlore | | chlorure mercureux |

Si le chlore domine, il se produit du chlorure mercurique :

$$Hg \ + \ Cl^2 \ = \ HgCl^2$$

| mercure | | chlore | | chlorure mercurique |

L'acide azotique, même étendu, attaque à froid le mercure. Si le mercuro est en excès, il se produit un azotate mercureux $(AzO^3)^2Hg^2$; si c'est au contraire l'acide qui domine et si l'on chauffe, on a un azotate mercurique $(AzO^3)^2Hg$.

**506. — Amalgames.** — Le mercure forme avec de nombreux métaux un amalgame : le potassium, le sodium, le zinc, le bismuth, l'étain, le cuivre, l'or, l'argent.

L'amalgame est un alliage tantôt exothermique comme celui qui est constitué avec le potassium; tantôt endothermique comme celui qui est constitué avec le zinc.

Le fer, le nickel et le platine ne s'amalgament pas avec le mercure.

L'amalgame d'étain a servi pendant longtemps à l'étamage des glaces; on l'a remplacé par l'argenture.

L'amalgame de bismuth sert à recouvrir les ballons de verre d'une surface réfléchissante : il adhère fortement au verre.

L'amalgame de cuivre, qui a la propriété de se laisser pétrir, est employé pour prendre des empreintes délicates.

L'amalgame de zinc remplace le zinc pur dans les électrodes négatives des piles.

**507. — Chlorures de mercure.**
*Chlorure mercureux* ou *calomel* $Hg^2Cl^2$.

Le chlorure mercureux est obtenu en chauffant un mélange de sulfate mercureux et de chlorure de sodium, dans un vase de verre à fond plat, entouré d'un bain de sable :

$$SO^4Hg^2 \quad + \quad 2\,NaCl \quad = \quad Hg^2Cl^2 \quad + \quad SO^4Na^2$$

| sulfate | chlorure | chlorure | sulfate |
|---|---|---|---|
| mercureux | de sodium | mercureux | de sodium |

Le calomel est une poudre blanche insoluble dans l'eau à froid. Il est soluble dans 12.000 fois son poids d'eau à 100°. Il est employé en médecine comme vermifuge et purgatif.

*Chlorure mercurique* ou *sublimé corrosif* $HgCl^2$.

Le chlorure mercurique ou bichlorure de mercure est préparé en chauffant un mélange de sulfate mercurique et de chlorure de sodium, de la même manière que dans l'opération précédente :

$$SO^4Hg \quad + \quad 2\,NaCl \quad = \quad HgCl^2 \quad + \quad SO^4Na^2$$

| sulfate | chlorure | chlorure | sulfate |
|---|---|---|---|
| mercurique | de sodium | mercurique | de sodium |

On ajoute un peu de manganèse au mélange; il est destiné à transformer en sulfate mercurique, le sulfate mercureux qui pourrait exister.

Le chlorure mercurique, peu soluble dans l'eau froide, est soluble dans l'eau chaude; il se dissout à froid dans l'alcool et l'éther. C'est un **poison violent** dont l'antidote est le blanc d'œuf.

On emploie le sublimé corrosif pour conserver les matières organiques qui, à son contact, deviennent imputrescibles. Il est très employé en solution au millième, sous le nom de *liqueur de Van Swieten*, comme antiseptique.

---

DIX-HUITIÈME LEÇON

ARGENT — OR — PLATINE

# Argent

## Ag

**Monovalent.**
**Atome-gramme : 108 gr.**

**308. — État naturel de l'argent.** — Il existe de l'argent natif et des minerais d'argent. Le minerai le plus important est le sulfure $Ag^2S$, appelé *argyrose*, que l'on trouve au Mexique, au Chili, en Hongrie et en Espagne.

**309. — Métallurgie de l'argent.** — L'un des procédés employés pour extraire l'argent du minerai, consiste à chlorurer et à amalgamer l'argent, puis à laver à grande eau pour enlever les matières salines et terreuses. Il reste l'amalgame qu'on distille pour séparer l'argent du mercure volatilisé.

Pour chlorurer le minerai, on le pulvérise, on le mélange à 2 ou 3 pour cent de sel marin, et on humecte d'eau pour réduire en une bouillie, qu'on fait piétiner par des chevaux. On ajoute ensuite peu à peu du mercure pour amalgamer.

**510. — Propriétés physiques de l'argent.** — L'argent est un métal solide blanc, brillant; c'est le plus blanc de tous les métaux :

il acquiert un vif éclat lorsqu'il est poli. Sa densité est 10,5. Il fond vers 1.000°. Il est très malléable et très ductile. A l'état fondu il a la propriété de dissoudre l'oxygène qui se dégage en contact avec lui, pendant qu'il se solidifie. Ce phénomène porte le nom de *rochage*.

L'argent est excellent conducteur de la chaleur et de l'électricité.

**511. — Propriétés chimiques de l'argent.** — L'argent ne s'oxyde pas à l'air à la température ordinaire. Il se dissout à froid dans l'acide azotique, donnant de l'azotate d'argent, qui, coulé en crayons, constitue la *pierre infernale*, employée pour cautériser les chairs baveuses.

L'acide chlorhydrique a une action faible sur l'argent, car il se forme à la surface un chlorure qui isole le métal. L'acide sulfurique l'attaque à chaud. En présence de l'acide sulfhydrique et de l'air, l'argent noircit. Il se forme à la surface du métal un sulfure :

$$2\,Ag \;+\; H^2S \;+\; O \;=\; Ag^2S \;+\; H^2O$$

| argent | acide sulfhydrique | oxygène | sulfure d'argent | eau |

La potasse et la soude sont sans action sur l'argent.

Le soufre et le phosphore attaquent l'argent à chaud.

**512. — Alliages d'argent.** — L'argent est un métal trop mou pour être employé seul. On lui adjoint le cuivre avec lequel il forme un alliage assez dur pour pouvoir être utilisé dans la bijouterie et la confection des monnaies.

**513. — Argenture des glaces.** — L'argenture des glaces remplace aujourd'hui l'étamage qui s'est fait pendant longtemps au moyen d'un amalgame d'étain et de mercure, très insalubre. L'argenture consiste à réduire une solution d'azotate d'argent que l'on verse sur la glace bien nettoyée. La glace est placée sur une table en fonte, chauffée à environ 50°. La réduction est obtenue généralement avec l'acide tartrique. Sous l'influence de la chaleur, l'acide réduit l'azotate et une pellicule d'argent se dépose sur la glace à laquelle elle adhère parfaitement. On laisse reposer pendant une vingtaine de minutes puis on penche la glace qu'on lave ensuite à l'eau distillée. On la sèche et on étend sur la pellicule une couche de peinture composée de minium et d'huile siccative, additionnée d'un peu d'essence.

# Or

## Au

**Trivalent.**
**Atome-gramme : 196,2.**

**514. — État naturel de l'or.** — On rencontre l'or surtout à l'état natif. Il se présente sous la forme de paillettes, de grains irréguliers ou de filaments. Les grains d'une certaine grosseur prennent souvent le nom de *pépites*. L'or est disséminé dans les sables d'alluvion ou dans des roches quartzeuses. C'est surtout au Transvaal et au Cap, au Pérou et en Californie, que l'on trouve l'or natif.

**515. — Extraction de l'or.** — On sépare l'or des matières terreuses qui l'accompagnent, par des lavages méthodiques où le métal précieux, plus lourd que le sable, tombe dans des encoches du canal où circule le tout. Là il s'amalgame au mercure que l'on y a mis à l'avance. L'amalgame est ensuite distillé. L'extraction des roches quartziennes se fait de la même manière, après que les roches ont été broyées, ou plutôt on les épuise avec une solution de cyanure de sodium.

**516. — Propriétés physiques de l'or.** — L'or est un métal jaune d'un grand éclat. Sa densité est 19,5. Il fond à 1.035°. C'est le plus ductile et le plus malléable de tous les métaux : on peut le réduire en feuilles de 0,0001 de millimètre d'épaisseur. Ces feuilles laissent passer la lumière verte.

L'or conduit la chaleur et l'électricité.

**517. — Propriétés chimiques de l'or.** — L'or est inaltérable à l'air sec ou humide, et à toutes les températures. Il n'est pas attaqué par le gaz acide sulfhydrique ni par les acides sulfurique, azotique et chlorhydrique. Toutefois lorsqu'on mélange l'acide azotique et l'acide chlorhydrique, ce mélange, appelé *eau régale,* dissout l'or. L'eau chlorée dissout également lentement l'or, qu'elle transforme en chlorure aurique $AuCl^3$.

L'or se dissout dans le mercure.

**518. — Alliages d'or.** — L'or forme avec quelques métaux des alliages importants. Le cuivre allié à l'or augmente sa dureté : cet alliage est utilisé dans la bijouterie et dans la confection des monnaies

On donne à l'or la couleur rouge, verte ou jaune en lui associant convenablement du cuivre, de l'argent, de l'étain ou du zinc.

L'or et l'argent forment l'alliage appelé *vermeil*.

Pour reconnaître un alliage d'or on fait un essai au *touchau*. Le touchau (fig. 115) est une étoile en métal, dont les branches sont terminées par des disques formés d'un alliage d'or et de cuivre à des titres marqués sur la branche elle-même. En frottant l'un des disques sur un silex noir, appelé *pierre de touche*, il laisse une trace. Cette trace, au contact de l'acide azotique, prend une certaine coloration. La coloration n'est pas la même pour chacun des disques et par conséquent pour chacun des titres de l'alliage. En comparant la coloration d'une trace laissée par l'objet, à la coloration d'une trace laissée par le touchau, on voit approximativement le titre de l'alliage.

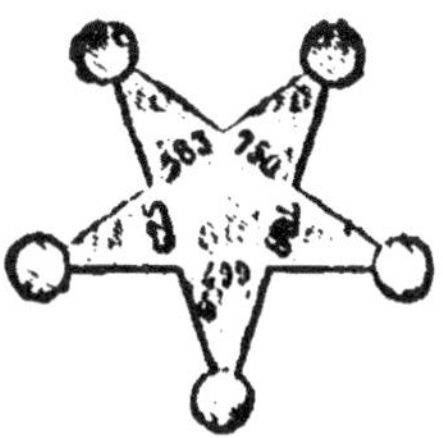

Fig. 115. — Touchau.

# Platine

## Pt

Tétravalent.
Atome-gramme : 197 gr.

**519. — État naturel du platine.** — Le platine se rencontre sous forme de grains irréguliers de métal natif associés à du fer et à certains métaux : le palladium, l'osmium, l'iridium, le rhodium et le ruthénium. Le minerai de platine se rencontre en Colombie, à Saint-Domingue, en Sibérie, etc.

**520. — Traitement du minerai de platine.** — Pour isoler le platine, on traite le minerai par l'eau régale, qui dissout plusieurs des métaux; on grille le résidu pour faire disparaître l'osmium à l'état d'anhydride et on le reprend par l'eau régale forte, qui donne du chlorure de platine. On précipite le chlorure de platine par le chlorure d'ammonium. Le précipité, qui est du chlorure double de platine et d'ammonium $PtCl^4, 2AzH^4Cl$, donne par calcination la *mousse de platine,* masse grise spongieuse que l'on fond dans un four en chaux vive, à la flamme du chalumeau à gaz oxhydrique.

**521. — Propriétés physiques du platine.** — Le platine est un métal blanc grisâtre, ductile, malléable, tenace. Sa densité est 21,45. Il ne fond qu'au-dessus de 1.800°.

Lorsque le platine est chauffé, il devient très poreux. C'est grâce à cette propriété du platine qu'on fait passer de l'hydrogène dans l'ampoule à rayons X lorsque ce gaz est trop raréfié : on chauffe un fil de platine soudé à l'ampoule à une flamme d'alcool, de l'hydrogène provenant de la combustion traverse le fil porté au rouge; il rentre dans l'ampoule.

**522. -- Propriétés chimiques du platine.** — Le platine est inaltérable à l'air et il n'est pas attaqué par les acides; mais il l'est par la soude et la potasse chauffées. Il se combine avec le soufre, le phosphore, l'arsenic.

Le chlore l'attaque seulement à la surface.

Le platine, comme l'or, se dissout dans l'eau régale.

**523. — Mousse de platine.** — Lorsqu'on divise parfaitement, à l'infini, un fragment de platine, on obtient ce que l'on appelle de la *mousse de platine*. Elle a la propriété d'être un catalyseur, c'est-à-dire de provoquer certaines combinaisons par sa seule présence. Si l'on place, par exemple, dans un flacon plein d'un mélange d'oxygène et d'hydrogène de la mousse de platine, elle y devient incandescente et le mélange gazeux s'enflamme.

Le *noir de platine* a la même propriété que la mousse de platine; on l'obtient en faisant bouillir une dissolution de chlorure de platine $PtCl^4$ avec de la potasse et un réducteur tel que le sucre ou l'alcool. On obtient du platine extrêmement divisé.

**524. — Usages du platine.** — Le platine sert à faire des instruments de laboratoire, des alambics pour la concentration de l'acide sulfurique, etc.

# CHIMIE ORGANIQUE



## INTRODUCTION

**Nature des matières organiques. — Analyse élémentaire. — Construction moléculaire.**

### NATURE DES MATIÈRES ORGANIQUES

**525. — Définitions.** — La chimie organique a pour objet l'étude des matières qui proviennent des tissus des êtres vivants, animaux et végétaux, et des produits artificiels qu'on obtient en faisant réagir des matières organiques les unes sur les autres, ou sur des matières minérales.

On dit encore que la chimie organique est la **chimie des composés du carbone** parce que tout composé organique contient du carbone. Les composés organiques sont tous des combinaisons de **carbone** uni à un petit nombre de certains corps simples : l'**hydrogène, l'oxygène, l'azote** et souvent le soufre, quelquefois encore le phosphore, l'arsenic et même des métaux. Aussi on peut généralement détruire un corps organique par le feu : il reste un résidu noir qui a donné en brûlant de l'anhydride carbonique.

Parmi les matières organiques, on a réservé le nom de **substances organisées** aux substances qui servent aux fonctions vitales. Ainsi un grain de blé est une substance organisée, dont on tire le gluten et l'amidon, **substances organiques**. La chair musculaire est une substance organisée dont on tire la fibrine, substance organique; l'œuf est une substance organisée dont on tire l'albumine, substance organique; le lait est une substance organisée dont on retire la caséine, substance organique.

On trouve souvent, en chimie organique, des corps dont la molécule est formée d'atomes de même nature et en même nombre, mais qui diffèrent par leurs propriétés. On les appelle des **isomères**. Ainsi l'essence de térébenthine et l'essence de citron ont la même formule $C^{10}H^{16}$ bien que ce soient deux produits très différents.

Les substances fournies par les tissus des animaux et des végétaux sont, en général, des mélanges d'espèces chimiques, auxquels on a donné le nom de **principes immédiats**. Ces principes, quelle que soit leur origine, présentent toujours les mêmes propriétés.

Les matières organiques ne sont presque jamais isolées : elles sont combinées ou mélangées les unes avec les autres.

L'étude des matières organiques est divisée en deux parties : 1° la **série grasse**, appelée ainsi parce qu'elle contient les *corps gras* ; 2° la **série aromatique**, nom qui lui a été donné à cause des matières douées d'une odeur aromatique, qui la composent.

**526. — Analyse immédiate.** — Quand on veut obtenir séparément les espèces organiques à l'état de pureté, il faut faire une **analyse immédiate**. Elle est exécutée de différentes manières, appropriées aux produits qu'on se propose d'isoler. L'extraction des huiles s'obtient par simple compression. L'extraction du sucre s'obtient par diffusion : par exemple, des tranches fines de betteraves sucrées plongées dans un verre d'eau, laissent passer à travers leurs membranes le sucre qu'elles contiennent, et de l'eau prend la place du sucre. Les substances grasses se dissolvent dans le sulfure de carbone ou dans l'alcool qui les abandonnent par évaporation. Si le principe est volatil, on l'extrait au moyen de distillations ; ainsi on extrait l'alcool du vin, en chauffant le mélange : les vapeurs d'alcool s'élèvent les premières, parce que l'alcool bout à 78°, l'eau à 100°.


# ANALYSE ÉLÉMENTAIRE

Lorsqu'on veut connaître la nature et la proportion des éléments d'un principe immédiat ou d'une espèce chimique, on en fait **l'analyse élémentaire**.

L'analyse élémentaire est fondée sur le fait suivant : une substance organique complètement brûlée ne donne en général que des produits **volatils**. Elle peut donner en brûlant de l'anhydride carbonique, de la vapeur d'eau et de l'azote. Par conséquent, si l'on connaît les quantités d'anhydride carbonique, d'eau et d'azote libérées par un poids déterminé d'une substance organique brûlée dans l'oxygène, on trouve par là même les poids d'anhydride carbonique, d'eau et d'azote que contenait ladite substance.

On détermine d'abord la nature des corps qui entrent dans la substance à étudier. Elle contient toujours du carbone, de l'hydrogène et de l'oxygène : donc inutile de s'en occuper. On recherche seulement si la substance contient de l'azote, du soufre, du phosphore, etc.

Lorsque les corps qui contiennent de l'azote sont chauffés avec de la chaux, ils dégagent de l'azote à l'état d'ammoniaque. Le soufre des corps qui contiennent du soufre, lorsque ceux-ci sont chauffés avec de l'acide azotique fumant, est transformé en sulfate.

**327. — Dosage du carbone, de l'hydrogène et de l'oxygène.** — On commence par dessécher parfaitement la matière organique, en la chauffant modérément dans une étuve, si c'est un solide, ou en la laissant pendant quelques jours en contact avec du chlorure de calcium, si c'est un liquide. On la pèse, on la mélange avec de l'oxyde de cuivre et l'on met le tout dans un tube à analyse, que l'on place sur un foyer. Sous l'action de la chaleur, la matière organique se transforme en hydrogène et carbone, auxquels l'oxyde de cuivre cède son oxygène. Alors l'hydrogène de la matière se transforme en eau et son carbone en anhydride carbonique. Le mélange gazeux traverse d'abord un tube en U, rempli de ponce sulfurique, qui retient la vapeur d'eau au passage ; puis un tube à boules contenant une solution de potasse qui retient l'anhydride carbonique.

On a pesé les tubes avant la combustion, on les pèse après : la différence des poids fait connaître le poids de la vapeur d'eau et le poids de l'anhydride carbonique dégagés. On déduit de ces poids, le poids du carbone et le poids de l'hydrogène, qui se trouvaient dans la substance analysée.

La proportion d'oxygène est déterminée par différence avec la totalité des autres éléments.

**328. — Dosage de l'azote.** — Lorsqu'on chauffe une substance organique en présence d'une matière alcaline, soude, potasse, chaux, l'azote de la matière se transforme très souvent en gaz ammoniac. On part de ce fait pour analyser ces matières organiques azotées. On introduit dans un tube à combustion de la chaux sodée (chaux éteinte dans une dissolution de soude), puis la matière organique mélangée avec de la chaux sodée, et enfin de la chaux sodée pure. La partie ouverte du tube à combustion communique avec un tube à trois boules, empli d'un mélange titré d'acide sulfurique et d'eau. Le tube à combustion est placé sur une grille. A la faveur de la chaleur, la matière à analyser se dissocie : son azote passe à l'état de gaz ammoniac qui va se condenser dans l'eau acidulée du tube à boules. Le titrage de l'acide sulfurique après l'opération, indique le poids du gaz ammoniac condensé et par suite le poids de l'azote : 14 grammes d'azote correspondant à 17 grammes d'ammoniaque.

**329. — Synthèse des matières organiques.** — Nous avons dit que faire une synthèse, c'est former un corps composé à l'aide de deux ou plusieurs corps simples ou composés. Exemple : Si après avoir rempli deux ballons de même volume, l'un de chlore, l'autre d'hydrogène, à la même pression, on les met en communication et en les expose à la lumière diffuse, les deux gaz se combinent pour former de l'acide chlorhydrique. Voilà une synthèse.

On a pensé pendant longtemps que la synthèse des matières organiques, qui doit reproduire les principes immédiats fournis par les animaux et les végétaux, était impossible. Mais les chimistes du siècle dernier ont montré que, dans bien des cas, cette synthèse est possible. C'est ce qu'a fait Berthelot. Après avoir préparé de l'acétylène $C^2H^2$, en combinant du carbone et de l'hydrogène, et après avoir converti l'acétylène en éthylène, $C^2H^4$, puis ce produit en éther éthylsulfurique $SO^4HC^2H^5$, il distilla avec de l'eau et obtint de l'alcool $C^2H^6O$. De même on a fait la synthèse de la glycérine, de l'urée, de la benzine, etc.

## CONSTRUCTION MOLÉCULAIRE

**330. — Radicaux.** — Dans les formules des composés organiques on retrouve à chaque instant des groupements, qui jouent dans la réaction le même rôle que les corps simples : ils restent intacts, ils conservent leur valence. On leur a donné le nom de **radicaux**. Ainsi la formule

$$\text{de l'éthane} \quad \text{est} \quad (C^2H^5)H$$
$$\text{» l'alcool} \quad \text{»} \quad (C^2H^5)OH$$
$$\text{» l'éther} \quad \text{»} \quad (C^2H^5)^2O$$

On voit que ces trois corps sont des composés du radical monovalent $C^2H^5$ (éthyle).

**331. — Formules développées.** — La formule brute $H^2O$ indique globalement que deux atomes d'hydrogène et un atome d'oxygène entrent dans la molécule de l'eau. Nous pouvons rendre cette formule plus figurative en l'écrivant ainsi :

$$H — O — H$$

où l'on montre à l'aide de deux traits que l'atome d'oxygène divalent est saturé par deux valences d'hydrogène.

Les formules développées des composés du carbone, — puisque le carbone est l'élément fondamental des matières organiques, — sont fondées sur les considérations suivantes :

1° Le carbone est tétravalent, c'est-à-dire qu'un atome de carbone est saturé par quatre atomes (quatre valences) d'hydrogène ou par quatre groupes monovalents. La formule du méthane est $CH^4$; sa formule développée, où les valences sont représentées par des traits, est :

$$H-\overset{\displaystyle H}{\underset{\displaystyle H}{\overset{|}{\underset{|}{C}}}}-H$$

Les traits indiquent la relation d'affinité de l'atome central avec les atomes d'hydrogène.

2° Lorsqu'un corps contient plusieurs atomes de carbone, on admet que ces atomes échangent entre eux une ou plusieurs valences.

La formule de l'éthane est $(C^2H^5)H$ ou $C^2H^6$.

On dispose ainsi sa formule développée :

$$H-\overset{\displaystyle H}{\underset{\displaystyle H}{\overset{|}{\underset{|}{C}}}}-\overset{\displaystyle H}{\underset{\displaystyle H}{\overset{|}{\underset{|}{C}}}}-H$$

$$\text{ou}\quad CH^3 - CH^3$$

Les deux atomes de carbone devraient être saturés par 8 valences d'hydrogène. Or, il n'y en a que 6. On explique que la saturation existe cependant, en disant que chacun des atomes de carbone échangent entre eux une valence, ce que l'on indique en les séparant par un trait; il n'en faut donc plus que 6. Elles sont exprimées par les 6 atomes d'hydrogène. Les deux groupes $CH^3$, monovalents, se saturent l'un l'autre.

La formule de l'éthylène est $C^2H^4$. Ici encore il manque 4 valences d'hydrogène pour saturer les deux atomes de carbone. Alors on admet que les atomes de carbone échangent entre eux deux valences, ce que l'on indique en les séparant par deux traits; de cette manière nous avons les 8 valences requises.

On écrit ainsi la formule développée de l'éthylène :

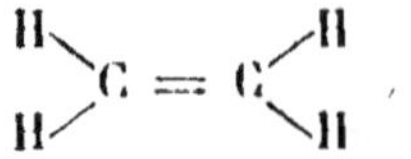

$$\begin{array}{c} H \\ \diagdown \\ H \diagup \end{array} C = C \begin{array}{c} H \\ \diagup \\ \diagdown H \end{array}$$

$$\text{ou} \qquad CH^2 = CH^2$$

Les deux groupes $CH^2$ divalents se saturent l'un l'autre.

La formule de l'acétylène est $C^2H^2$; sa formule développée est :

$$H - C \equiv C - H$$

Les 3 traits montrent que les 2 atomes de carbone échangent entre eux 3 valences; la quatrième valence est saturée par l'hydrogène.

La formule du pentane, corps qui dérive du méthane, est $C^5H^{12}$; sa formule développée est :

$$CH^3 - CH^2 - CH^2 - CH^2 - CH^3$$

que l'on appelle une **chaîne linéaire**.

Les 5 atomes de carbone demandent un nombre de valences égal à $5 \times 4$. Nous en avons 12. Les 8 autres sont échangées par chacun des groupes entre eux, comme le trait l'indique.

Dans d'autres cas on admet que les atomes de carbone forment une **chaîne fermée**.

Ainsi, le benzène $C^6H^6$ a pour formule développée :

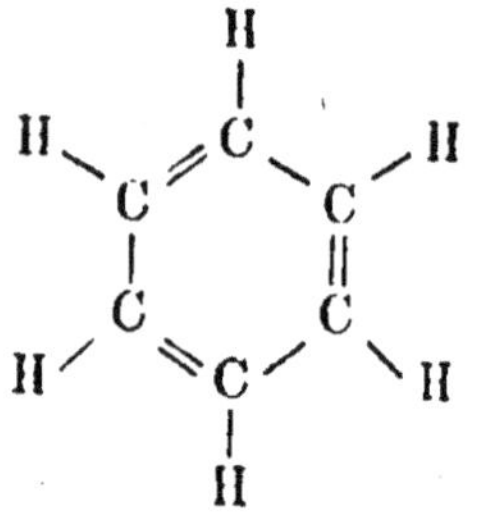

$$\begin{array}{ccccc} & & H & & \\ & & | & & \\ & & C & & \\ H & \diagdown\!\!= C & & C \diagup & H \\ & C & & C & \\ & | & & \| & \\ & C & & C & \\ H & \diagup & = C & \diagdown & H \\ & & | & & \\ & & H & & \end{array}$$

Les traits indiquent que chaque atome de carbone est saturé par 1 valence d'hydrogène et par un échange de 3 valences avec les groupes voisins : ce qui donne bien 24 valences.

**332. — Isomérie.** — On dit que deux ou plusieurs corps sont isomères lorsque tout en ayant la même composition centésimale ils ont des propriétés différentes.

Ainsi une molécule d'acide acétique, $C^2H^4O^2$, pesant 60 grammes, est composée de

2 atomes    ou    24 grammes de carbone
4    »        »    4      »       d'hydrogène
2    »        »    32     »       d'oxygène

or 60 grammes de glucose $C^6H^{12}O^6$ renferment les mêmes poids de carbone, d'hydrogène et d'oxygène.

L'acide acétique et le glucose sont pour cette raison appelés des corps **isomères**. Les propriétés différentes des isomères tiennent à l'une ou l'autre des deux causes suivantes : soit que dans les deux isomères ayant les mêmes fonctions chimiques, il y ait dissemblance dans l'arrangement moléculaire ; soit que dans les deux isomères n'ayant pas les mêmes fonctions chimiques, il manque quelque chose à un groupement qui se trouve en plus dans une autre groupement.

**555. — Loi des substitutions**. — En présence du chlore et du brome, les matières organiques donnent des produits de substitution. Lorsqu'un corps hydrogéné est soumis, par exemple, à l'action du chlore, il gagne un atome de chlore et perd en même temps un atome d'hydrogène.

Les produits de substitution ont des propriétés physiques et chimiques voisines de celles des corps qui leur ont donné naissance.

En faisant agir le chlore sur le méthane on obtient successivement plusieurs produits de substitution :

$$CH^4 + 2Cl = CH^3Cl + HCl$$

méthane + chlore = chlorure de méthyle + acide chlorhydrique

$$CH^3Cl + 2Cl = CH^2Cl^2 + HCl$$

chlorure de méthyle + chlore = chlorure de méthylène + acide chlorhydrique

$$CH^2Cl^2 + 2Cl = CHCl^3 + HCl$$

chlorure de méthylène + chlore = chloroforme + acide chlorhydrique

# SÉRIE GRASSE

## CORPS PRINCIPAUX DE LA SÉRIE GRASSE

### VINGTIÈME LEÇON

### FONCTIONS CHIMIQUES DE LA SÉRIE GRASSE

Les matières organiques sont classées d'après leurs fonctions chimiques. Les principales fonctions chimiques sont les suivantes : **Hydrocarbures ou carbures d'hydrogène, alcools, éthers, aldéhydes, acétones, acides, amines, amides et nitriles.**

**534. — Hydrocarbures.** — Les hydrocarbures ou carbures d'hydrogène ne renferment que du carbone et de l'hydrogène. Ils brûlent à l'air ou en présence de l'oxygène en donnant de l'eau et de l'anhydride carbonique. Le méthane est le type des carbures; sa formule est

$$CH^4 \quad \text{qu'on peut écrire } CH^3.H$$

parce que l'on suppose qu'il est formé du radical monovalent $CH^3$, appelé méthyle, et de H.

Les carbures forment une série homologue : méthane, éthane, propane, butane, etc. En partant du méthane, on trouve la formule du second, l'éthane, en remplaçant dans la formule du méthane un atome d'hydrogène, par le radical monovalent $CH^3$.

| Au lieu de | $CH^3.H$ | ou | $CH^4$ | méthane |
|---|---|---|---|---|
| on a | $CH^3.CH^3$ | » | $C^2H^6$ | éthane |

on fait de même pour obtenir les formules des suivants :

| au lieu de | $CH^3.CH^3$ | ou | $C^2H^6$ | éthane |
|---|---|---|---|---|
| on a | $CH^3.CH^2.CH^3$ | ou | $C^2H^5.CH^3$ propane |
| et | | | | |
| au lieu de | $CH^3.CH^2.CH^3$ | ou | $C^2H^5.CH^3$ propane |
| on a | $CH^3.CH^2.CH^2.CH^3$ | ou | $C^3H^7.CH^3$ butane. |

**535. — Corps homologues.** — On appelle **homologues** les composés qui ont **même arrangement, mêmes fonctions chimiques,** et dont les formules diffèrent seulement par le nombre de fois $CH^2$ qu'elles contiennent. Le méthane $CH^4$, l'éthane $C^2H^6$, le propane $C^3H^8$, sont des homologues. L'éthane contient en effet une fois $CH^2$ de plus que le méthane, et le propane contient, lui, deux fois $CH^2$ de plus que le méthane.

Les corps homologues ont donc des propriétés chimiques caractéristiques communes, et en particulier **même fonction chimique.** Celle-ci sera représentée dans les formules par un groupement qui indiquera de quelle manière intervient le corps dans les réactions, et que, pour cette raison, on appelle **groupement fonctionnel.**

**536. — Alcools.** — Les alcools sont des corps neutres, c'est-à-dire sans action sur la teinture de tournesol, composés de carbone, d'hydrogène et d'oxygène, **capables de s'unir directement aux acides, avec élimination d'eau, pour donner des éthers sels.** Ils dérivent des hydrocarbures par la substitution de l'oxhydrile $OH$ à un atome d'hydrogène. Autrement dit un alcool est obtenu en remplaçant $H$ par $OH$ dans le groupement — $CH^3$
on a

$$
\begin{array}{c}
H \\
| \\
- C - OH \\
| \\
H
\end{array}
\qquad \text{ou} \qquad
\begin{array}{c}
- CH^2.OH \\
\text{groupe fonctionnel} \\
\text{des alcools primaires}
\end{array}
$$

Pour obtenir un alcool secondaire, on remplace encore $H$ par $OH$ dans le groupement — $CH^2$
on a

$$
\begin{array}{c}
OH \\
| \\
C - OH \\
| \\
H
\end{array}
\qquad \text{ou} \qquad
\begin{array}{c}
| \\
C H O H \\
| \\
\text{groupe fonctionne} \\
\text{des alcools secondaires}
\end{array}
$$

Pour obtenir un alcool tertiaire, on remplace de même $H$ par $OH$ dans le groupement

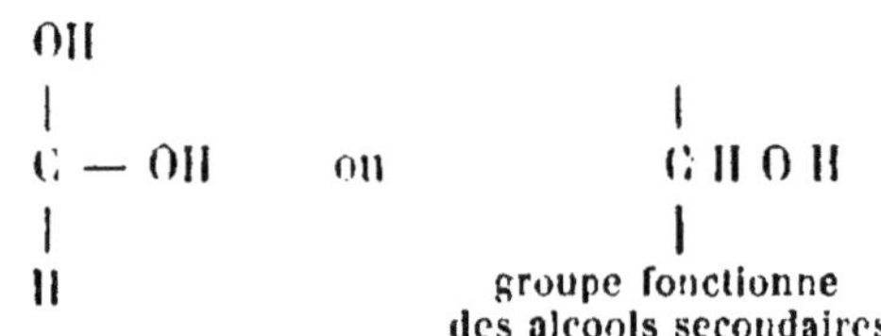

on a

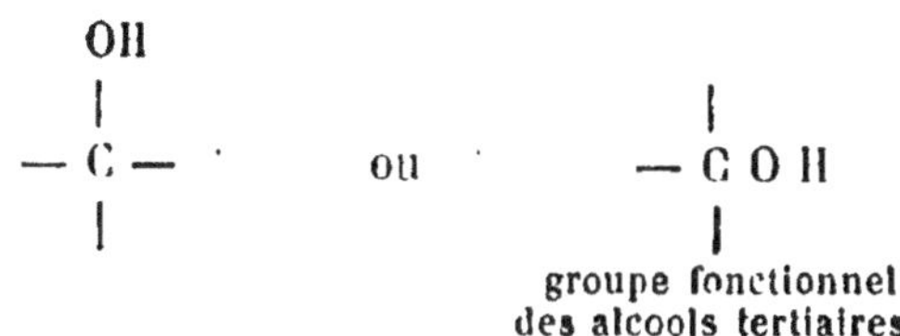

$$\begin{matrix} \text{OH} \\ | \\ -\text{C}- \\ | \end{matrix} \qquad \text{ou} \qquad \begin{matrix} | \\ -\text{C O H} \\ | \end{matrix}$$

groupe fonctionnel<br>des alcools tertiaires

**557. — Éthers.** — Il existe deux sortes d'éthers : les **éthers oxydes** qui proviennent de la déshydratation de deux molécules d'alcool; les **éthers sels** qui proviennent de la déshydratation d'une molécule d'alcool et d'une molécule d'acide :

Deux molécules d'alcool qui perdent une molécule d'eau deviennent une molécule d'éther :

$$\begin{matrix} CH^3CH^2\boxed{OH} \\ CH^3CH^2O\phantom{H} \end{matrix} \text{perte} \quad = \quad \begin{matrix} C^2H^5 \\ C^2H^5 \end{matrix}\!\!\Big\rangle O \quad + \quad H^2O$$

2 molécules    éther oxyde   eau<br>d'alcool éthylique  (éther ordinaire)

**558. — Aldéhydes.** — Les aldéhydes dérivent des alcools primaires (groupe fonctionnel — $CH^2OH$) par une oxydation incomplète qui enlève à la molécule d'alcool 2 atomes d'hydrogène, autrement dit par la perte de $H^2$ :

$$\text{de} \quad \begin{matrix} H \\ | \\ -C-OH \\ | \\ H \end{matrix} \left\{ \begin{matrix} \text{enlevons } H^2, \\ \text{il reste} \end{matrix} \right\} \quad -C\!\!\begin{matrix} /\!/O \\ \backslash H \end{matrix} \quad \text{ou} \quad -C O H$$

groupe fonctionnel<br>des aldéhydes

Ex. :

$$CH^3CH^2OH \quad + \quad O \quad = \quad CH^3 - COH \quad + \quad H^2O$$

alcool éthylique  oxygène   aldéhyde   eau<br>ordinaire

**559. — Acétones.** — Les acétones dérivent des alcools secondaires (groupe fonctionnel — CH O H —) par une oxydation complète qui enlève à la molécule d'alcool ses 2 atomes d'hydrogène :

$$\text{de} \quad \begin{matrix} | \\ CHOH \\ | \end{matrix} \quad \text{enlevons } H^2, \text{ il reste} \quad -CO-$$

groupe fonctionnel<br>des acétones

Ex. :

$$CH^3CHOHCH^3 \quad + \quad O \quad = \quad CH^3COCH^3 \quad + \quad H^2O$$

     alcool         oxygène         acétone         eau

     isopropylique                ordinaire

**340. — Acides.** — Les acides dérivent aussi des alcools primaires par une oxydation plus complète, qui enlève deux atomes d'hydrogène et les remplace par un atome d'oxygène. On peut dire aussi qu'un acide dérive d'une aldéhyde par fixation d'un atome d'oxygène :

$$- C {\overset{H}{\underset{O}{\big\langle}}} \quad + \quad O \quad = \quad - C {\overset{O}{\underset{OH}{\big\langle}}} \quad \text{ou} \quad - COOH$$

     adéhyde         oxygène         acide         groupe fonctionnel des acides

Ex. :

Une certaine oxydation de l'alcool de vin donne de l'aldéhyde; une oxydation plus forte transforme ensuite l'aldéhyde en acide acétique :

$$CH^3CH^2OH \quad + \quad O^2 \quad = \quad CH^3 - C {\overset{O}{\underset{OH}{\big\langle}}} \quad + \quad H^2O$$

     alcool éthylique         oxygène         acide acétique         eau

**341. — Amines.** — Les amines, appelées encore ammoniaques composées, ou alcaloïdes artificiels, sont des corps azotés, qui dérivent de l'ammoniaque. On a divisé les amines en trois classes :

1° les **amines primaires,** où un atome d'hydrogène de l'ammoniaque a été remplacé par un radical alcoolique $CH^3$ ou $C^2H^5$, etc.

$$\text{Ammoniaque} : Az {\big\langle}{\overset{\displaystyle H}{\underset{\displaystyle H}{H}}}$$

Remplaçons 1 atome d'hydrogène par le radical $CH^3$, nous avons

$$Az {\big\langle}{\overset{\displaystyle CH^3}{\underset{\displaystyle H}{H}}}$$

ou         $AzH^2. CH^3$,         qui est la méthylamine.

2° les **amines secondaires,** qui résultent du remplacement de 2 atomes d'hydrogène par 2 radicaux alcooliques semblables ou non.

Remplaçons 2 atomes d'hydrogène par les radicaux $CH^3$ nous avons

$$Az {\big\langle}{\overset{\displaystyle CH^3}{\underset{\displaystyle H}{CH^3}}}$$

ou         $AzH (CH^3)^2$,         qui est la diméthylamine.

3° Les **amines tertiaires,** qui résultent du remplacement des 3 atomes d'hydrogène par 3 radicaux alcooliques semblables ou non.

Remplaçons les 3 atomes d'hydrogène par les radicaux $CH^3$, nous avons

$$Az \Longleftarrow \begin{matrix} CH^3 \\ CH^3 \\ CH^3 \end{matrix}$$

ou $\qquad Az\,(CH^2)^3,$ $\qquad$ qui est la triméthylamine.

**542. — Amides.** — Les amides sont des composés azotés, qui peuvent être considérés comme dérivant de l'ammoniaque, où un atome d'hydrogène a été remplacé par un radical d'acide.

Dans la formule de l'ammoniaque, remplaçons 1 atome d'hydrogène par le radical d'acide $C^2H^3O$, nous avons

$$Az \Longleftarrow \begin{matrix} C^2H^3O \\ H \\ H \end{matrix}$$

ou $\qquad CH^3CO.\,AzH^2,$ $\qquad$ qui est l'acétamide.

On dit encore que les amides peuvent être considérées comme des sels ammoniacaux moins de l'eau. Ainsi, lorsqu'à l'urée $CO(AzH^2)^2$ qui est une diamide, on ajoute 2 molécules d'eau, on obtient du carbonate d'ammonium qui est un sel ammoniacal :

$$CO(AzH^2)^2 \quad + \quad 2\,H^2O \quad = \quad CO^3(AzH^4)^2$$
$$\text{urée} \qquad\qquad \text{eau} \qquad\qquad \text{carbonate} \atop \text{d'ammonium}$$

Désignons par R le radical d'un sel d'ammonium

$$R - COOAzH^4$$

Enlevons à ce corps une molécule d'eau : il reste

$$R - COAzH^2$$
$$\text{groupe fonctionnel} \atop \text{des amides}$$

**543. — Nitriles.** — Les nitriles sont des composés azotés dérivant des amides par perte d'une molécule d'eau.

Le groupe fonctionnel des amides est

$$COAzH^2$$

Enlevons une molécule d'eau, il reste

$$- C \equiv Az$$

groupe fonctionnel
des nitriles

Si R est le radical monovalent $CH^3$
on a

$$CH^3 - CAz$$

qui est l'acétonitrile.

Si le radical est H on a

$$H - CAz$$

qui est le formonitrile. C'est l'acide cyanhydrique.

---

VINGT ET UNIÈME LEÇON

## HYDROCARBURES

### *HYDROCARBURES SATURÉS* ou *FORMÉNIQUES*

**344.** — La formule générale des hydrocarbures forméniques ou saturés est $C^n H^{2n+2}$, c'est-à-dire que le coefficient de l'hydrogène est le coefficient du carbone, multiplié par 2, produit auquel on ajoute 2. Le plus simple hydrocarbure forménique est le méthane $CH^4$. Homologues du méthane : éthane $C^2H^6$, propane $C^3H^8$, etc. Ce sont des **carbures saturés**, c'est-à-dire que les 4 valences des carbones étant saturées, la molécule ne peut recevoir aucun corps par addition, et ne donne par conséquent de **dérivés que par substitution**. Ex. :

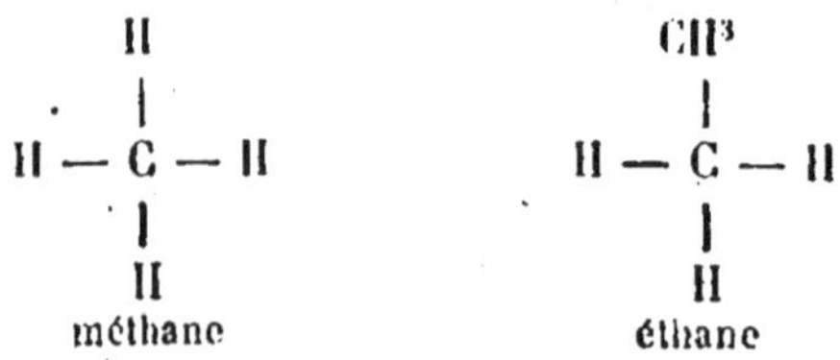

Dans l'éthane 1 atome d'hydrogène a été remplacé par $CH^3$.

### 345. — Isomérie dans les hydrocarbures saturés. —

On trouve dans les carbures saturés des corps qui ont la même formule et cependant des propriétés différentes. Tel est le butane qui se présente sous deux formes :

$$\text{butane normal } C^4 H^{10}$$
$$\text{isobutane } \qquad C^4 H^{10}$$

Ces deux butanes qui ont la même formule sont des isomères.

1° Prenons le propane $CH^3 — CH^2 — CH^3$

Remplaçons un atome d'hydrogène du groupement $CH^3$ (à droite, souligné par un astérique) par — $CH^3$ : nous aurons le carbure homologue suivant du propane, qui est le

$$\text{butane normal } CH^3 — CH^2 — CH^2 — CH^3$$

2° Reprenons le propane $CH^3 — CH^2 — CH^3$ et remplaçons un atome d'hydrogène du groupement $CH^2$ souligné par un astérique, par — $CH^3$ : nous aurons un corps isomère du butane normal appelé isobutane

$$CH^3 — CH — CH^3$$
$$|$$
$$CH^3$$

# Méthane

## $CH^4$

### 346. — État naturel du méthane. — Le méthane, ou formène, est produit par la décomposition des matières végétales dans la vase des marais, c'est pourquoi on lui donne le nom de *gaz des marais*. On peut recueillir du méthane dans un vase retourné, sur lequel on a placé un entonnoir, en remuant en face de l'entonnoir le fond d'un marais (fig 116). Il se dégage encore du sol, au voisinage des gisements de pétrole, notamment à Bakou, dans le sud de la Russie, et aussi dans certaines mines de houille, où il prend le nom de *grisou*. Le grisou mélangé à une certaine proportion d'air explose au contact du feu. Il cause souvent de terribles catastrophes. On évite l'explosion au moyen

de la lampe de Davy dont la flamme est isolée de l'air par une toile métallique.

Fig. 116. — Gaz des marais.

En faisant passer un courant d'hydrogène sur du carbone chauffé vers 1.100°, on fait la synthèse du méthane :

$$C + 4H = CH^4$$

carbone       hydrogène       méthane

**347. — Préparation du méthane.** — On obtient le méthane en chauffant dans une cornue en verre vert, qui est peu fusible, un mélange de chaux sodée et d'acétate de sodium (fig. 117). L'acétate de sodium est décomposé par la soude. Il se forme du carbonate de sodium et du méthane. On remplace la soude caustique par de la chaux sodée

Fig. 117. — Préparation du méthane

(chaux éteinte dans une dissolution de soude), car au contact de la soude le verre fondrait :

$$NaOH + CH^3CO^2Na = CO^3Na^2 + CH^4$$

soude       acétate       carbonate       méthane
            de sodium     de sodium

**348. — Propriétés physiques du méthane.** — Le méthane est un gaz inodore, incolore et sans saveur. Sa densité est 0,56. Il est peu soluble dans l'eau et difficilement liquéfiable.

**349. — Propriétés chimiques du méthane.** — Étant saturé, le méthane ne peut se combiner avec aucun corps par addition. En présence de l'oxygène, le méthane brûle, en donnant de l'anhydride carbonique et de l'eau :

$$CH^4 \quad + \quad 2O^2 \quad = \quad CO^2 \quad = \quad 2H^2O$$

méthane — oxygène — anhydride carbonique — eau

Le mélange d'un volume de méthane et de 2 volumes de chlore peut être enflammé; il brûle en donnant de l'acide chlorhydrique et du carbone :

$$CH^4 \quad + \quad 4Cl \quad = \quad 4HCl \quad + \quad C$$

méthane — chlore — acide chlorhydrique — carbone

Mais si au lieu de déterminer une combustion rapide, on expose le mélange à la lumière diffuse, l'action du chlore est lente : le chlore se substitue peu à peu à l'hydrogène du méthane, et il se forme successivement quatre corps différents. Dans chaque réaction un atome de chlore remplace un atome d'hydrogène du corps précédemment formé, jusqu'au dernier. Voici les réactions qui se produisent :

1° $\quad CH^4 \quad + \quad 2Cl \quad = \quad CH^3Cl \quad + \quad HCl$

méthane — chlore — chlorure de méthyle — acide chlorhydrique

2° $\quad CH^3Cl \quad + \quad 2Cl \quad = \quad CH^2Cl^2 \quad + \quad HCl$

chlorure de méthyle — chlore — chlorure de méthylène — acide chlorhydrique

3° $\quad CH^2Cl^2 \quad + \quad 2Cl \quad = \quad CHCl^3 \quad + \quad HCl$

chlorure de méthylène — chlore — chloroforme — acide chlorhydrique

4° $\quad CHCl^3 \quad + \quad 2Cl \quad = \quad CCl^4 \quad + \quad HCl$

chloroforme — chlore — tétrachlorure de carbone — acide chlorhydrique

Le plus important des produits formés, le chloroforme, est employé en chirurgie comme anesthésique.

## PÉTROLES

**350. — Généralités.** — Le pétrole, appelé encore *huile de naphte*, est un mélange en proportions variables d'hydrocarbures saturés de la série du méthane. Les principaux gisements de pétrole actuellement exploités se trouvent aux États-Unis, en Roumanie et dans le sud de la Russie. Les nappes de pétrole occupent d'immenses cavités souterraines, qui se trouvent quelquefois à une centaine de mètres de profondeur. Ces nappes reposent généralement sur une couche d'eau salée. Au-dessus de la couche de pétrole se trouve un mélange de gaz combustibles où domine le méthane, qui exercent une forte pression. Aussi, lorsqu'on creuse un puits jusqu'à la couche de pétrole, celui-ci jaillit (fig. 118). Si le sondage

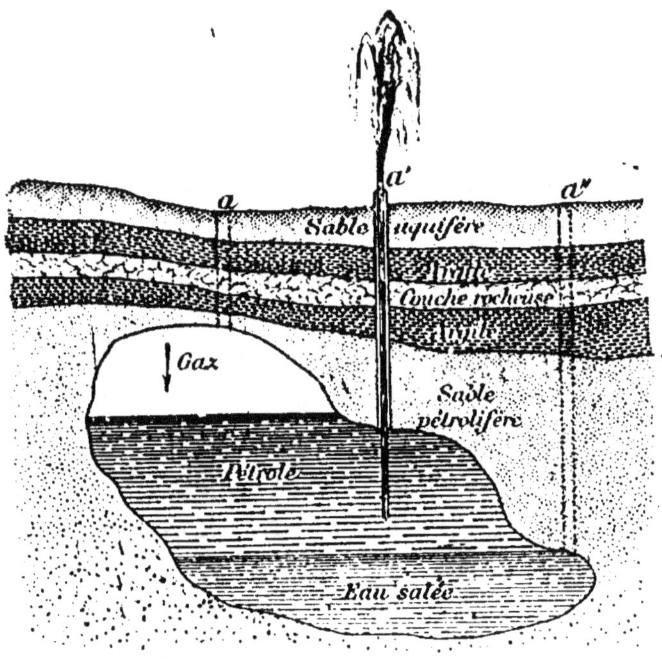


Fig. 118. — Source de pétrole.

était fait en *a*, des gaz seulement se répandraient au dehors; le sondage pourrait aboutir inutilement aussi en *a"* au dépôt d'eau salée.

On admet que les pétroles résultent d'une réaction de l'eau à haute température sur les carbures métalliques, principalement sur les carbures de fer $CFe^3$. Le carbure de fer traité par un acide, donne naissance, en effet, à divers carbures d'hydrogène.

**551. — Raffinage du pétrole**. — On ne peut pas se servir du pétrole brut, car il contient des hydrocarbures très volatils, qui, à la moindre flamme, prendraient feu et pourraient causer de graves accidents. En raison des différences des points d'ébullition des hydrocarbures, on distille le pétrole pour les séparer les uns des autres. La distillation donne les produits suivants :

**1° *Éther de pétrole*.** — Ce sont les vapeurs qui distillent au-dessous de 70°. L'éther de pétrole est un liquide très volatil, très inflammable, **dangereux à manier près du feu.**

**2° *Essence de pétrole*.** — Ce produit est constitué par les vapeurs qui passent entre 70° et 120°. C'est un liquide encore très volatil, très inflammable, **dangereux à manier près du feu.** On l'emploie dans les lampes à éponges. L'essence de pétrole dissout les graisses, le soufre, le caoutchouc.

**3° *Huile de pétrole*.** — Ce liquide est constitué par les vapeurs qui distillent entre 120° et 280°. C'est le pétrole que l'on emploie ordinairement pour l'éclairage dans les lampes à mèche. On emploie aussi l'huile de pétrole pour le chauffage de certaines machines, telles que celles des torpilleurs et des sous-marins.

**4° *Huiles lourdes de pétrole*.** — Elles distillent entre 280° et 380°. Elles servent au graissage des machines et au chauffage. On les emploie aussi pour l'extraction des alcaloïdes naturels.

**5° *Paraffine*.** — En se refroidissant, les huiles lourdes laissent un dépôt qui est un mélange de carbures solides auquel on donne le nom de *paraffine*. C'est une belle substance blanche, cireuse, cristalline, qui fond de 30° à 60°. On en fait des bougies qui brûlent sans donner de fumée et qui coulent très peu.

**6° *Goudrons*.** — Le résidu de la distillation est formé de goudrons appelés *brais*. Ce sont des corps impurs. Portés au rouge, ils donnent des hydrocarbures gazeux combustibles.

**7° *Vaseline*.** — En traitant les goudrons par l'éther, on obtient une dissolution, qui, distillée, laisse un dépôt d'huiles lourdes et de carbures solides auquel on a donné le nom de *vaseline*. C'est une substance blanche, onctueuse, qui a l'apparence de la graisse très pure, mais qui n'a ni odeur ni saveur. Étant inoxydable, elle ne rancit pas. On l'emploie pour remplacer la graisse dans certaines préparations pharmaceutiques.

## GAZ DE L'ÉCLAIRAGE

**552. — Distillation de la houille.** — Lorsqu'on soumet de la houille à une distillation sèche en vase clos, il se dégage divers produits : des gaz : hydrogène, oxyde de carbone, anhydride carbonique, méthane, cyanogène, acide sulfhydrique; des produits volatils : goudrons, composés ammoniacaux, vapeurs de benzine.

Le mélange de gaz et de produits volatils est recueilli par un conduit qui communique avec une boîte en terre réfractaire nommée *cornue*. Il reste dans la cornue un résidu auquel on a donné le nom de *coke*. C'est un excellent combustible. Il brûle sans flamme parce qu'il ne contient plus aucune matière volatile. Il reste aussi attaché aux parois de la cornue, un charbon spécial, d'une dureté extrême, appelé *charbon de cornue*, dont on se sert pour former dans certaines piles l'une des électrodes d'un circuit électrique.

Le goudron est un liquide épais, noirâtre, d'une odeur forte, d'une saveur amère. C'est une substance importante.

Les produits gazeux obtenus par la calcination de la houille forment dans leur ensemble une matière gazeuse nauséabonde et insuffisamment éclairante. Le gaz de l'éclairage ne doit contenir à peu près que du méthane, de l'hydrogène, une faible portion d'oxyde de carbone et des vapeurs de benzine. Celles-ci lui donnent son pouvoir éclairant. Le gaz carbonique, l'acide sulfhydrique, le cyanogène, les produits ammoniacaux et les goudrons doivent être éliminés. On soumet pour cela les produits gazeux à deux épurations successives, l'une physique, l'autre chimique.

L'épuration physique est faite à l'aide de trois appareils : le *barillet*, le *condenseur* et le *condensateur à choc*; l'épuration chimique a lieu en faisant traverser au gaz certaines matières qui se combinent avec les impuretés.

## 353. — Fabrication du gaz de l'éclairage. — Le charbon est chargé dans les *cornues* A (fig. 119), de 2 à 3 mètres de longueur, fermées hermétiquement, portées à une température de 800 degrés.

Chaque cornue communique par un tuyau vertical T avec un large conduit extérieur B appelé *barillet* empli à moitié d'eau. Le tuyau de la cornue plonge dans l'eau du barillet. Les produits de la distillation arrivent par ce tuyau et vont barboter dans le barillet. Une certaine quantité de goudron et de sels ammoniacaux se condensent dans l'eau du barillet. Mais la fonction de cet appareil est plutôt d'isoler les cornues les unes des autres et d'empêcher les gaz de revenir en arrière, lorsqu'on ouvre les cornues pour les recharger de houille.

Après avoir traversé le barillet, les gaz passent dans le *condenseur* C. Cet appareil est formé de tubes en U retournés dont une extrémité de l'un et une extrémité de l'autre plongent dans un bac commun. Les gaz montent par la première branche du premier tube, redescendent par l'autre branche, passent dans une branche du tube suivant, redescendent par l'autre branche, et ainsi de suite. Pendant ce trajet, une forte proportion des composés ammoniacaux et du goudron se condensent sur les parois du tube. Ils s'écoulent dans les bacs S.

A leur sortie du dernier tube, les gaz sont pompés par un *extracteur* D et refoulés vers les appareils qui suivent. Cela évite qu'une trop grande quantité de gaz ne séjourne dans la cornue, et y exerce une pression qui pourrait le faire filtrer à travers ses parois.

Pour se débarrasser du goudron qui reste, entraîné sous la forme de vésicules d'une petitesse extrême, le gaz est chassé avec une grande vitesse contre un *condensateur à choc* E. Cet appareil est composé de plaques de tôle disposées de telle façon, que les vésicules qui les frappent s'y collent et s'écoulent à mesure.

Après leur passage dans le condensateur, les gaz traversent des caisses F remplies de sciure de bois humectée d'eau. Le reste des composés ammoniacaux s'y dissout.

Les gaz arrivent maintenant dans des caisses en fonte G contenant, sur des grillages superposés, une matière épurante, appelée *mélange de Laming*. La matière épurante

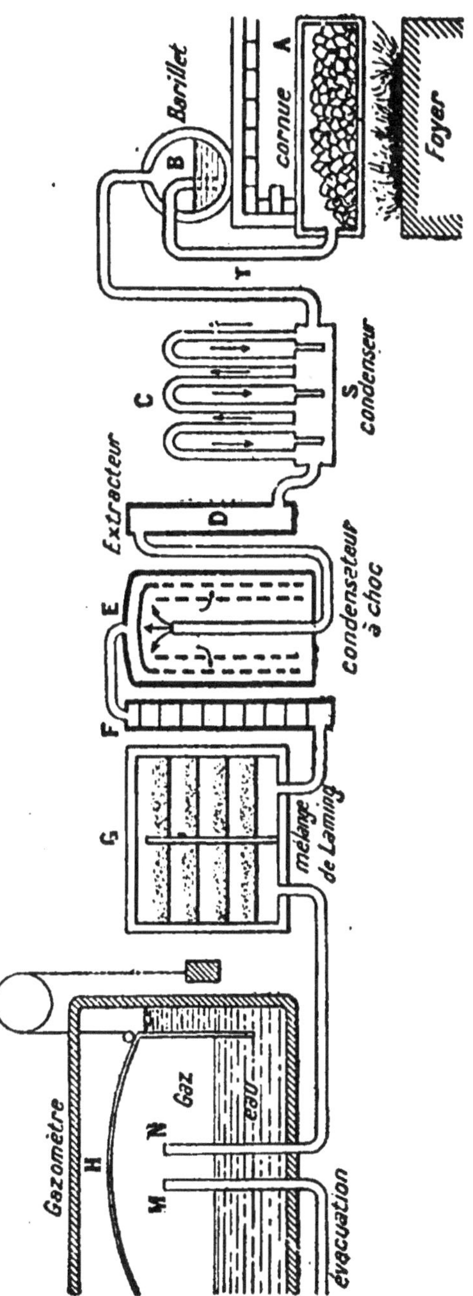


Fig. 119. — Appareils pour la fabrication du gaz de l'éclairage.

est obtenue en mélangeant une dissolution de sulfate ferreux avec de la sciure de bois. Lorsque la sciure est bien imprégnée de sulfate, on ajoute de la chaux éteinte et l'on brasse. Il se forme du sulfate de calcium et du sesquioxyde de fer hydraté. Une certaine quantité de chaux reste à l'état libre. La sciure n'a d'autre but que de rendre très perméable au gaz la matière épurante. L'acide sulfhydrique décompose le sesquioxyde de fer en donnant du sulfure de fer et de l'eau. Le cyanogène donne différents composés dont le principal est le *bleu de Prusse*. Le gaz carbonique se combine avec de la chaux et donne du carbonate de calcium.

Lorsque la matière épurante est devenue inactive, on la revivifie en l'exposant simplement à l'air. Le sulfure de fer se décompose en donnant du soufre pulvérulent et du sesquioxyde de fer. La matière peut servir jusqu'à ce que la proportion de soufre devenue trop forte la rende inerte.

Les substances gazeuses qui restent, suffisamment épurées, constituent le gaz de l'éclairage. Le gaz est recueilli enfin par un tube N sous une énorme cloche en tôle H appelée *gazomètre*. La cloche plonge dans l'eau. La pression que le gaz exerce fait soulever la cloche, à mesure que le gaz arrive. Le gaz est emmagasiné sous une cloche voisine au moyen d'un autre tube M et ainsi de suite.

Le gaz de l'éclairage est incolore; il a une odeur désagréable. Il est insoluble dans l'eau. Sa densité est de 0,4 environ. Le gaz de l'éclairage est vénéneux par la proportion d'oxyde de carbone qu'il contient. Il est utilisé non seulement pour l'éclairage et le chauffage, mais on l'emploie encore au fonctionnement de certains moteurs, dits moteurs à gaz.

## GOUDRON DE HOUILLE

**354. — Généralités.** — La fabrication du gaz de l'éclairage donne deux produits secondaires : les eaux ammoniacales et les goudrons, qui sont utilisés. Les eaux ammoniacales servent à préparer certains sels ammonicaux. On retire du goudron de houille, par la distillation, des produits très importants tels que le benzène $C^6H^6$, le toluène $C^7H^8$, le phénol $C^6H^6O$, le naphtalène $C^{10}H^8$, l'anthracène $C^{14}H^{10}$, etc., qui donnent naissance à de nombreuses et magnifiques matières colorantes artificielles. La distillation laisse un résidu appelé *brai*. Le brai gras renferme encore des huiles lourdes. Il sert à la préparation de *l'asphalte artificiel*. Le brai sec est le résidu d'une distillation plus poussée; il ne contient pas d'huiles lourdes. Mélangé à de la poussière de charbon, le goudron sert à faire des agglomérés pour le chauffage.

## HYDROCARBURES DIVALENTS ou ÉTHYLÉNIQUES

**355.** — La formule générale des hydrocarbures divalents ou éthyléniques est $C^nH^{2n}$. Le plus simple hydrocarbure est l'éthylène $C^2H^4$. Homologues de l'éthylène : propylène $C^3H^6$, butylène $C^4H^8$, etc.

Les hydrocarbures divalents dérivent des hydrocarbures saturés par la perte de deux atomes d'hydrogène. Deux atomes de carbone échangent entre eux deux valences; ils peuvent fixer deux atomes d'un corps monovalent ou deux groupes monovalents. Ainsi :

$$
\text{l'éthylène}
\begin{matrix}
H & H \\
| & | \\
H-C & = & C-H
\end{matrix}
\left\}\begin{matrix}\text{donne}\\\text{avec}\\\text{2 atomes}\\\text{de chlore}\end{matrix}\right.
\quad
\text{Le chlorure d'éthylène}
\begin{matrix}
H & H \\
| & | \\
H-C & - & C-H \\
| & | \\
Cl & Cl
\end{matrix}
$$

Formule brute du chlorure d'éthylène : $C^2H^4Cl^2$

# Éthylène

## $C^2H^4$

**356.** — **Préparation de l'éthylène.** — L'éthylène n'existe

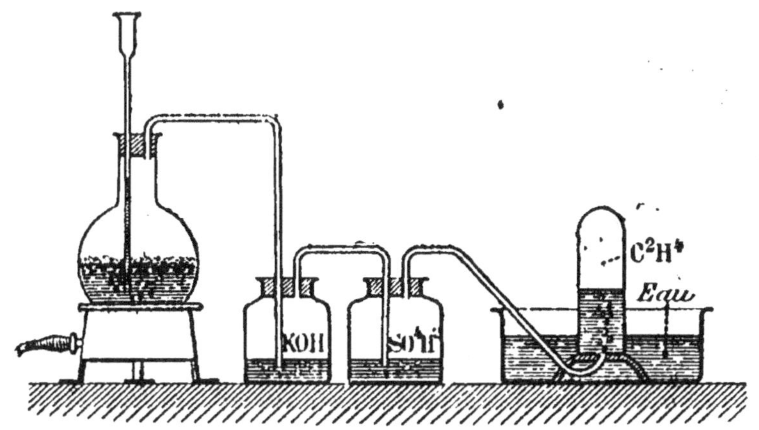


Fig. 120. — Préparation de l'éthylène.

pas à l'état naturel. On l'obtient par la déshydratation catalytique de l'alcool. La formule de l'alcool éthylique est $CH^3CH^2OH$. Si nous enlevons à la molécule d'alcool, une molécule d'eau $H^2O$, il reste une molécule d'éthylène $C^2H^4$.

On mélange de l'acide sulfurique concentré avec de l'alcool dans un ballon chauffé à 160° environ (fig. 120). On a mis un peu de sable dans le ballon, pour éviter le boursouflement. Un flacon qui contient de la potasse fait suite; il absorbe les gaz carbonique et sulfureux. Dans un deuxième flacon laveur, se trouve de l'acide sulfurique, qui retient l'éther formé. L'éthylène est recueilli après :

$$CH^3CH^2OH \quad = \quad H^2O \quad + \quad C^2H^4$$
$$\text{alcool éthylique} \qquad \text{eau} \qquad \text{éthylène}$$

Pour préparer l'éthylène, on peut aussi mélanger de l'alcool éthylique avec un excès d'acide sulfurique; il se forme de l'acide sulfovinique :

$$CH^3CH^2OH \quad + \quad SO^4H^2 \quad = \quad SO^4HC^2H^5 \quad + \quad H^2O$$
$$\text{alcool éthylique} \qquad \text{acide sulfurique} \qquad \text{acide sulfovinique} \qquad \text{eau}$$

L'acide sulfovinique chauffé au-dessus de 140° se décompose en éthylène et acide sulfurique :

$$SO^4HC^2H^5 \quad = \quad SO^4H^2 \quad + \quad C^2H^4$$
$$\text{acide sulfovinique} \qquad \text{acide sulfurique} \qquad \text{éthylène}$$

Si l'on chauffait seulement vers 100° l'acide sulfovinique avec addition d'alcool, il se produirait de l'acide sulfurique et de l'éther ordinaire improprement appelé *éther sulfurique* :

$$SO^4HC^2H^5 \quad + \quad CH^3CH^2OH \quad = \quad C^4H^{10}O \quad + \quad SO^4H^2$$
$$\text{acide sulfovinique} \qquad \text{alcool éthylique} \qquad \text{éther ordinaire} \qquad \text{acide sulfurique}$$

**357. — Propriétés physiques de l'éthylène.** — L'éthylène est un gaz incolore, sans saveur, d'une odeur qui rappelle légèrement celle de l'éther. Sa densité est 0,97. Il est un peu soluble dans l'eau. Il est facilement liquéfiable.

**358. — Propriétés chimiques de l'éthylène.** — L'éthylène brûle en présence de l'oxygène en donnant de l'anhydride carbonique et de l'eau :

$$C^2H^4 \ + \ 3O^2 \ = \ 2CO^2 \ + \ 2H^2O$$

éthylène      oxygène      anhydride      eau
                          carbonique

On peut enflammer, à l'orifice d'une éprouvette (fig. 121), un mélange de 4 volumes de chlore et de 2 volumes d'éthylène; il se produit une épaisse fumée noire composée d'acide chlorhydrique et de charbon :

$$C^2H^4 \ + \ 4Cl \ = \ 2C \ + \ 4HCl$$

éthylène      chlore      carbone      acide
                                    chlorhydrique

Si l'on expose à la lumière diffuse un mélange à volumes égaux d'éthylène et de chlore, on voit des gouttelettes huileuses ruisseler sur les parois de l'éprouvette (fig. 122). C'est du chlorure d'éthylène, appelé huile des Hollandais (l'éthylène a été découvert par des chimistes hollandais).

Le chlorure d'éthylène est un produit d'addition.

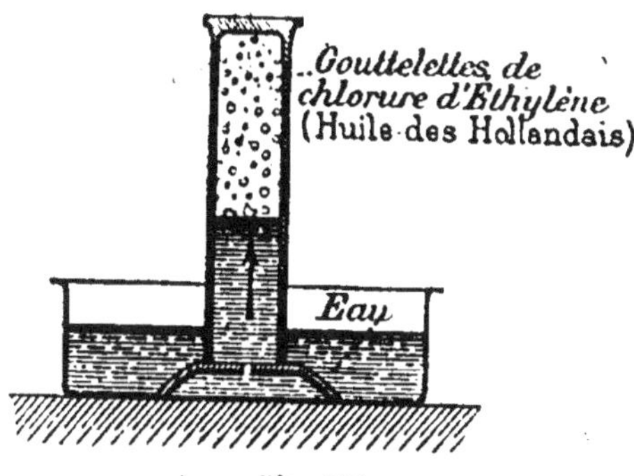

Fig. 122.

Fig. 121.

Le chlore n'a pas remplacé d'hydrogène dans la molécule d'éthylène, comme cela s'est produit pour le méthane (n° 349) : il s'est fixé sur elle.

L'éthylène se combine avec les hydracides pour former des produits d'addition :

$$C^2H^4 \ + \ HI \ = \ C^2H^5I$$

éthylène      acide          iodure
              iodhydrique     d'éthyle

L'acide sulfurique dissout l'éthylène; il se forme un produit d'addition : du sulfate acide d'éthyle ou acide sulfovinique :

$$C^2H^4 \quad + \quad SO^4H^2 \quad = \quad SO^4HC^2H^5$$

| éthylène | acide sulfurique | sulfate acide d'éthyle |

## HYDROCARBURES TÉTRAVALENTS ou ACÉTYLÉNIQUES

**359.** — La formule générale des hydrocarbures tétravalents ou acétyléniques est $C^nH^{2n-2}$, c'est-à-dire que le coefficient de l'hydrogène est le coefficient du carbone multiplié par 2, moins 2. Le plus simple hydrocarbure acétylénique est l'acétylène $C^2H^2$. Homologue de l'acétylène : Allylène $C^3H^4$, etc.

Les hydrocarbures acétyléniques dérivent soit d'un hydrocarbure forménique, soit d'un hydrocarbure éthylénique par perte de 4 ou 2 atomes d'hydrogène. Deux atomes de carbone échangent entre eux trois valences. Ex. : acétylène

$$H - C \equiv C - H$$

Cette formule montre 4 valences capables de fixer 4 atomes ou 4 groupes monovalents et former des produits d'addition.

# Acétylène

## $C^2H^2$

**360. — Synthèse de l'acétylène.** — Berthelot a réalisé la synthèse de l'acétylène en faisant arriver de l'hydrogène dans une ampoule en verre (fig. 123) où l'on peut produire un arc électrique au moyen de deux baguettes de charbon reliées à une puissante machine électrique. Sous l'influence de l'arc électrique, la vapeur de carbone, formée à une haute température, se combine directement à l'hydrogène. L'acétylène produit peut être absorbé par une solution ammoniacale de chlorure cuivreux; il se forme un précipité rougeâtre qui est de l'acétylure cuivreux. On le traite par l'acide chlorhydrique pour dégager l'acétylène.

**361. — Préparation de l'acétylène.** — On obtient maintenant l'acétylène en décomposant le carbure de calcium par l'eau :

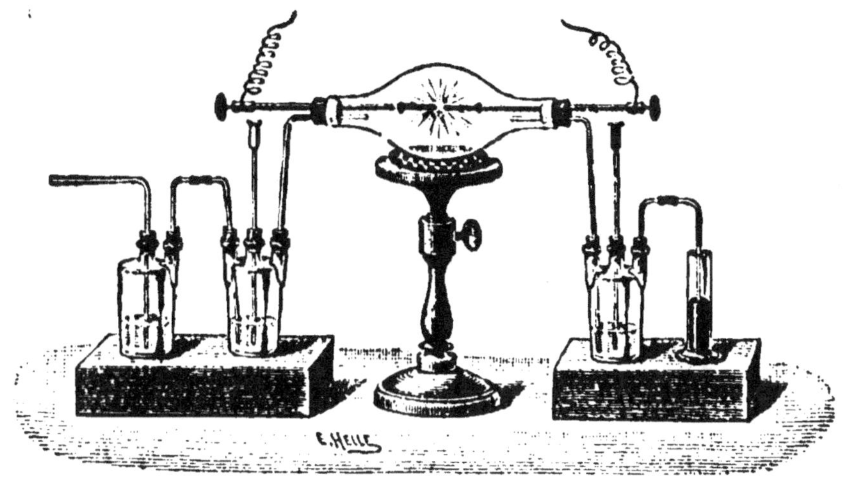

Fig. 123. — Synthèse de l'acétylène.

$$C^2Ca + 2H^2O = C^2H^2 + Ca(OH)^2$$

carbure        eau        acétylène        hydrate
de calcium                              de calcium

Le carbure de calcium est produit en chauffant dans un four électrique un mélange de chaux et de charbon :

$$CaO + 3C = C^2Ca + CO$$

chaux        carbone        carbure        oxyde
                            de calcium    de carbone

On se sert d'un flacon muni d'un tube à entonnoir (fig. 124) par lequel on verse goutte à goutte l'eau sur le carbure. L'acétylène produit est recueilli dans une éprouvette sur la cuve à eau.

**362. — Propriétés physiques de l'acétylène.** — L'acétylène est un gaz incolore, d'une odeur alliacée. Sa densité est 0,92. Il est un peu soluble dans l'eau : un litre

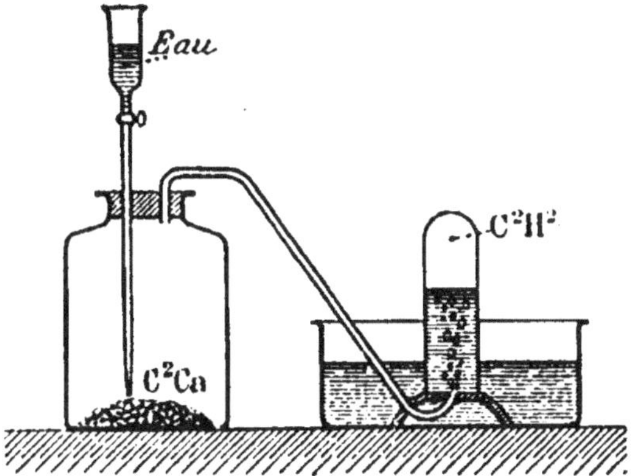


Fig. 124. — Préparation de l'acétylène.

en dissout environ un volume égal. Il est plus soluble dans l'alcool. L'acétylène est liquéfiable à la température de $+ 1°$ sous une pression de 48 atmosphères. C'est un avantage pour transporter ce gaz combustible. Mais si sa pression est supérieure à 2 atmosphères, un choc peut déterminer une explosion. L'acétylène dissous dans l'acétone n'offre plus ce dangereux inconvénient. L'acétone en dissout 25 fois son volume.

**565. — Propriétés chimiques de l'acétylène. —** L'acétylène brûle au contact de l'air avec une flamme éclairante, mais fuligineuse, si la combustion est incomplète :

$$C^2H^2 \quad + \quad 5O \quad = \quad 2CO^2 \quad + \quad H^2O$$
$$\text{acétylène} \qquad \text{oxygène} \qquad \text{anhydride carbonique} \qquad \text{eau}$$

Lorsqu'au moyen d'un bec spécial à trous très fins, on étale le jet de gaz, on produit la combustion complète; la flamme devient très éclairante.

L'acétylène forme avec l'oxygène de l'air un mélange détonant au contact de la flamme.

Le chlore décompose l'acétylène. Un mélange de chlore et d'acétylène enflammé donne de l'acide chlorhydrique :

$$C^2H^2 \quad + \quad Cl^2 \quad = \quad 2HCl \quad + \quad 2C$$
$$\text{acétylène} \qquad \text{chlore} \qquad \text{acide chlorhydrique} \qquad \text{carbone}$$

Si au lieu d'enflammer le mélange, on l'expose à la lumière diffuse, il se forme d'abord du chlorure d'acétylène, $C^2H^2Cl^2$ et celui-ci, en présence du chlore, donne de l'éthane tétrachloré $C^2H^2Cl^4$.

Lorsqu'on fait passer sur du cuivre légèrement chauffé, un mélange d'acétylène et d'hydrogène, il en résulte du méthane ou de l'éthylène selon les proportions du gaz en présence :

$$C^2H^2 \quad + \quad 6H \quad = \quad 2(CH^4)$$
$$\text{acétylène} \qquad \text{hydrogène} \qquad \text{méthane}$$

$$C^2H^2 \quad + \quad 2H \quad = \quad C^2H^4$$
$$\text{acétylène} \qquad \qquad \text{éthylène}$$

Si dans une cloche recourbée, revêtue d'une toile métallique, on chauffe de l'acétylène au rouge, le volume du gaz diminue et l'acétylène se transforme en benzène :

$$3(C^2H^2) \quad = \quad C^6H^6$$

On dit, dans ce cas, que le benzène est un **polymère** de l'acétylène. Les polymères sont des corps qui, ayant la même composition centésimale, ont des poids moléculaires différents. Dans l'exemple ci-dessus, l'acétylène triple sa molécule pour donner du benzène.

**564. — Usages de l'acétylène.** — En raison de son important pouvoir éclairant (13 à 15 fois plus que le gaz de l'éclairage), de la facilité de sa préparation et de son faible prix de revient, l'acétylène est employé à l'éclairage. On a construit des appareils qui font fonction à la fois de générateurs et de gazomètres. Dans certains récipients solides on utilise encore à l'éclairage l'acétylène liquide. L'emploi de l'acétylène offrant les dangers que nous avons signalés, il faut prendre de minutieuses précautions.

Lorsqu'on mélange l'oxygène à l'acétylène, qu'on enflamme à la sortie d'un chalumeau, on obtient une température extrêmement élevée, capable de fondre en quelques secondes de fortes barres d'acier. Aussi on emploie la flamme oxy-acétylénique pour couper et percer les pièces métalliques les plus volumineuses. Il suffit aussi d'un chalumeau à gaz oxygène et acétylène pour souder : la fusion des bords à réunir suffit. C'est la soudure autogène.

---

VINGT-DEUXIÈME LEÇON

# Alcools

**565. — Définition des alcools.** — Les alcools sont des corps neutres composés de carbone, d'hydrogène et d'oxygène, **capables de s'unir directement aux acides minéraux ou organiques, avec élimination d'eau, pour donner des éthers.**

On classe les alcools selon leur atomicité, suivant que l'alcool contient une ou plusieurs fois l'oxhydrile OH dans sa molécule. Les alcools sont dits alors :

monoatomiques ou monobasiques  
diatoniques        »     bibasiques  
triatomiques       »     tribasiques  
tétraatomiques    »     tétrabasiques

**566. — Alcools monoatomiques.** — Les alcools monoatomiques ne contiennent qu'une fois OH. Parmi les alcools monoatomiques, nous citerons la série homologue des alcools qui dérivent des hydrocarbures saturés $C^nH^{2n+2}$. Ils ont pour formule générale $C^nH^{2+1}OH$. Ce sont :

| | | | | |
|---|---|---|---|---|
| L'alcool méthylique | ou | méthanol | $H—CH^2(OH)$ |
| » | éthylique | » | éthanol | $CH^3—CH^2(OH)$ |
| » | propylique | » | propanol | $C^2H^5—CH^2(OH)$ |
| » | butylique normal | » | butanol | $C^3H^7—CH^2(OH)$ |
| » | amylique normal | » | pentanol | $C^4H^9—CH^2(OH)$ |

On retire ces alcools des liqueurs fermentées, sauf l'alcool méthylique qui est obtenu dans la distillation sèche du bois.

**567. — Alcools diatomiques ou glycols.** — Les alcools diatomiques ou glycols contiennent deux fois OH. Ils proviennent d'hydrocarbures :

| | | | | |
|---|---|---|---|---|
| Glycol ordinaire ou hydrate d'éthylène | | | | $C^2H^4(OH)^2$ |
| Propylglycol | » | » | de propylène | $C^3H^6(OH)^2$ |
| Butylglycol | » | » | de butylène | $C^4H^8(OH)^2$ |
| Amylglycol | » | » | d'amylène | $C^5H^{10}(OH)^2$ |

La formule du glycol ordinaire $C^2H^4(OH)^2$

$$\text{peut s'écrire} \quad \begin{matrix} CH^2—CH^2 \\ | \quad\quad | \\ OH \quad OH \end{matrix}$$

Les glycols contenant 2 fois OH sont 2 fois alcools : aussi ils peuvent donner lieu 2 fois à chaque réaction que donne un alcool monoatomique.

**568. — Alcools triatomiques.** — Les alcools triatomiques contiennent trois fois OH. Ils sont par conséquent, eux, 3 fois alcool; ils peuvent donner lieu à 3 fois chaque réaction que donne un alcool monoatomique :

$$\text{Glycérine} \quad C^3H^5(OH)^3 \text{ ou } \begin{matrix} CH^2—CH—CH^2 \\ | \quad\quad | \quad\quad | \\ OH \quad OH \quad OH \end{matrix}$$

La glycérine est un liquide sirupeux, neutre, de saveur sucrée, sans odeur; elle se dissout dans l'eau et dans l'alcool. La glycérine forme avec des acides gras divers **des éthers qui sont les corps gras**; la glycérine en est la base commune et les acides gras la partie variable. Un éther gras résulte de l'union de 3 molécules d'acides gras avec 1 molécule de glycérine, et élimination en même temps de 3 molécules d'eau.

## CLASSIFICATION DES ALCOOLS MONOATOMIQUES

**569.** — L'oxydation ne donnant pas les mêmes résultats pour tous les alcools monoatomiques, on les a partagés en trois groupes.

Les formules des alcools dérivent des formules des hydrocarbures par substitution de l'oxydrile OH à un atome d'hydrogène.

**570. — Alcools primaires.** — Si la substitution porte sur 1 atome de carbone lié à 1 autre atome de carbone, on a un *alcool primaire*.

Soumis à l'oxydation, les alcools primaires donnent d'abord une aldéhyde, puis un acide. Type d'alcool primaire : alcool éthylique, qui dérive de l'éthane $C^2H^6$

$$CH^3 — CH^3 \quad \text{devient} \quad CH^3CH^2OH$$
$$\text{éthane} \qquad\qquad \text{alcool éthylique}$$

Les alcools primaires sont caractérisés par le groupe fonctionnel

$$—CH^2OH$$

**571. — Alcools secondaires.** — Si la substitution porte sur 1 atome de carbone lié à 2 autres atomes de carbone, on a un *alcool secondaire*.

En s'oxydant, les alcools secondaires donnent des acétones ou cétones. Type d'alcool secondaire : alcool isopropylique [1] qui dérive du propane.

$$CH^3 — CH^2 — CH^3 \quad \text{devient} \quad CH^3 — CHOH — CH^3 \ \text{ou} \ \begin{array}{c} CH^3 \\ | \\ CHOH \\ | \\ CH^3 \end{array}$$
$$\text{propane} \qquad\qquad\qquad \text{alcool isopropylique}$$

Les alcools secondaires sont caractérisés par le groupe fonctionnel

$$\begin{array}{c} | \\ CHOH \\ | \end{array}$$

1. Le préfixe *iso* signifie que l'alcool isopropylique est isomère de l'alcool propylique, qui a la même formule brute $C^3H^8O$, mais dont la formule développée est $C^2H^5 — CH^2OH$. Celui-ci est un alcool primaire.

L'alcool isopropylique donne par oxydation l'acétone ordinaire :

$$CH^3CHOHCH^3 \quad + \quad O \quad = \quad CH^3COCH^3 \quad + \quad H^2O$$

alcool       oxygène      acétone      eau<br>isopropylique

**372. — Alcools tertiaires.** — Si la substitution porte sur 1 atome de carbone lié à 3 autres atomes de carbone, on a un *alcool tertiaire*. Ils ne peuvent être oxydés sans que la molécule soit brisée. Ils donnent alors deux acides qui contiennent moins de carbone que l'alcool. Type d'alcool tertiaire : triméthylcarbinol $C^4H^{10}O$ (alcool butylique tertiaire) qui dérive de l'isobutane :

$$CH^3 - \underset{\underset{\text{isobutane}}{CH^3}}{\overset{|}{CH}} - CH^3 \quad \text{devient} \quad CH^3 - \underset{\underset{\text{triméthylcarbinol}}{CH^3}}{\overset{|}{COH}} - CH^3 \quad \text{ou} \quad \overset{CH^3}{\underset{CH^3}{\overset{|}{CH^3 - COH}}}$$

Les alcools tertiaires sont caractérisés par le groupe fonctionnel

$$-\overset{|}{\underset{|}{C}}OH$$

REMARQUE.

Comme il n'y a qu'un atome de carbone dans le méthane $H - CH^3$, la substitution de OH à H ne peut donner ni un alcool primaire, ni un alcool secondaire, ni un alcool tertiaire. L'alcool méthylique est classé à part. On a :

$$CH^3OH \qquad CH^3CH^2OH \qquad CH^3 - CHOH - CH^3 \qquad CH^3 - \underset{CH^3}{\overset{|}{COH}} - CH^3$$

alcool       alcool       alcool       triméthylcarbinol<br>méthylique    éthylique    isopropylique    alcool tertiaire<br>         alcool primaire   alcool secondaire

## VINGT-TROISIÈME LEÇON

## ALCOOLS MONOATOMIQUES SATURÉS

# Alcool méthylique

### $CH^3OH$ ou $CH^4O$

**373. — Définition.** — L'alcool méthylique dérive du méthane par substitution de l'oxhydrile OH à un atome d'hydrogène :

$$H—CH^3 \qquad devient \qquad H—CH^2OH$$

méthane $\qquad\qquad\qquad$ alcool méthylique

$$ou\ CH^3—OH$$

C'est un alcool monoatomique parce qu'il ne contient qu'une fois OH. Il a, comme l'alcool éthylique, la propriété de donner des éthers.

L'alcool méthylique porte encore le nom d'*esprit de bois*.

**374. — Préparation de l'alcool méthylique.** — L'alcool

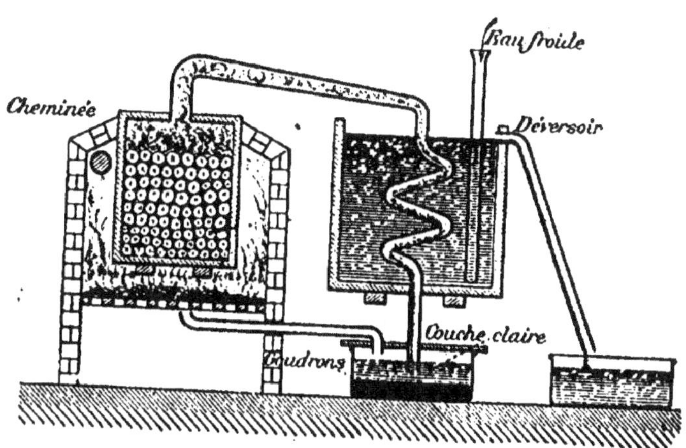


Fig. 125. — Distillation sèche du bois.

méthylique est obtenu par la distillation sèche du bois pratiquée dans des cornues en tôle (fig. 125) reliées à des serpentins qui plongent dans des réservoirs d'eau froide. Les produits de la distillation sont : des gaz combustibles que l'on peut recueillir pour le chauffage, parce qu'ils ne se condensent pas; des goudrons formant au fond du récipient qui reçoit les matières condensées, une couche noirâtre et au-dessus un mélange d'eau, d'alcool méthylique, d'acide acétique et d'acétone. On sépare les goudrons desquels on extraira du benzène, des phénols, de la créozote, etc.

La couche liquide claire est saturée de carbonate de calcium qui s'empare de l'acide acétique pour former de l'acétate de calcium, duquel on extraira l'acide acétique. On redistille le liquide restant; on ajoute au produit du chlorure de calcium qui s'empare de l'alcool. On fait enfin dissoudre le chlorure de calcium dans l'eau et l'on distille la liqueur obtenue : l'alcool méthylique est séparé ainsi de l'eau.

### 575. — Propriétés physiques de l'alcool méthylique.

— L'alcool méthylique est un liquide incolore, mobile, d'odeur et de saveur spiritueuses lorsqu'il est pur. Son odeur désagréable est due à des impuretés. Sa densité est 0,81 à 0°. Il bout à 66°,5. Il se mélange à l'eau, à l'alcool éthylique et à l'éther. Il dissout les corps gras, les résines, les matières colorantes.

### · 576. — Propriétés chimiques de l'alcool méthylique.

— L'alcool méthylique brûle avec une flamme pâle, peu éclairante. En présence du noir de platine, il est oxydé par l'oxygène de l'air. Il se transforme successivement en aldéhyde formique et en acide formique :

$$1° \quad CH^3OH \quad + \quad O \quad = \quad CH^2O \quad + \quad H^2O$$

         alcool               oxygène         aldéhyde         eau
         méthylique                             formique

$$2° \quad CH^2O \quad + \quad O \quad = \quad CH^2O^2$$

         aldéhyde           oxygène         acide
         formique                          formique

L'alcool méthylique se combine à froid avec la baryte pour donner un alcoolate $(CH^3O)^2BaO$.

### 577. — Usages de l'alcool méthylique.

— L'alcool méthylique est employé souvent à la place de l'alcool ordinaire, principalement dans la préparation des vernis. On s'en sert à l'état impur pour le chauffage dans des lampes spéciales, et aussi pour *dénaturer* l'alcool éthylique (l'alcool éthylique dénaturé, impropre à la consommation, ne paie plus les mêmes droits de régie). Le formol ou aldéhyde formique est préparé avec l'alcool méthylique.

**578. — Chlorure de méthyle.** — Le chlorure de méthyle $CH^3Cl$ ou éther méthylchlorhydrique est un liquide incolore, d'odeur agréable, qu'on obtient en traitant l'alcool méthylique par l'acide chlorhydrique :

$$CH^3OH \quad + \quad HCl \quad = \quad CH^3Cl \quad + \quad H^2O$$

alcool       acide       éther       eau<br>méthylique   chlorhyarique   méthylchlorhydrique

Le chlorure de méthyle est employé en médecine contre les névralgies et comme anesthésique pour insensibiliser une région du corps par le froid que sa rapide évaporation produit. Le chlorure de méthyle est employé aussi dans la fabrication de certaines matières colorantes.

Attaqué par le chlore, le chlorure de méthyle donne par substitution le **chloroforme** $CHCl^3$ qui est un produit important.

**579. — Chloroforme.** — Le chloroforme est en somme un méthane trichloré, comme le chlorure de méthyle est un méthane monochloré. On prépare le chloroforme en chauffant dans une cornue réunie à un réfrigérant un mélange en proportions convenables de chlorure de chaux (qui donnera le chlore), d'alcool éthylique, de chaux éteinte et d'eau. On recueille un liquide huileux au fond de l'eau distillée en même temps : on le sépare; on le purifie en l'agitant avec de l'acide sulfurique; on redistille enfin. A 60° passe le chloroforme.

Les réactions qui se produisent dans cette préparation sont les suivantes :

$$C^2H^5OH + 2(CaO^2Cl^2) = C^2HCl^3O + 2H^2O + 2CaO + HCl$$

alcool     chlorure     chloral     eau     chaux     acide<br>éthylique   de chaux                           chlorhydrique

$$2(C^2HCl^3O) \quad + \quad Ca(OH)^2 \quad = \quad (CHO^2)^2Ca \quad + \quad 2CHCl^3$$

chloral     hydrate     formiate     chloroforme<br>de calcium   de calcium

Nous parlerons du chloral un peu plus loin.

## ALCOOL SOLIDIFIÉ

**580.** — L'alcool solidifié est une émulsion de savon blanc dans de l'alcool méthylique, dans les proportions suivantes en poids :

alcool méthylique       85 parties<br>
savon blanc            15   »

Après avoir râpé le savon dans un récipient on y verse l'alcool à froid et l'on agite le mélange. L'émulsion commence à se produire. On porte ensuite sur le feu, au bain-marie, à une température de 60°. On agite toujours le mélange; lorsqu'on a obtenu un liquide suffisamment homogène et d'une limpidité relative, on le verse dans des boîtes de fer-blanc où il se solidifie et se moule en refroidissant.

Le mélange émettant des vapeurs d'alcool qui s'enflamment aussitôt, il est utile de chauffer avec précaution et d'avoir le visage éloigné du foyer.

# Alcool éthylique ou éthanol

## $CH^3CH^2OH$ ou $C^2H^6O$

**581.** — L'alcool éthylique est l'a'cool ordinaire qu'on extrait de la distillation des boissons fermentées; il est parfois accompagné des alcools méthylique, propylique, butylique, amylique, qui constituent une part des impuretés.

**582. — Fermentation alcoolique.** — Lorsqu'on écrase certains fruits mûrs sucrés tels que des raisins, des pommes, des groseilles, on obtient un jus sucré appelé *moût*. Dans le moût abandonné à lui-même, il se forme bientôt du gaz carbonique et le jus bouillonne. Le gaz carbonique est produit par la dislocation du sucre de fruit appelé **glucose**. Cette dislocation est le fait d'un végétal microscopique, qui est un ferment. Sous l'action du ferment, le sucre se dédouble en gaz carbonique, qui s'échappe, et en alcool qui reste dans le liquide. C'est ce que l'on appelle la **fermentation alcoolique** :

$$C^6H^{12}O^6 = 2CH^3CH^2OH + 2CO^2$$

| glucose | alcool<br>éthylique | anhydride<br>carbonique |

Le ferment est apporté par le fruit lui-même auquel il s'est attaché. Il forme à la surface une légère couche de poudre que les jardiniers appellent la « fleur du fruit ». Car le ferment circule dans l'atmosphère à l'état de vie ralentie. Il n'entre en activité que lorsqu'il est en présence d'un jus sucré aux dépens duquel il croît et se multiplie.

Le ferment de la fermentation alcoolique est appelé **levure**. C'est un champignon invisible à l'œil nu. La levure apparaît sous forme de globules agglomérés. La levure vit dans l'air, mais c'est seulement lorsqu'elle est en présence d'un jus sucré qu'elle se développe aux dépens du carbone, de l'azote, de l'oxygène, etc., qu'elle trouve dans le moût. Elle s'y reproduit par bourgeonnement, c'est-à-dire qu'en un ou deux points de la surface d'un globule, qui est une cellule, des renflements se produisent, qui se remplissent aux dépens de la cellule-mère. Lorsqu'un renflement a atteint le volume de la cellule-mère, il s'étrangle à la base, et se sépare : il devient à son tour une cellule.

**583. — Synthèse de l'alcool.** — L'alcool a été obtenu par synthèse. En agitant de l'éthylène avec de l'acide sulfurique, on obtient du sulfate acide d'éthyle :

$$C^2H^4 \; + \; SO^4H^2 \; = \; SO^4HC^2H^5$$

$$\text{éthylène} \qquad \text{acide} \qquad \text{sulfate acide}$$
$$\text{sulfurique} \qquad \text{d'éthyle}$$

Le sulfate acide d'éthyle distillé avec de l'eau, régénère l'acide sulfurique et donne de l'alcool :

$$SO^4HC^2H^5 \; + \; H^2O \; = \; SO^4H^2 \; + \; CH^3CH^2OH$$

$$\text{sulfate acide} \qquad \text{eau} \qquad \text{acide} \qquad \text{alcool}$$
$$\text{d'éthyle} \qquad \text{sulfurique} \qquad \text{éthylique}$$

**584. — Extraction de l'alcool.** — L'alcool est extrait du vin ou du cidre, et, dans ces deux cas, on l'appelle *eau-de-vie;* ou bien il est tiré des jus sucrés de betteraves à sucre ou de mélasses, ou de substances amylacées (amidon de blé, d'orge, d'avoine, fécule de pomme de terre) converties en glucose, qui est soumis à la fermentation par addition de levure de bière. Dans ce cas, il est nommé *alcool d'industrie.*

Les boissons alcoolisées sont des mélanges d'eau et d'alcool dans lesquels ce dernier est en infime proportion : de 4 à 12 pour cent environ.

La séparation de l'alcool et de l'eau est fondée sur la différence des points d'ébullition de l'eau et de l'alcool. L'eau bout à 100°, l'alcool à 78°. Les impuretés qui accompagnent toujours l'alcool éthylique dilué dans les boissons fermentées, sont le furfurol, les alcools amylique, butylique et propylique, des éthers, etc. Ces corps ont aussi des points d'ébullition différents entre eux et au-dessus ou au-dessous de 78°. Par la distillation fractionnée on recueillera séparément les vapeurs d'alcool éthylique.

On pourrait supposer que les vapeurs diverses d'impuretés, d'alcool éthylique et d'eau vont s'élever dans l'ordre de leur degré de volatilisation : d'abord les impuretés dont le point d'ébullition est inférieur à 78°, puis l'alcool éthylique à 78°, et l'eau à 100°. Il n'en est pas tout à fait ainsi. Les premières vapeurs qui arrivent sont des impuretés dont le point d'ébullition est faible, mais lorsque la température du liquide atteint 78°, l'alcool éthylique passe à son tour, entraînant toujours de l'eau et diverses impuretés. Comme à une température un peu plus élevée ce seraient des impuretés qui arriveraient, on ne dépasse pas la température de 78°. On fait trois lots : *produits de tête, produits de cœur, produits de queue*. On fractionne de nouveau une ou plusieurs fois les produits de cœur, et on obtient un alcool à peu près pur.

Ce sont les impuretés (éthers sels) passant en même temps que l'alcool dans la distillation du vin, qui constituent le « bouquet » des eaux-de-vie.

### 585. — Alcool absolu.

— On obtient l'alcool absolu, c'est-à-dire anhydre, en laissant pendant quarante-huit heures en contact avec de la chaux vive, de l'alcool d'un degré supérieur à 90°, obtenu industriellement, comme nous allons voir; puis on distille deux ou trois fois. La chaux, très avide d'eau, déshydrate complètement l'alcool.

### 586. — Propriétés physiques de l'alcool.

— L'alcool est un liquide incolore, d'une odeur caractéristique et d'une saveur brûlante. Sa densité est 0,8. Il bout à 78°. Il se solidifie vers — 115°; cette propriété l'a fait adopter comme liquide thermométrique pour l'évaluation des basses températures. Il dissout un grand nombre de corps, tels que l'iode avec lequel il donne la teinture d'iode, l'arnica, le quinquina, le camphre, le menthol, les résines, etc. Il dissout les essences aromatiques : aussi est-il employé pour préparer les parfums. L'alcool coagule l'albumine et la gélatine : c'est pourquoi le blanc d'œuf — qui est de l'albumine — est employé au collage du vin.

Un mélange d'alcool et d'eau se fait avec contraction. L'alcool est miscible à l'eau en toutes proportions.

L'alcool absorbe l'humidité et il est antiseptique. C'est pourquoi l'on conserve dans l'alcool les fruits et les pièces anatomiques.

L'absorption d'alcool étendu, qu'on nomme eau-de-vie, produit une excitation momentanée, suivie de refroidissement. L'absorption répétée de l'alcool affaiblit l'organisme et développe des maladies graves : la tuberculose, la cirrhose du foie, etc.

On mesure la richesse en alcool des eaux-de-vie au moyen de l'*alcoomètre*[1].

---

1. Voir notre *Manuel de Physique*.

**587. — Propriétés chimiques de l'alcool.** — L'alcool brûle avec une flamme peu éclairante, en donnant de l'anhydride carbonique et de l'eau :

$$CH^3CH^2OH + 3O^2 = 2CO^2 + 3H^2O$$

alcool éthylique     oxygène     anhydride carbonique     eau

L'alcool est peu attaqué par l'oxgène de l'air. Mais sous l'influence d'un catalyseur, tel que le noir de platine, l'alcool s'oxyde. Si l'oxydation est ménagée, il se produit une aldéhyde :

$$CH^3CH^2OH + O = C^2H^4O + H^2O$$

alcool éthylique     oxygène     aldéhyde     eau

Si l'oxydation est énergique, l'alcool se transforme en acide acétique :

$$CH^3CH^2OH + O^2 = CH^3CO^2H + H^2O$$

alcool éthylique     oxygène     acide acétique     eau

C'est cette réaction qui se produit à l'air au contact d'un ferment, le *Bacterium aceti*, lorsqu'on laisse du vin, de la bière ou du cidre dans un fond de tonneau.

L'action des acides sur l'alcool, et en particulier l'action de l'acide sulfurique, est remarquable. Nous avons vu qu'on prépare l'éthylène en déshydratant l'alcool au moyen de l'acide sulfurique.

En faisant agir un acide sur l'alcool éthylique, la réaction qui a lieu porte le nom d'**éthérification** et le corps produit se nomme **éther sel**.

On nomme le corps produit éther sel parce que de même qu'une base réagissant sur un acide donne un sel avec élimination d'une molécule d'eau, de même une molécule d'alcool éthylique, par exemple, réagissant sur une molécule d'acide donne un éther sel et une molécule d'eau.

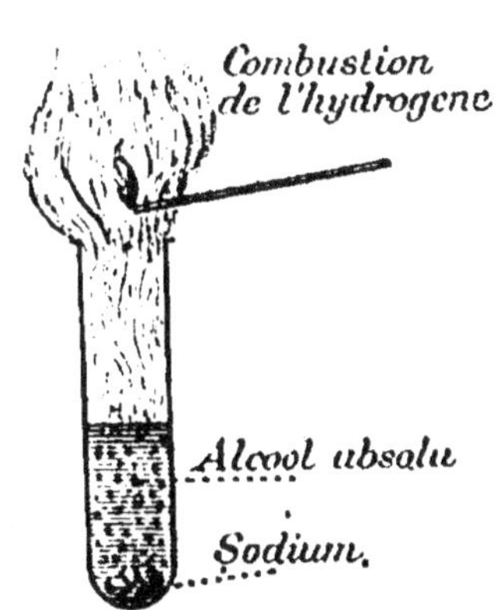


Fig. 126.

Mettons en présence de l'acide acétique et de la soude caustique, nous obtenons de l'acétate de sodium et de l'eau :

$$CH^3CO^2H \quad + \quad NaOH \quad = \quad CH^3CO^2Na \quad + \quad H^2O$$

acide    soude    acétate de    eau
acétique    caustique    sodium

Remplaçons la soude par de l'alcool, nous obtenons de l'acétate d'é-
thyle, qui est l'éther acétique :

$$CH^3CO^2H \quad + \quad CH^3CH^2OH \quad = \quad CH^3CO^2C^2H^5 \quad + \quad H^2O$$

acide    alcool    acétate    eau
acétique    éthylique    d'éthyle

Les deux réactions sont analogues.

En général, tous les acides réagissent sur l'alcool éthylique et donnent un éther sel et de l'eau.

Si l'on fait tomber un fragment de sodium dans une éprouvette qui
contient un peu d'alcool absolu (fig. 126), de l'hydrogène se dégage que
l'on peut enflammer à l'orifice de l'éprouvette; le produit qui s'est subs-
titué au sodium est appelé éthylate de sodium :

$$C^2H^5OH \quad + \quad Na \quad = \quad H \quad + \quad C^2H^5ONa$$

alcool éthylique    sodium    hydrogène    éthylate de
sodium

## *ALCOOLS D'INDUSTRIE*

**588. — Distillation.** — Les alcools d'industrie qui doivent
leur valeur à leur concentration, sont distillés dans une *colonne distillatoire*, où le même produit est redistillé consécutivement de 15 à 25
fois.

Une colonne distillatoire (fig. 127 est composée d'une chaudière C',
chauffée à l'aide de la vapeur, sur laquelle sont superposées de 15 à
25 boîtes rectangulaires P en fonte, appelées *plateaux*.

Le moût, portant toujours le nom de « vin », quelle que soit sa prove-
nance, dont le réservoir M est empli et d'où il s'écoule, traverse un
récipient C appelé *chauffe-vin*. Il s'y échauffe, en effet, car les vapeurs
d'alcool, qui viennent de la colonne par le tube D, passent dans le vase
V avant de se rendre au réfrigérant R. Le réfrigérant est constamment
refroidi par de l'eau froide, qui s'écoule du réservoir O, et sort par le
trop-plein R'. L'alcool condensé dans le réfrigérant est recueilli par
l'éprouvette S.

Les plateaux communiquent entre eux deux à deux (fig. 128) par une
ouverture centrale. Chaque ouverture est recouverte d'une calotte, dont

les bords plongent dans le vin qui emplit le plateau. Cette calotte oblige en conséquence la vapeur qui monte d'un plateau inférieur, à barboter et à se condenser dans le vin du plateau supérieur.

Chaque plateau est muni d'un trop-plein, qui déverse le vin en excès d'un plateau dans le plateau inférieur. De cette manière, dès qu'un plateau est rempli, le plateau situé au-dessous se remplit à son tour et le vin arrive à la chaudière.

Aussitôt que tous les plateaux sont garnis, on donne la vapeur et la chaudière s'échauffe. Les vapeurs émises par le liquide de la chaudière viennent se condenser dans le vin du premier plateau; celui-ci s'échauffe, bout et émet à son tour des vapeurs. Les vapeurs émises par le premier plateau vont se condenser dans le vin du deuxième plateau. Celui-ci s'échauffe de même,

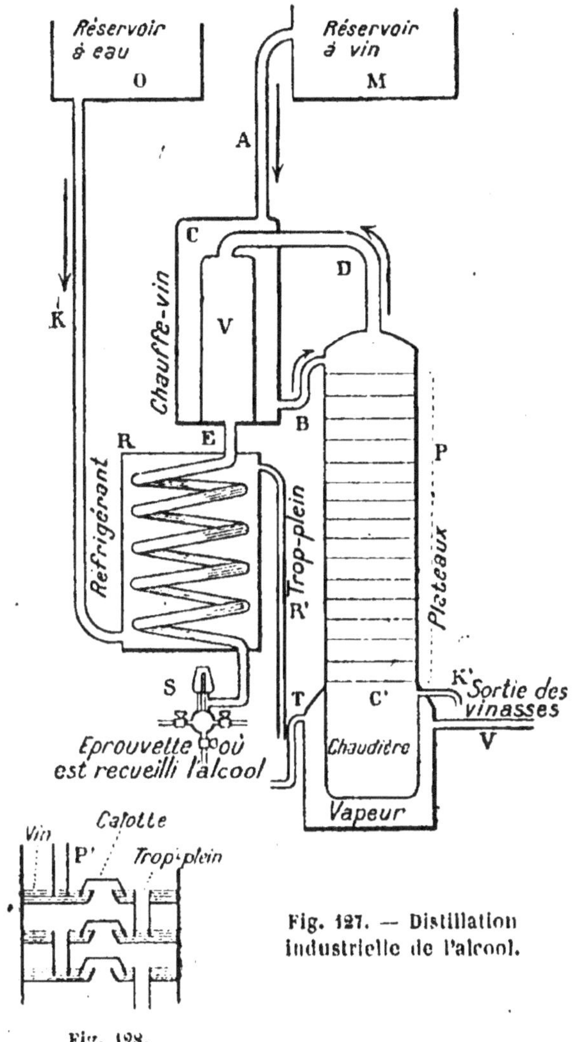


Fig. 127. — Distillation industrielle de l'alcool.

Fig. 128.

bout et émet aussi des vapeurs qui vont dans le troisième plateau, et ainsi de suite. Il arrive alors un moment où le vin bout partout à la fois.

Les vapeurs d'alcool qui montent, abandonnent dans les plateaux qu'elles traversent, de l'eau entraînée par elles, et elles s'y enrichissent au contraire en alcool. Il en résulte que le vin qui descend arrive à la chaudière de plus en plus appauvri en alcool.

**589. — Rectification.** — L'alcool provenant d'une colonne distillatoire est impur. On le nomme *flegme*. On débarrasse les flegmes des impuretés qu'ils contiennent au moyen d'une *rectification* analogue à la distillation.

La rectification est pratiquée dans une seconde colonne distillatoire, à laquelle on adjoint simplement un appareil appelé *condenseur*. C'est une caisse tubulaire. Dans les tuyaux passent les vapeurs d'alcool et autou des tuyaux on fait circuler à volonté de l'eau à des températures dél minées. On peut donc condenser de cette manière partiellement ou totalement les vapeurs d'alcools qui arrivent. La partie condensée retourne à la colonne, la partie non condensée franchit le condenseur et va au réfrigérant.

Le distillateur porte d'abord le condenseur à une température un peu au-dessous de 78°. Alors les impuretés plus volatiles que l'alcool éthylique franchissent seules le condenseur; elles se rendent au réfrigérant d'où elles sont rejetées. Les vapeurs d'alcool dont le point d'ébullition est au contraire 78° et au-dessus, se condensent dans le condenseur et retournent à la colonne.

Le distillateur porte maintenant la température du condenseur à 78°. Alors l'alcool éthylique, seul, franchit le condenseur. Le reste, liquéfié dans le condenseur, retourne à la colonne où on l'abandonne. L'alcool éthylique est recueilli dans le réfrigérant.

Les produits impurs servent généralement à la préparation des vernis.

**589 bis. — Usages de l'alcool éthylique.** — Il entre dans la composition des boissons fermentées : vin, bière, cidre, etc. Il est nécessaire pour préparer les éthers, le collodion, le vernis à l'alcool, qui est une dissolution de résine dans l'alcool; on l'emploie en parfumerie pour dissoudre les essences aromatiques; la pharmacie l'utilise pour dissoudre certains corps et en faire une « teinture » : teinture d'iode, teinture d'arnica, etc.; il entre dans la composition du chloroforme; on l'emploie comme combustible pour le chauffage et pour actionner certains moteurs.

## VIN

**590. — Généralités.** — Le vin est du jus de raisin fermenté. Le sucre que contiennent les raisins est transformé en alcool par la levure, apportée par le fruit lui-même. On a donné à cette levure le nom de *saccharomyces ellipsoïdeus.*

Après la vendange, qui se fait vers la fin du mois de septembre, autant que possible par un temps sec, on procède au *foulage.* C'est l'écrasement des raisins pour en exprimer le jus, qu'on appelle le *moût.* L'écrasement se fait dans des cuves ou dans des fouloirs en maçonnerie. Le jus obtenu est envoyé ensuite dans les cuves à fermentation et abandonné à lui-même dans un endroit où la température ne doit pas être inférieure à 15°. Le *marc* composé des *râfles* (branchettes dépouillées des grains), des *pépins* et des *pellicules,* est conservé à part. Il est pressuré, car il contient encore du sucre. Le liquide obtenu est ajouté au moût.

Dès que la fermentation commence, des bulles de gaz carbonique soulèvent les matières solides entraînées par le jus, et ces matières, avec de l'écume qui se produit, forment une espèce de croûte à la surface, qu'on appelle le *chapeau.* Il est nécessaire à chaque instant de briser le chapeau et de le replonger dans le jus, car l'écume est composée principalement de ferments qui, en dehors du liquide, sont naturellement inertes.

Après une douzaine de jours, la fermentation est achevée. Le ferment tombe au fond de la cuve où il forme la *lie,* et le jus s'éclaircit. On n'a plus qu'à soutirer le vin qui est fait.

Lorsqu'on prépare du vin blanc, il faut veiller à ce qu'il ne reste ni râfles, ni pellicules, ni pépins dans le jus. Surtout aucune pellicule, car c'est la pellicule renfermant une substance spéciale, qui colore le vin en rouge. Cette substance se dissout dès qu'elle est en présence de l'alcool. On peut faire du vin blanc avec des raisins noirs, si toutes les pellicules ont été retirées avant la fermentation, c'est-à-dire si l'on a exprimé le jus immédiatement après la vendange.

Il est nécessaire de soutirer le vin plusieurs fois, à mesure qu'il s'éclaircit. Au printemps suivant, il faut le « coller ». Le collage le rend limpide en enlevant les dernières impuretés qu'il a pu conserver. Le collage consiste simplement à jeter quelques blancs d'œufs dans le tonneau et à battre ensuite le vin pendant un moment avec un bâton.

L'albumine du blanc d'œuf se coagule au contact de l'alcool et forme un réseau qui tombe ensuite lentement au fond, en entraînant tout ce qui troublait encore le vin.

Le vin contient de 6 à 12 pour cent d'alcool, des principes colorants, du tannin et du tartrate de potassium. Il se conserve longtemps, et sa qualité devient en général meilleure, à mesure qu'il vieillit.

## CIDRE

**591. — Généralités.** — Le cidre est du jus de pommes fermenté. Il est préparé avec un mélange de pommes à cidre dont il existe plusieurs variétés.

On écrase d'abord les pommes en les broyant dans une espèce de moulin où deux cylindres cannelés tournent en sens contraire, comme les rouleaux d'un laminoir. Ensuite, sur une table épaisse à rebords, appelée *pressoir*, pourvue au centre d'une tige verticale en fer, terminée par un pas de vis, on verse des pelletées de pommes écrasées. On dispose alternativement une couche de pommes écrasées et un lit de paille, de manière à faire un

Fig. 129. — Pressoir à claire-voie.

parallélipipède de 1 mètre environ de hauteur. On recouvre le tout de madriers croisés autour de la tige. Deux hommes engageant chacun une barre recourbée dans un écrou vissé sur la tige, tournent dans le même sens, en poussant la barre devant eux.

L'écrou descend, serre les madriers sur la masse, et le jus s'écoule. On le recueille dans de grands tonneaux.

On dispose aussi les pommes dans un grand cylindre à claire-voie (fig. 129); un seul ouvrier procède à la pression de la masse.

C'est dans les tonneaux que la fermentation se produit. Elle est calmée quand il ne sort plus de lie par la bonde. On laisse reposer pendant quelques jours, puis on soutire dans d'autres tonneaux, où une seconde fermentation lente reprend. On colle et on soutire de nouveau.

Le cidre est une boisson saine, agréable, piquante, qui contient de 5 à 6 pour cent d'alcool. On ne peut guère le conserver au delà de quelques années.

# BIÈRE

**592. — Généralités**. — Le vin et le cidre sont obtenus directement par la fermentation spontanée du jus de raisin et du jus de pommes; il n'en est pas de même de la bière. C'est une *boisson d'industrie* : de l'eau à laquelle on apporte de l'alcool, au moyen d'un moût préparé avec de l'amidon, et qu'on aromatise avec des fleurs de houblon.

La première chose, c'est la préparation du moût, autrement dit la saccharification de l'amidon. Mais comment l'amidon peut-il être transformé en matière sucrée? Voici.

Considérons un grain de blé. Il renferme une petite plante en miniature, l'*embyron*, et un tissu de réserve, l'*albumen*. L'albumen contient de l'amidon et du gluten, qui serviront de nourriture à la petite plante pendant la germination, en attendant que ses racines et ses feuilles puissent remplir leur rôle. Mais ces substances doivent subir une transformation chimique qui les rend solubles et assimilables. L'amidon devient soluble par le fait d'une substance particulière appelée *diastase*, sécrétée par la graine elle-même. La diastase, sécrétée à mesure que la germination a lieu, transforme peu à peu l'amidon en sucre. Ce sucre, appelé *maltose*, sert d'aliment à la plantule. La diastase agit donc comme un ferment. Aussi on dit qu'elle est un *ferment soluble*. La levure, elle, est un *ferment figuré*.

Pour saccharifier l'amidon, il faut donc produire la diastase. On l'obtient en faisant germer la graine. On a choisi pour cela l'orge, parce que c'est la céréale la plus riche en diastase.

D'abord on nettoie l'orge, puis on la trempe dans des bacs remplis d'eau tiède. On la répand ensuite dans une salle un peu obscure en une couche de faible épaisseur. Bientôt l'embryon se développe. Dès qu'il atteint la moitié de la longueur du grain, on arrête la germination en desséchant le grain dans un four spécial à étuve appelé *touraille*. Les grains d'orge contiennent encore un peu d'amidon non transformé et de la diastase. Ce double produit a reçu le nom de *malt*. La portion de diastase non utilisée est capable de transformer en sucre dix fois son poids d'amidon. Elle peut être conservée assez longtemps sans qu'elle s'altère. Elle reprend son activité en présence d'une matière amylacée.

On soumet à la cuisson la matière amylacée, puis on la brasse avec du malt pour la saccharifier et obtenir un moût, dont on rejette ensuite la partie solide.

On aromatise maintenant le moût en y jetant des fleurs de houblon et on le fait bouillir. C'est la *lupuline*, principe amer que contiennent les fleurs de houblon, qui donne à la bière son amertume spéciale.

Après une ébullition suffisante, on débarrasse le liquide du houblon, on le refroidit et on le fait fermenter dans une cuve nommée *guilloire*, au moyen d'un ensemencement de levure de bière. La levure de bière, nommée *saccharomyces cerevisiæ* (fig. 130), est « cultivée » artificiellement.

Fig. 130. — Levure de bière, grossie 400 fois.

La fermentation commence par être tumultueuse, puis elle s'affaiblit et s'arrête. On transvase alors la bière dans de petits tonneaux, dont on laisse la bonde ouverte : la fermentation recommence; elle est lente. Après deux ou trois jours on ferme la bonde, bien que la fermentation continue, et la bière est livrée au commerce.

La bière est une boisson légèrement nutritive. Elle contient de 3 à 5 pour cent d'alcool. On ne peut la conserver au delà de quelques semaines.

# Alcools amyliques

## formule brute $C^5H^{12}O$

**593. — Généralités.** — Il existe huit alcools amyliques isomères, répondant à la formule brute $C^5H^{12}O$, mais aux formules de constitution différentes. Nous ne citerons que les deux plus importants de ces alcools :

1° L'alcool amylique inactif de fermentation, dont la formule de constitution est

$$\begin{matrix} CH^3 \\ CH^3 \end{matrix} \Big> CH - CH^2 - CH^2OH$$

2° L'alcool amylique actif de fermentation, dont la formule de constitution est

$$\begin{matrix} CH^3 - CH^2 \\ CH^3 \end{matrix} \Big> CH - CH^2OH$$

Le premier est inactif sur la lumière polarisée; le second la dévie à gauche.

Ces deux alcools forment un mélange qui constitue l'alcool amylique brut ou ordinaire, appelé vulgairement *huile de pomme de terre*. L'alcool amylique brut est un liquide incolore, d'odeur spiritueuse, de saveur âcre, qui bout vers 132°. Il est toxique même à petites doses. C'est un produit de la rectification des alcools de grains ou de pomme de terre.

L'alcool amylique donne avec certains acides des éthers à odeurs de fruits : l'*éther amylacétique* a l'odeur de poire; l'*éther valéroamylique* constitue l'essence de pomme artificelle.

---

## VINGT-QUATRIÈME LEÇON

# ÉTHERS, ALDÉHYDES, ACÉTONES

## Éthers

**594. — Définition.** — En général, on nomme éthers des corps provenant

1° Soit de la déshydratation de deux molécules d'alcool :

$$\left.\begin{array}{l} C^2H^5O\,|\overline{H}| \\ C^2H^5\,|OH| \end{array}\right\} = H^2O + \begin{array}{l} C^2H^5\!\diagdown \\ \qquad\quad O \\ C^2H^5\!\diagup \end{array}$$

$$\text{alcool éthylique} \qquad \text{eau} \qquad \text{oxde d'éthyle}$$

Ce sont les **éthers oxydes.**

2° Soit de la déshydratation d'une molécule d'alcool et d'une molécule d'acide :

$$\left.\begin{array}{l} C^2H^5\,|\overline{OH}| \\ \qquad\;|OH| \\ CH^3C\diagdown_{\!\!O} \end{array}\right\} = H^2O + CH^3C\diagup^{\!OC^2H^5}_{\diagdown O}$$

$$\text{alcool éthylique} \qquad \text{eau} \qquad \text{acétate}$$
$$\text{acide acétique} \qquad\qquad\qquad\;\; \text{d'éthyle}$$

Ce sont les **éthers sels.**

On peut donc comparer les éthers oxydes aux oxydes métalliques anhydres, formés par déshydratation d'une base hydratée. Ex. :

$$\left.\begin{array}{c} |OH \\ CaO|H \end{array}\right] \quad = \quad H^2O \quad + \quad CaO$$

hydrate de calcium — eau — oxyde de calcium

On peut aussi comparer les éthers sels aux sels métalliques produits par l'action d'un acide sur un hydrate basique. Ex. :

$$\left.\begin{array}{c} AzO^3|H \\ K|OH \end{array}\right] = H^2O + AzO^3K$$

acide azotique — eau — azotate
hydrate de potassium — de potassium

Les alcools jouent donc ainsi le rôle d'hydrates métalliques dans lesquels le métal est remplacé par le radical $C^nH^{2n+2}$.

# Éthers oxydes

**395.** — On comprend qu'il y ait un très grand nombre d'éthers oxydes, puisque tous les alcools primaires et secondaires peuvent en donner, dans lesquels ou bien les deux restes d'alcool (Radicaux) sont identiques, ex. :

$$C^2H^5.O.C^2H^5$$
oxyde d'éthyle (éthers simples)

ou différents, ex. :

$$CH^3.O.C^2H^5$$
oxyde de méthyle (éthers mixtes)
et d'éthyle

On peut les désigner par le mot oxyde suivi du nom ou des noms des radicaux : oxyde d'éthyle, oxyde de méthyle et d'éthyle

## ÉTHER ORDINAIRE ou OXYDE D'ÉTHYLE

L'éther ordinaire ou oxyde d'éthyle ou éther éthylique, est improprement appelé éther sulfurique.

**596. — Préparation de l'éther ordinaire.** — Nous avons vu à la préparation de l'éthylène (n° 356) que lorsqu'on mélange une molécule d'alcool éthylique $C^2H^5OH$ avec une molécule d'acide sulfurique $SO^4H^2$ il se fait une molécule de sulfate acide d'éthyle ou acide sulfovinique :

$$C^2H^5OH \;+\; SO^2\!\!\begin{array}{l}\diagup OH \\ \diagdown OH\end{array} \;=\; H^2O \;+\; SO^2\!\!\begin{array}{l}\diagup OH \\ \diagdown OC^2H^5\end{array}$$

alcool éthylique    acide sulfurique    eau    acide sulfovinique

Si l'on chauffe vers 160°-170°, cet acide sulfovinique sans addition d'alcool, il se dégage de l'éthylène :

$$SO^2\!\!\begin{array}{l}\diagup OH \\ \diagdown OC^2H^5\end{array} \;=\; C^2H^4 \;+\; SO^2\!\!\begin{array}{l}\diagup OH \\ \diagdown OH\end{array}$$

acide sulfovinique    éthylène    acide sulfurique

Si au contraire on chauffe seulement vers 120°-130° en faisant tomber dans le ballon de l'alcool éthylique sur l'acide sulfovinique, il se forme de l'éther oxyde qui distille et l'acide sulfurique est régénéré :

$$SO^2\!\!\begin{array}{l}\diagup OH \\ \diagdown OC^2H^5\end{array} \;+\; C^2H^5OH \;=\; C^2H^5OC^2H^5 \;+\; SO^2\!\!\begin{array}{l}\diagup OH \\ \diagdown OH\end{array}$$

acide sulfovinique    alcool éthylique    oxyde d'éthyle    acide sulfurique

puis :

$$SO^2\!\!\begin{array}{l}\diagup OH \\ \diagdown OH\end{array} \;+\; C^2H^5OH \;=\; H^2O \;+\; SO^2\!\!\begin{array}{l}\diagup OH \\ \diagdown OC^2H^5\end{array}$$

acide sulfurique    alcool éthylique    eau    acide sulfovinique

et ainsi de suite.

L'acide sulfurique employé peut éthérifier 25 à 30 fois son poids d'alcool. On n'emploie plus guère $SO^4H^2$, mais plutôt l'acide phénysulfureux $C^6H^5SO^3H$.

**Remarque.**

On peut aussi obtenir les éthers oxydes par l'action des iodures ou bromures alcooliques sur un alcool sodé :

$$CH^3I \;+\; C^2H^5ONa \;=\; NaI \;=\; CH^3OC^2H^5$$

iodure de méthyle    alcool éthylsodé    iodure de sodium    éther méthyléthylique

**597. — Propriétés de l'éther ordinaire.** — L'éther ordinaire est un liquide incolore, d'une saveur brûlante, très mobile, volatil, d'odeur agréable. Il est un peu soluble dans l'eau, soluble dans l'alcool en toutes proportions. Sa densité est 0,73 à 0°. Il bout à 34°. Il dissout le brome, l'iode, certains chlorures métalliques, les graisses, les résines.

Le chlore agit sur l'éther en donnant des produits de substitution.

L'éther ordinaire du commerce contient généralement environ un dixième de son volume d'alcool.

**398. — Usages de l'éther ordinaire.** — L'éther ordinaire est employé comme anesthésique, pour remplacer le chloroforme. On fait respirer de l'éther dans les cas de syncope. On le prescrit comme antispasmodique et comme calmant : on le prend alors sous la forme de sirop. Il sert à préparer le collodion.

# Éthers sels

**399.** — Produits par la réaction d'un acide sur un alcool, avec élimination d'eau, les éthers sels sont parfois appelés **éthers simples s'ils proviennent des hydracides** et **éthers composés s'ils proviennent des oxacides.**

**400. — Préparation des éthers sels.** — Toutes les fois qu'un acide se trouve mélangé à un alcool, il y a formation d'éther sel et d'eau ; c'est même là ce qui caractérise le mieux la fonction alcool.

$$C^2H^5OH + HCl \underset{\leftarrow}{\rightarrow} H^2O + C^2H^5Cl$$

| alcool | acide | eau | chlorure |
| éthylique | chlorhydrique | | d'éthyle |

$$C^2H^5OH + CH^3{-}CO{-}OH \underset{\leftarrow}{\rightarrow} H^2O + CH^3{-}CO{-}OC^2H^5$$

| alcool | acide | eau | acétate d'éthyle |
| éthylique | acétique | | |

$$C^2H^5OH + AzO^3H \underset{\leftarrow}{\rightarrow} H^2O + AzO^3C^2H^5$$

| alcool | acide | eau | azotate d'éthyle |
| éthylique | azotique | | |

La réaction n'est jamais totale à cause de la *réaction inverse* de l'eau sur l'éther sel (réaction limitée) ; et de plus elle est parfois très lente. La limite d'éthérification peut atteindre 6° à 70 p. cent pour les alcools primaires; au plus 6 p. cent pour les alcools secondaires; à peine 2 à 5 p. cent pour les alcools tertiaires. De même les alcools primaires s'éthérifient beaucoup plus vite que les alcools secondaires et ceux-ci plus vite que les alcools tertiaires.

On accélère l'éthérification et on peut même la rendre *intégrale* en chauffant le mélange d'acide et d'alcool *additionné* d'acide chlorhydrique ou d'acide sulfurique, quand il s'agit d'éthérifier un acide organique.

**401. — Acétate d'éthyle.** — Pour faire l'acétate d'éthyle $CH^3CO^2C^2H^5$, on chauffe un mélange d'acide acétique, d'alcool éthylique et d'acide sulfurique; ou mieux on fait tomber goutte à goutte un mélange d'alcool éthylique et d'acide sulfurique (acide sulfovinique) sur de l'acétate de sodium et on distille.

L'acétate d'éthyle est un liquide incolore, d'odeur agréable; il bout à 74°. Il est soluble dans l'alcool et l'éther, un peu dans l'eau.

On emploie l'acétate d'éthyle en frictions pour calmer les douleurs rhumatismales.

Le *bouquet* des vins est dû à la présence de divers éthers sels d'acides organiques, dont fait partie l'acétate d'éthyle.

**402. — Nitrate d'éthyle.** — Le nitrate d'éthyle $AzO^3C^2H^5$ se fait en chauffant de l'acide nitrique concentré avec de l'alcool absolu. Cet éther est un liquide dangereux dont la vapeur détonne avec violence. Enfermé dans un flacon bouché à l'émeri, il fait souvent explosion s'il mouille le bouchon à l'ouverture du flacon : cela tient à la friction qu'il éprouve.

**Remarque.**

Tous les éthers nitriques sont des explosifs.

Le plus important est l'éther trinitré de la glycérine, qui sert à préparer les cartouches de dynamite.

**403. — Éthers sulfuriques.** — L'acide sulfurique étant un acide bibasique, peut donner deux espèces d'éthers :

1° un éther acide tel que le sulfate monoéthylique (acide sulfovinique)

$$SO^2\begin{cases} OC^2H^5 \\ OH \end{cases}$$

2° un éther neutre, le sulfate diéthylique :

$$SO^2\begin{cases} OC^2H^5 \\ OC^2H^5 \end{cases}$$

Celui-ci est l'éther sulfurique proprement dit.

Le sulfate diéthylique ou neutre est préparé en distillant à volumes égaux un mélange d'acide sulfurique concentré et d'alcool absolu.

## RÉACTION CARACTÉRISTIQUE DES ÉTHERS COMPOSÉS
## SAPONIFICATION

**404.** — Si les éthers sels sont décomposés par l'eau, ils le sont beaucoup plus facilement par les alcalis, avec régénération d'alcool et formation d'un sel :

$$CH^3COOC^2H^5 \quad + \quad KOH \quad = \quad C^2H^5OH \quad + \quad CH^3COOK$$

acétate          potasse          alcool          acétate

d'éthyle                    éthylique         de potassium

C'est le phénomène de la **saponification**. Ce nom, autrefois réservé à la transformation des matières grasses (éthers sels de la glycérine) en savons, s'emploie maintenant pour désigner la décomposition d'un éther sel par un alcali, même lorsque le sel produit n'est pas un savon. — Cette réaction ne convient pas aux éthers simples, chlorures, bromures, etc.

# ALDÉHYDES

**405. — Définition des aldéhydes.** — Les aldéhydes sont des corps formés de carbone, d'oxygène et d'hydrogène qui dérivent des alcools primaires par perte de 2 atomes d'hydrogène :

$$— CH^2OH \qquad devient \qquad — COH$$

groupe fonctionnel                    groupe fonctionnel

des alcools primaires               des aldéhydes

Si à l'alcool éthylique $CH^3CH^2OH$, on enlève 2 atomes d'hydrogène, on a l'aldéhyde acétique :

$$CH^3CHO$$
$$ou$$

$$CH^3 — C \underset{\textstyle H}{\overset{\textstyle O}{<}}$$

Une hydrogénation convenable de l'aldéhyde redonne l'alcool primaire.

En s'unissant à 1 atome d'oxygène les aldéhydes donnent l'acide de l'alcool qui leur correspond :

$$CH^3CHO \;+\; O \;=\; CH^3CO^2H$$

aldéhyde      oxygène      acide
acétique                acétique

**406. — Production des aldéhydes.** — On obtient les aldéhydes par oxydation ou déshydrogénation catalytique d'un alcool primaire, ou par réduction d'un acide au moyen de l'acide formique. Les aldéhydes ont la propriété de pouvoir, dans certaines conditions, fixer 2 atomes d'hydrogène et de régénérer par conséquent l'alcool dont elles dérivent.

L'aldéhyde acétique est un liquide incolore, très mobile, d'une odeur suffocante. Lorsqu'on fait passer un courant de chlore dans de l'alcool éthylique refroidi à 0°, il se produit d'abord de l'aldéhyde acétique :

$$CH^3CH^2OH \;+\; 2\,Cl \;=\; CH^3CHO \;+\; 2\,HCl$$

alcool        chlore        aldéhyde      acide
éthylique                 acétique     chlorhydrique

En élevant ensuite peu à peu la température, tout en continuant de faire passer le chlore, l'aldéhyde se transforme en chloral :

$$CH^3CHO \;+\; 6\,Cl \;=\; CCl^3CHO \;+\; 3\,HCl$$

aldéhyde      chlore        chloral       acide
acétique                      chlorhydrique

L'acide-chlorhydrique formé dans la première phase de l'opération est éliminé ; il n'intervient pas dans la seconde phase.

**407. — Chloral.** — Le chloral est un liquide incolore, à odeur forte, onctueux au toucher. Il irrite les yeux. Il est très soluble dans l'eau, l'alcool et l'éther.

Le chloral forme avec l'eau l'hydrate de chloral $CCl^3$. $COH$. $H^2O$. C'est le produit dont on se sert en médecine. Dès qu'il a été absorbé, il agit dans l'économie en se dédoublant en chloroforme et acide formique. On admet que son action est plus prolongée que celle du chloroforme parce qu'il forme avec l'albumine une combinaison qui ne se détruit que lentement.

**408. — Aldéhyde formique.** — L'aldéhyde formique $CH^2O$ est un gaz incolore à odeur piquante. Il se dissout dans l'eau avec dégagement de chaleur.

Lorsqu'elle est pure, l'aldéhyde formique peut donner lieu à différents polymères.

On obtient l'aldéhyde formique en oxydant l'alcool méthylique en présence d'un catalyseur. On fait passer un mélange de vapeurs méthyliques et d'air sur de la mousse de platine ou un tortillon de fil de cuivre légèrement chauffés :

$$CH^3OH \quad + \quad O \quad = \quad CH^2O \quad + \quad H^2O$$

alcool méthylique — oxygène — aldéhyde formique — eau

## Formol.

Le formol est une solution d'aldéhyde formique, composée pour 100 parties, de 40 parties d'aldéhyde, de 15 parties d'alcool méthylique et de 45 parties d'eau.

Le formol est le meilleur des antiseptiques connus. Comme il peut être ingéré sans danger à la dose de 2 grammes, on peut l'employer à la conservation des viandes et du lait. On l'utilise surtout dans l'industrie des matières colorantes, et il sert à la désinfection des lieux contaminés : salles d'hôpital, etc. où il est réduit en vapeurs dans des appareils spéciaux.

# ACÉTONES

**409. — Définition.** — Les acétones dérivent des alcools secondaires par la perte de 2 atomes d'hdrogène :

$$- CHOH - \quad \text{devient} \quad - CO -$$

On dit quelquefois, pour cette raison, que les acétones sont les aldéhydes des alcools secondaires (l'aldéhyde dérive d'un alcool primaire également par la perte de $H^2$).

Une acétone se forme en déshydrogénant un alcool secondaire par un oxydant. Ainsi l'alcool isopropylique donne par oxydation l'acétone ordinaire :

$$CH^3CHOHCH^3 \quad + \quad O \quad = \quad CH^3COCH^3 \quad + \quad H^2O$$

alcool isopropylique — oxygène — acétone — eau

Par hydrogénation, l'acétone redonne l'alcool secondaire correspondant.

L'acétone ordinaire $CH^3COCH^3$ se forme lorsqu'on détruit par exemple le sucre par la chaleur. On la prépare par la distillation de l'acétate de calcium :

$$(C^2H^3O^2)^2Ca = C^3H^6O + CO^3Ca$$
acétate de calcium        acétone        carbonate
                                          de calcium

L'acétone ordinaire est un liquide volatil, incolore, d'odeur éthérée et de saveur brûlante. Elle bout vers 56°. Elle est soluble dans l'eau, l'alcool et l'éther.

---

## VINGT-CINQUIÈME LEÇON

## ACIDES ORGANIQUES

**410. — Définitions.** — Les acides sont des corps composés de carbone, d'hydrogène et d'oxygène, caractérisés par le groupement monovalent — CO — OH appelé *carboxyle*. Dans ce radical commun, l'atome d'hydrogène peut être remplacé par un métal.

Ainsi l'acide acétique $C^2H^4O^2$ a pour formule de constitution

$$CH^3 — CO — OH$$

Les acides organiques peuvent donner comme les acides minéraux des sels et des éthers.

Un acide est monobasique, bibasique, etc., selon qu'il renferme 1 fois, 2 fois le groupement — CO — OH.

L'acide acétique $C^2H^4O^2$ ou $CH^3 — CO — OH$ est monobasique.

L'acide oxalique $(CO^2H)^2$ ou $COOH — COOH$ est bibasique.

La plupart des acides organiques sont extraits des végétaux; on prépare les autres industriellement.

# Acides gras

**411. — Définition.** — Les acides gras résultent de l'oxydation des alcools. Ils ont pour formule générale $C^nH^{2n}O^2$ ou $C^nH^{2n+1}COOH$. On leur a donné le nom d'acides gras, parce que les derniers termes de la série correspondent à des éthers sels qui constituent les graisses.

Les principaux acides gras sont :

| | | |
|---|---|---|
| L'acide formique | | $H.CO^2H$ |
| — | acétique | $CH^3.CO^2H$ |
| — | butyrique normal | $C^3H^7.CO^2H$ |
| — | palmitique | $C^{15}H^{31}CO^2H$ |
| — | stéarique | $C^{19}H^{35}.CO^2H$ |

# ACIDE ACÉTIQUE ou ACIDE ÉTHANOIQUE

## $CH^3CO^2H$

**412. — Formation, préparation.** — L'acide acétique se forme par l'oxydation de l'alcool :

$$CH^3.CH^2OH \;+\; O^2 \;=\; CH^3.COOH \;+\; H^2O$$
$$\text{alcool éthylique} \qquad \text{oxygène} \qquad \text{acide acétique} \qquad \text{eau}$$

La distillation du bois fournit de l'acide acétique, appelé, dans ce cas, *acide pyroligneux*. Le bois distillé en vase clos, comme la houille, donne des vapeurs qui, condensées, forment un liquide goudronneux, dans lequel se trouvent de l'alcool méthylique ou *esprit de bois*, de l'acide acétique et de l'acétone. Pour les séparer, on décante les parties les plus liquides du goudron.

On neutralise avec un lait de chaux qui fixe l'acide acétique et forme de l'acétate de calcium; puis on distille pour enlever l'alcool méthylique et l'acétone. Le résidu formé par l'acétate de calcium est dissous dans l'eau et traité par le sulfate de sodium.

Il se forme du sulfate de calcium insoluble et de l'acétate de sodium soluble. On recueille celui-ci et on l'évapore. Il reste des cristaux d'acétate de sodium. On traite enfin ces cristaux à chaud par l'acide sulfurique, qui décompose l'acétate de sodium, et l'acide acétique se dégage sous forme de vapeurs que l'on condense. On purifie l'acide acétique par fusions et cristallisations successives.

**413. — Propriétés de l'acide acétique.** — L'acide acétique pur est un corps cristallisé qui fond à 17°. A l'état liquide, et au maximum de concentration, la densité de l'acide acétique est 1,07. Il bout à 118°. Il se mélange à l'eau en toutes proportions et avec contraction. Ce maximum de contraction est atteint par l'hydrate $CH^3CO^2H +$ $H^2O$, composé d'une molécule d'acide acétique et d'une molécule d'eau.

La saveur de l'acide acétique est fortement acide; son odeur est caractéristique, suffocante. Il est corrosif.

L'acide acétique est décomposé par la chaleur. Si l'on fait passer des vapeurs d'acide acétique dans un tube de porcelaine chauffé au rouge, l'acide se décompose en méthane et gaz carbonique :

$$CH^3CO^2H \quad = \quad CH^4 \quad + \quad CO^2$$

acide        méthane        gaz<br>acétique                  carbonique

Le chlore donne avec l'acide acétique des dérivés de substitution tels que :

| | | | |
|---|---|---|---|
| L'acide monochloracétique | $C^3H^3ClO^2$ | ou | $CH^2ClCOOH$ |
| — dichloracétique | $C^2H^2Cl^2O^2$ | ou | $CHCl^2COOH$ |
| — trichloracétique | $C^2HCl^3O^2$ | ou | $CCl^3COOH$ |

Ces dérivés ont des propriétés analogues à celles de l'acide acétique. Ils donnent des sels.

Les liquides alcoolisés exposés à l'air et devenus aigres, traités par la soude, donnent l'acétate de sodium qui, mis en présence de l'acide chlorhydrique, produit l'acide acétique :

$$C^2H^3O^2Na \quad + \quad HCl \quad = \quad CH^3CO^2H \quad + \quad NaCl$$

acétate de     acide       acide      chlorure<br>sodium    chlorhydrique   acétique   de sodium

Certains métaux se combinent avec l'acide acétique pour donner des acétates : l'acétate d'aluminium $(C^2H^3O^2)^6Al^2$ employé en teinture comme mordant, l'acétate tribasique de plomb $(C^2H^3O^2)Pb + 3PbO$ qui sert à préparer la céruse, l'acétate de cuivre $(C^2H^3O^2)^2Cu$ **très vénéneux**, employé à la fabrication de certaines couleurs.

## VINAIGRE

**114. — Généralités**. — Le vinaigre, comme son nom l'indique, est du vin aigri. Les boissons fermentées acquièrent cette aigreur grâce à l'action d'un ferment, le *Bacterium aceti* (fig. 131), qui transforme l'alcool de la boisson en acide acétique.

Le Bacterium aceti, comme le ferment alcoolique, existe dans l'atmosphère, inactif, à l'état de vie ralentie. Lorsqu'il rencontre un liquide alcoolisé, il se dépose à sa surface et s'y développe.

Les ferments s'y agglomèrent avec rapidité et serrés les uns contre les autres, forment comme une mince pellicule qui recouvre la surface du liquide. Ils prennent l'oxygène de l'air pour le fixer sur l'alcool du liquide, et cette oxydation le transforme en acide acétique :

$$CH^3CH^2OH + O^2 = CH^3CO^2H + H^2O$$

alcool éthylique — oxygène — acide acétique — eau

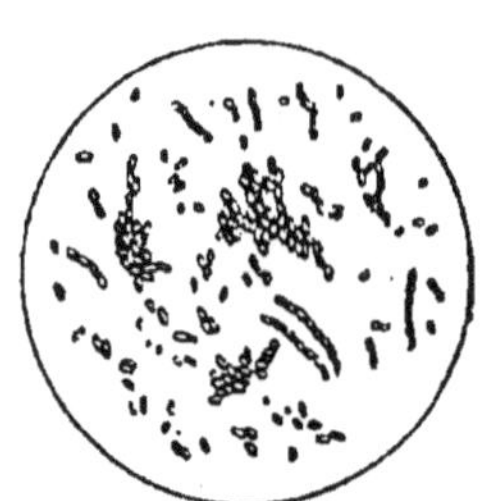

Fig. 131.
Bacterium aceti
(grossi 800 fois).

Le bacterium n'agit par conséquent qu'au contact de l'air. Aussi, lorsque la pellicule tombe au fond du vase, où son poids la maintient, l'acétification s'arrête. La pellicule, inerte dans ce cas, constitue ce que l'on appelle improprement la *mère du vinaigre*.

Le ferment, à la surface du liquide, convertit lentement l'alcool en acide acétique, et lorsque l'alcool est épuisé, son action s'exerce sur l'acide acétique lui-même qu'il oxyde et transforme en gaz carbonique et eau. Le vinaigre alors s'affaiblit si l'on n'apporte pas au ferment une nouvelle provision d'alcool :

$$CH^3CO^2H + 2O^3 = 2CO^2 + 2H^2O$$

acide acétique — oxygène — anhydride carbonique — eau

C'est sur ces données que le vinaigre est préparé. Le procédé d'Orléans est le plus simple. Dans une salle un peu obscure et chauffée à une température constante de 30° environ, on couche les tonneaux les uns sur les autres. On les emplit à moitié de vin blanc, qui contient de 8 à 10 pour cent d'alcool. Au-dessus du niveau du liquide, le tonneau est percé en avant d'un trou, qui sert à l'entonnage, à la vidange et à l'entrée de l'air.

Fig. 132. — Préparation du vinaigre.

Ce niveau est toujours constaté au moyen d'un tube extérieur recourbé (fig. 132) qui plonge dans le tonneau.

Avant d'être versé, le vin est filtré à travers une futaille emplie de copeaux de hêtre, appelée *râpe*.

Tous les dix jours, on introduit dans chaque tonneau 10 litres de vin « râpé » jusqu'à ce que le tonneau en contienne 40. Pendant ce temps, le ferment s'implante à la surface du vin. Dix jours après l'apport des 10 derniers litres, la totalité du vin est transformée en vinaigre. A partir de ce moment, de dix jours en dix jours, on soutire 10 litres de vinaigre que l'on remplace par 10 litres de vin « râpé ». Le vinaigre est filtré également à travers une autre futaille emplie de copeaux de hêtre.

Il n'est pas nécessaire, on le conçoit, d'avoir du vin pour faire du vinaigre : de la bière, du cidre, de l'eau même contenant un peu d'alcool suffisent.

## ACIDE BUTYRIQUE

**415. — Généralités.** — Il existe deux acides butyriques isomères : l'acide butyrique

normal $CH^3.CH^2.CH^2.CO^2H$

et l'acide isobutyrique $\begin{matrix} CH^3 \\ CH^3 \end{matrix} \Big\rangle CH.CO^2H$

L'acide butyrique normal est le seul important. C'est un liquide huileux qui résulte de l'oxydation de l'alcool butylique normal. Il existe à l'état d'éther glycérique dans le beurre. Il résulte aussi de la transformation du glucose et de l'amidon par l'action du bacillus amylobacter.

## ACIDE PALMITIQUE

**416. — Généralités.** — L'acide palmitique $C^{16}H^{32}O^2$ existe dans un grand nombre de corps gras naturels, notamment dans l'huile de palme, dans la graisse de mouton, la cire d'abeilles, le blanc de baleine. Chevreul l'avait appelé d'abord acide margarique.

On l'obtient en saponifiant l'huile de palme par la potasse.

## ACIDE STÉARIQUE

**417. — Généralités.** — L'acide stéarique $C^{18}H^{36}O^2$ existe à l'état d'éther de la glycérine dans les graisses animales et végétales. On l'obtient par saponification calcaire, décantation et distillation. L'acide stéarique se présente en petits cristaux nacrés enchevêtrés, insolubles dans l'eau, mais solubles dans l'alcool bouillant. Cet acide fond à 70°.

VINGT-SIXIÈME LEÇON

# ALCOOLS MONOATOMIQUES NON SATURÉS
# ALCOOLS DIATOMIQUES ou GLYCOLS

## ALCOOLS MONOATOMIQUES NON SATURÉS

Dans le groupe des alcools monoatomiques non saturés, nous parlerons seulement de l'aldéhyde de l'alcool allylique et de l'acide oléique.

### ALDÉHYDE ALLYLIQUE ou ACROLÉINE

**418. — Généralités.** — L'alcool allylique $CH^2=CH—CH^2OH$ existe dans les essences d'ail et de moutarde. C'est un liquide incolore d'odeur spiritueuse et piquante. Une oxydation convenable le transforme en acroléine $CH^2=CH—COH$ :

$$CH^2 : CH.CH^2OH \quad + \quad O \quad = \quad CH^2 : CH.COH \quad + \quad H^2O$$

alcool allylique      oxygène      acroléine      eau

L'acroléine est un liquide incolore d'odeur irritante; elle se forme dans la combustion incomplète des corps gras ou lorsqu'ils sont chauffés violemment. L'odeur si désagréable d'une lampe qui fume est due à la formation d'acroléine.

### ACIDE OLÉIQUE

**419. — Généralités.** — L'acide oléique $C^{18}H^{34}O^2$ existe à l'état d'éther glycérique dans beaucoup de corps gras, notamment dans les huiles. C'est un liquide incolore, inodore, insoluble dans l'eau, mais soluble dans l'alcool et dans l'éther. Il s'oxyde à l'air en rancissant.

## ALCOOLS DIATOMIQUES ou GLYCOLS

**420.** — Rappelons que les alcools diatomiques ou glycols contiennent 2 fois OH; ils sont donc 2 fois alcools. Aussi ils peuvent donner lieu 2 fois à chacune des réactions que donne un alcool monoatomique. Ils sont capables de donner naissance à deux groupes d'éthers. Ils proviennent d'hydrocarbures.

Glycol ordinaire ou hydrate d'éthylène $C^2H^4(OH)^2$. Les glycols sont des produits artificiels.

Le glycol ordinaire est obtenu en traitant le bromure d'éthylène par le carbonate de potassium dissous dans l'eau. On fait bouillir. Il se produit du bromure de potassium qu'on précipite par l'alcool absolu. Le glycol est obtenu ensuite par distillation.

Le glycol est un liquide incolore, de saveur sucrée et alcoolique. Traité par la potasse en fusion, le glycol se transforme en acide oxalique.

# Acides dérivés des Glycols

## *ACIDE LACTIQUE*

**421.** — **Généralités.** — L'acide lactique $CH^3.CHOH.CO^2H$ est un acide-alcool. Les acides-alcools ont à la fois la fonction acide et la fonction alcool. L'acide lactique est à la fois alcool secondaire et acide. En effet, dans la formule de l'acide lactique, nous trouvons le groupement fonctionnel des alcools secondaires CHOH et le groupement fonctionnel des acides $CO^2H$ ou COOH.

Il existe deux acides lactiques : l'acide lactique normal appelé encore acide hydracrylique $CH^2OH.CH^2.CO^2H$ et l'acide lactique de fermentation $CH^3.CHOH.CO^2H$.

L'acide lactique de fermentation, le plus important, a l'aspect d'un sirop incolore, de saveur très acide. Il est soluble dans l'eau, l'alcool et l'éther. Il se produit dans le petit lait, aux dépens du sucre, sous l'influence du ferment lactique.

On prépare l'acide lactique en abandonnant à lui-même un mélange de sucre, d'eau, de fromage blanc et de craie. Il se forme un lactate de calcium qu'on fait cristalliser dans l'eau chaude. On l'agite ensuite dans l'éther qui s'empare de l'acide lactique mais qu'il abandonne bientôt par évaporation.

L'acide lactique est utilisé en médecine contre la diarrhée infantile.

## ACIDE OXALIQUE

$$C^2H^2O^4 \text{ ou } COOH—COOH$$

**422. — Généralités.** — L'acide oxalique dérive des glycols. Il existe à l'état de bioxalate ou de quadrioxalate dans le suc de l'oseille.

L'acide oxalique a été obtenu par synthèse en oxydant l'éthylène :

$$C^2H^4 \quad + \quad 5O \quad = \quad C^2H^2O^4 \quad + \quad H^2O$$

éthylène        oxygène          acide            eau
                                 oxalique

On l'obtient dans l'industrie en chauffant de la sciure de bois dont on fait une pâte avec une solution concentrée de potasse et de soude. Il se forme de l'oxalate de potassium et de sodium qui, traités par un lait de chaux, se transforment en oxalate de calcium. L'oxalate de calcium, insoluble, est recueilli et décomposé par l'acide sulfurique, qui donne du sulfate de calcium et met l'acide oxalique en liberté.

L'acide oxalique est un corps solide, incolore, soluble dans l'eau, surtout lorsqu'elle est chaude et dans l'alcool. Il cristallise avec deux molécules d'eau de cristallisation $(CO^2H)^2 + 2 H^2O$. Sous l'action de la chaleur, les cristaux se déshydratent et se décomposent en acide formique et gaz carbonique, puis oxyde de carbone et eau. L'acide sulfurique décompose l'acide oxalique en anhydride carbonique et oxyde de carbone.

L'acide oxalique est un acide énergique, **vénéneux à petite dose**. Il produit avec les métaux des oxalates qui sont également **toxiques**. Cet acide est employé comme *rongeant* dans la décoration des étoffes qu'on appelle *indiennes*. Le rongeant est appliqué par voie d'impression sur le tissu teint entièrement : il enlève la couleur aux points avec lesquels il est en contact. On se sert de l'acide oxalique pour enlever les taches d'encre. La dissolution étendue d'acide oxalique constitue *l'eau de cuivre* employée pour récurer les ustensiles en cuivre.

## VINGT-SEPTIÈME LEÇON

## PRINCIPES GRAS

**423.** — Le chimiste français Chevreul montra le premier que les corps gras, huiles, graisses, beurres, sont des mélanges en proportions variables de certains principes neutres se dissolvant mutuellement et doués de propriétés analogues. Ce fut lui le premier aussi qui s'aperçut que, soumis à l'action d'un alcali, ces principes se saponifient et qu'une base, appelée glycérine, est en même temps mise en liberté.

Les principes gras sont des éthers qui résultent de la combinaison, en effet, de divers acides gras, et de la glycérine. La plupart d'entre eux sont formés par l'union de la glycérine à trois molécules d'acides gras avec élimination de 3 molécules d'eau.

# Glycérine

**424. — Définition.** — La glycérine est un alcool triatomique. Sa formule de constitution

$$CH^2OH — CHOH — CH^2OH$$

contient trois fois le groupement fonctionnel OH uni à un radical. Aussi elle forme de nombreux éthers par l'éthérification d'une, deux, trois fonctions alcool. Les préfixes mono, bi, tri, indiquent le degré d'éthérification.

Ainsi l'acide stéarique et la glycérine donnent la monostéarine, la bistéarine et la tristéarine.

La tristéarine entre dans la composition des graisses. La monostéarine et la bistéarine n'ont pas d'application.

La glycérine est obtenue accessoirement dans la fabrication des savons et des bougies.

Nous venons de voir qu'un alcali mis en présence d'un éther sel produit une réaction spéciale qu'on appelle saponification; l'alcali dédouble l'éther et régénère l'alcool et le sel alcalin de l'acide.

Les corps gras étant des éthers de la glycérine, lorsqu'on met un alcali en présence d'un corps gras, il se passe une réaction analogue : le corps gras est dédoublé : la glycérine est mise en liberté et l'acide gras se combine à l'alcali pour former un **savon**.

**425. — Propriétés de la glycérine**. — La glycérine est un liquide incolore, inodore, sirupeux, doué d'une saveur un peu sucrée. Sa densité est 1,20. Elle se dissout dans l'eau et dans l'alcool. La chaleur la décompose en produits divers, parmi lesquels se distingue l'acroléine.

**426. — Usages de la glycérine**. — La glycérine est employée en médecine. Elle est surtout employée à la fabrication de la nitroglycérine.

**427. — Nitroglycérine**. — La nitroglycérine ou trinitrine est un éther de la glycérine. C'est un corps dangereux, très toxique, qui détonne au moindre choc. On obtient la nitroglycérine en mélangeant d'abord en proportions convenables : 1º de la glycérine et de l'acide sulfurique concentré; 2º de l'acide azotique fumant et de l'acide sulfurique ordinaire. On verse ensuite une liqueur dans l'autre. La nitroglycérine, sous forme d'un liquide huileux blanchâtre, se dépose au fond. On décante, on lave à grande eau et on laisse sécher.

La nitroglycérine peut être conservée à la condition qu'elle ne subisse aucune élévation de température ni le moindre choc, sans quoi elle fait explosion. La nitroglycérine explose même sous l'eau. On la transporte après en avoir fait un mélange avec du sable auquel on la fait absorber. On a ainsi la *dynamite* qui n'explose que sous un choc assez violent.


# Corps gras naturels


**428. — Définitions**. — Les corps gras naturels sont des mélanges en proportions variables des principes gras. Ce sont des corps neutres composés de carbone, d'hydrogène et d'oxygène, que l'on rencontre dans les tissus des animaux et des végétaux, où ils forment des réserves nutritives. Les uns sont solides, mais de consistance molle et pâteuse; les autres sont des liquides épais. Tous sont onctueux et tachent le papier. Ils sont plus légers que l'eau et ils se dissolvent dans l'éther, la benzine et le sulfure de carbone.

On divise les corps gras en trois groupes : les **graisses** et les **beurres** qui sont solides, les **huiles** qui sont liquides.

Les graisses et les beurres sont d'origine animale; les végétaux donnent cependant le beurre de coco et le beurre de cacao. Les huiles sont d'origine végétale, sauf l'huile de baleine et l'huile de pied de bœuf, d'origine animale.

Les corps gras sont des mélanges d'éthers de la glycérine.

Les composés les plus importants que forment les corps gras sont :

1° La tristéarine $C^3H^5(C^{18}H^{35}O^2)^3$, éther formé par l'acide stéarique $C^{18}H^{36}O^2$ avec la glycérine ;

2° La tripalmitine $C^3H^5(C^{16}H^{31}O^2)^3$, éther formé par l'acide palmitique $C^{16}H^{32}O^2$ avec la glycérine ;

3° La trioléine $C^3H^5(C^{18}H^{33}O^2)^3$, éther formé par l'acide oléique $C^{18}H^{34}O^2$ avec la glycérine.

La stéarine ou éther tristéarique de la glycérine est un corps solide, blanc, cristallisable en paillettes nacrées, soluble dans l'éther. Elle fond vers 62°. On la rencontre surtout dans la graisse de mouton ou de bœuf.

La palmitine ou éther tripalmitique de la glycérine est un corps solide, blanc, qui cristallise en petites aiguilles. Elle fond vers 58°. On la trouve dans la plupart des graisses, dans l'huile de palme et dans l'huile d'olive. Lorsque l'huile d'olive se fige, les grumeaux blancs que l'on voit en suspension dans une portion restée liquide, sont des cristaux de palmitine ou de stéarine, la partie liquide est de l'oléine.

On donne quelquefois à tort à la palmitine le nom de *margarine,* car l'acide margarique d'où procéderait la margarine est seulement un mélange d'acides stéarique et palmitique. On a conservé le nom de margarine au produit industriel qui a l'aspect du beurre[1].

L'oléine ou éther trioléique de la glycérine est un corps liquide, qui existe en abondance dans toutes les huiles, surtout dans l'huile d'olive. Elle se fige vers 5°. Elle s'oxyde au contact de l'air et prend alors un goût de rance. L'oléine entre dans la préparation de l'*oléo,* qui sert à fabriquer le saindoux et le beurre artificiels.

Le beurre est un corps gras intermédiaire entre les graisses et les huiles. Il ne contient point de stéarine. Il est formé de palmitine, d'oléine et d'un autre éther de la glycérine, nommé la tributyrine $C^3H^5(C^4H^7O^2)^3$ qu'on appelle simplement butyrine. C'est un liquide huileux, qui s'aci-

---

1. La margarine est préparée avec de la graisse de bœuf fondue. La masse huileuse qui surnage est enlevée, additionnée de sel et abandonnée à elle-même pendant vingt-quatre heures. On y ajoute ensuite de l'huile de sésame, du lait très pur et un peu de cucurma pour teindre légèrement en jaune. Le mélange est enfin trituré dans un malaxeur où il se sépare en deux parties : l'une solide, qui est la margarine : l'autre liquide.

diffe rapidement à l'air. C'est principalement l'acide butyrique $C^4H^8O^2$, mis en liberté, qui communique au beurre le goût de rance.

Les huiles forment deux groupes : 1° les huiles siccatives (lin, noix), qui, au contact de l'air, épaississent et finissent par se solidifier, d'où leur emploi en peinture ; 2° les huiles non siccatives (olive, amande) qui rancissent seulement au contact de l'air.

## BOUGIES STÉARIQUES

**429.** — La bougie est préparée avec les acides stéarique et palmitique des corps gras ; l'acide oléique qui est liquide est éliminé.

La matière grasse est d'abord décomposée par une saponification calcaire ou même par l'eau surchauffée ; puis on sépare les acides de la chaux au moyen de l'acide sulfurique.

La saponification est faite dans un autoclave. C'est un récipient en cuivre, dans lequel on peut chauffer sous pression supérieure à la pression atmosphérique, et par conséquent où la température peut être supérieure à 100°.

On met dans l'autoclave 3 kilogrammes de chaux délayée dans de l'eau et 100 kilogrammes de matière grasse. On fait arriver la vapeur par le bas de l'autoclave. Elle s'échappe au sommet par un trou d'aiguille. On chauffe sous une pression de 8 à 9 atmosphères. L'opération dure environ huit heures. Au passage de la vapeur qui produit un brassage actif, il se forme un savon calcaire, de la glycérine et une proportion importante d'acides libres.

On soutire l'eau glycérineuse, puis le mélange de savon et d'acides est versé dans une cuve en plomb, qui contient de l'acide sulfurique étendu d'eau. On chauffe de manière à maintenir la masse en ébullition pendant deux heures. Le savon se décompose. L'acide sulfurique donne du sulfate de calcium, qui se précipite au fond de la cuve et les acides stéarique, palmitique et oléique surnagent. On les décante.

Les acides enlevés sont versés dans des cuvettes rectangulaires, appelées *mouleaux*, où on les laisse refroidir et se solidifier. Ces gâteaux d'acides placés alors sur le plateau d'une presse hydraulique, séparés chacun par une serviette de crin, sont soumis à une forte pression. Une grande partie de l'acide oléique est expulsée ; mais il en reste encore. On l'élimine entièrement par un second pressage à chaud que l'on effectue de la manière suivante : les gâteaux enfermés chacun dans un sac de crin, et séparés les uns des autres par une plaque de fonte creuse, sont placés côte à côte contre le plateau d'une presse hydraulique horizontale.

On fait arriver de la vapeur qui circule dans toutes les plaques de fonte et l'on donne la pression. La chaleur aidant, les dernières gouttes d'acide oléique sont chassées et s'écoulent.

L'acide oléique, recueilli à part, sert à faire l'oléo et certains savons jaunes appelés **savons d'oléine**.

Il reste dans les sacs de crin une matière blanche, dure, cristalline : c'est l'acide stéarique à peu près pur, car la quantité d'acide palmitique qui l'accompagne est insignifiante.

On fond enfin l'acide stéarique et on le coule dans des moules d'étain, traversés dans leur axe par une mèche faite de fils tressés. Chaque moule donne une bougie. La mèche a été tressée : alors elle se recourbe, arrive au contact de l'air extérieur et brûle. Une mèche non tressée ne se recourbe pas : elle reste à l'abri de l'air par les gaz ascendants qui produisent la flamme; elle se carbonise mais ne brûle pas; elle forme un fumeron charbonneux.

## SAVONS

Les savons sont des sels formés par la combinaison des acides, qui entrent dans la constitution des éthers composant les corps gras, avec des hydrates ou oxydes métalliques.

Les acides qui entrent dans la composition des corps gras, sont deux acides saturés : l'acide stéarique et l'acide palmitique, et un acide de la série éthylénique, l'acide oléique.

Lorsqu'on fait agir, par exemple, de la soude caustique sur la stéarine, une réaction se produit, qui régénère la glycérine et donne un stéarate de sodium : c'est un savon.

Soude caustique + stéarine = stéarate de sodium + glycérine.

Si la soude agit sur le corps gras tout entier la réaction est la suivante :

$$\text{soude caustique} + \text{corps gras}\begin{cases}\text{stéarine}\\\text{palmitine} = \text{savon}\\\text{oléine}\end{cases}\begin{cases}\text{stéarate de sodium}\\\text{palmitate de sodium}\\\text{oléate de sodium}\end{cases}$$

On obtient un savon soluble, en dédoublant un corps gras, au moyen d'un alcali. La potasse donne les savons mous, la soude les savons durs. Si l'on dédouble le corps gras avec un oxyde de fer, de plomb, de chaux, d'alumine, on obtient un savon insoluble.

**450. — Fabrication des savons.** — Dans une grande cuve,

traversée par un serpentin dans lequel circule à volonté la vapeur, on mélange du suif fondu en une huile avec une dissolution de soude caustique. On chauffe. Dès que l'ébullition commence, on brasse le mélange. Le savon apparaît émulsionné. Pour le séparer de l'eau, on jette du chlorure de sodium (sel de cuisine) dans la cuve. Aussitôt le savon se précipite en grumeaux, car il n'est pas soluble dans l'eau salée. On supprime la vapeur et on fait écouler l'eau mélangée de glycérine; celle-ci sera recueillie à part.

De plus en plus on remplace cet ancien procédé par une double opération qui présente le grand avantage de fournir une glycérine beaucoup plus pure. On hydrolise les corps gras (huile ou suif) par la vapeur d'eau surchauffée à 160°—170° ou en présence d'un acide minéral très étendu. Les acides gras qui surnagent sont enlevés pour être traités par les alcalis et ainsi transformés en savons, comme ci-dessus. L'eau par concentration ou distillation donne une très bonne glycérine, exempte de sel, dont l'emploi trouve de nombreux débouchés.

On rassemble les grumeaux de savon et on dispose la masse dans des cadres en bois où on la presse fortement. On laisse refroidir. Lorsque les blocs sont devenus assez durs, on les divise en pains, qui sont enfin placés successivement entre deux coquilles métalliques et frappés au balancier. Ils y prennent la forme sous laquelle on les livre au commerce.

Les corps gras les plus employés sont le suif fondu épuré, les huiles de palme, de sésame et d'arachide.

---

VINGT-HUITIÈME LEÇON

# ACIDES TARTRIQUES,
# ACIDE CITRIQUE

## ACIDES TARTRIQUES

**431. — Définitions.** — Les acides tartriques sont des **acides-alcools**, c'est-à-dire à fonction mixte : on trouve en effet dans leur formule les groupements fonctionnels des alcools et des acides. Ils possèdent donc la fonction alcool et la fonction acide.

La formule des acides tartriques est

$$CO^2H.CHOH.CHOH.CO^2H$$

où nous trouvons le groupement fonctionnel des alcools secondaires

$$CHOH$$

et le groupement fonctionnel des acides

$$CO^2H \text{ ou } COOH$$

Les acides tartriques sont deux fois alcools et deux fois acides, comme l'indique leur formule.

**432. — Généralités. —** Il existe quatre acides tartriques qui ont la formule commune $C^4H^6O^6$ ou $CO^2H.CHOH.CHOH.CO^2H$, mais dont l'action sur la lumière polarisée[1] est différente : l'acide tartrique droit, c'est-à-dire qui dévie à droite le plan de polarisation de la lumière; l'acide tartrique gauche qui le dévie à gauche; l'acide racémique, mélange dédoublable des deux premiers, sans action sur la lumière polarisée; l'acide tartrique inactif, par nature non dédoublable, sans action non plus sur la lumière polarisée.

L'acide tartrique droit est le plus important; c'est l'acide tartrique ordinaire. On le trouve dans le jus de raisin et dans beaucoup de fruits acides à l'état de bitartrate de potassium mélangé à du tartrate de calcium. Le vin le dépose dans les tonneaux où il prend le nom de *crème de tartre.*

On retire l'acide tartrique de la crème de tartre dissoute dans l'eau chaude en présence d'un peu de craie. On obtient ainsi un mélange de tartrates neutres de potassium et de calcium. On ajoute du chlorure de calcium qui précipite l'acide tartrique à l'état de tartrate de calcium. Le tartrate de calcium est enfin décomposé à chaud par l'acide sulfurique étendu : il en résulte du sulfate de calcium insoluble et l'acide tartrique est mis en liberté.

L'acide tartrique est employé pour faire des boissons rafraîchissantes; il entre dans la composition des bonbons acidulés.

**Émétique.**

Les émétiques sont dus à la combinaison d'un tartrate acide et d'un

---

1. La polarisation est la modification que certaines substances font subir aux vibrations des rayons lumineux qui les traversent. (Voir notre *Manuel de Physique.*)

sesquioxyde métallique. Le plus important des émétiques est le *tartre stibié*. C'est une combinaison de tartrate de potassium et d'antimoine. Il est employé en médecine comme vomitif. C'est un médicament qu'on ne doit administrer qu'avec l'avis d'un médecin, car c'est un poison dangereux : 50 centigrammes peuvent donner la mort.

## ACIDE CITRIQUE

**453. — Généralités**. — L'acide citrique est aussi un acide-alcool, une fois alcool tertiaire et trois fois acide, comme le montre sa formule

$$CO^2H.CH^2.COH.CH^2.CO^2H$$
$$|$$
$$CO^2H$$

Il cristallise avec une molécule d'eau

$$C^6H^8O^7 + H^2O$$

On trouve l'acide citrique dans le jus des fruits acides tels que les citrons, les oranges, les groseilles. On le prépare avec le jus de citrons qu'on laisse fermenter après y avoir ajouté un peu de craie. Puis on chauffe; il s'est formé un citrate de calcium qui se précipite. On lave le précipité à l'eau bouillante et on le décompose ensuite par l'acide sulfurique étendu. On enlève le sulfate de calcium insoluble qui s'est formé et l'acide citrique cristallise.

L'acide citrique est utilisé pour préparer les limonades. On l'emploie en teinture comme *rongeant* [1]. La limonade Rogé qui est un purgatif, est une dissolution de citrates de fer et de magnésie.

---

1. Un rongeant est une matière chimique qu'on applique par impression sur un tissu teint, pour enlever la teinture par places, et former ainsi des dessins variés.

## VINGT-NEUVIÈME LEÇON

# SUCRES

**454. — Hydrates de carbone.** — On donne le nom d'hydrates de carbone à certaines substances que l'on trouve dans le règne végétal : sucres, amidons, dextrines, gommes, celluloses, etc. composées de carbone, d'hydrogène et d'oxygène, où, dans un grand nombre, l'hydrogène est uni à l'oxygène dans la même proportion que le sont les éléments de l'eau. Leur formule générale est $C^n(H^2O)^n$.

**455. — Définitions des sucres.** — Les sucres sont des alcools à fonction mixte. Les uns sont des **aldéhydes-alcools** qu'on nomme **aldoses**; les autres sont des **cétones-alcools,** qu'on appelle **cétoses.** Ces corps, en s'unissant à deux atomes d'hydrogène, peuvent se transformer en alcools correspondants.

Le glucose étant le plus important des sucres, son suffixe *ose* est appliqué aux autres sucres, qu'on nomme bioses, trioses, tétroses, pentoses, hexoses, etc., suivant le nombre d'atomes de carbone qu'ils contiennent.

Les plus importantes des aldoses sont les hexoses, qui jouissent de la propriété de se combiner avec un certain nombre de corps.

Quand deux molécules d'hexose réagissent l'une sur l'autre en perdant une molécule d'eau, le produit de la combinaison est une **hexobiose.**

Le sucre de canne ou saccharose, le sucre de lait ou lactose, le maltose sont des hexobioses.

On peut considérer que les sucres dérivent de l'aldéhyde formique H—COH par polymérisation. Deux molécules d'aldéhyde formique donnent une biose :

$$2 \text{ H—COH} = \text{CH}^2\text{OH—COH}$$

aldéhyde         aldéhyde-glycolique<br>
formique         ou biose

trois molécules d'aldéhyde formique donnent une triose :

$$3 \text{ H—COH} = \text{CH}^2\text{OH—CHOH—COH}$$

aldéhyde         aldéhyde glycérique<br>
formique         ou triose

On passe ainsi successivement aux tétroses, pentoses, hexoses, etc.

La propriété caractéristique des sucres est de s'unir à deux molécules de *phénylhydrazine* pour donner un produit appelé *osazone*.

# Glucose

## $C^6H^{12}O^6$ ou $CH^2OH(CHOH)^4COH$

**436. — Définitions**. — Le glucose est le sucre le plus important de la famille des hexoses. Il est cinq fois alcool et une fois aldéhyde ainsi qu'on le voit par sa formule de constitution :

```
1 fois alcool primaire par le groupe CH²OH
4  »    alcool secondaire        »      CHOH
1  »    aldéhyde                  »      COH
```

**437. — État naturel du glucose**. — Le glucose ordinaire ou sucre de raisin se trouve dans le jus du raisin. Il forme les efflorescences blanches que l'on voit à la surface des fruits secs, tels que les pruneaux et les figues.

**438. — Préparation du glucose**. — On prépare le glu-

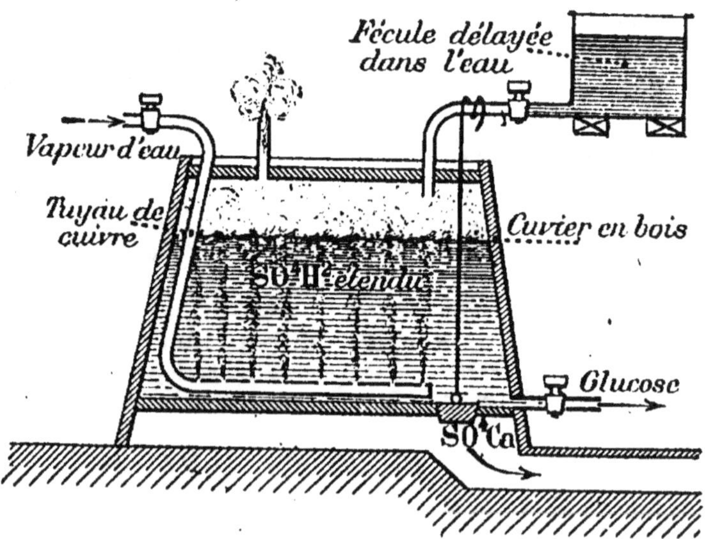


Fig. 133. — Préparation du glucose.

cose en soumettant à une ébullition prolongée l'amidon ou la fécule, en présence de l'acide sulfurique étendu (fig. 133). On enlève ensuite l'acide en jetant de la craie dans la masse. Il se forme un dépôt de sulfate de calcium. Le liquide restant est filtré et évaporé, puis on le laisse reposer. Il se forme peu à peu des cristaux mamelonnés de glucose.

**439. — Propriétés physiques du glucose.** — Le glucose cristallisé se présente sous forme de cristaux, qui renferment une molécule d'eau de cristallisation $C^6H^{12}O^6 + H^2O$. Le glucose est soluble dans l'eau et dans l'alcool bouillant. Il sucre trois fois moins que le sucre ordinaire. La solution de glucose dévie à droite le plan de polarisation de la lumière : il est dextrogyre. C'est pour cela qu'on l'appelle quelquefois dextrose.

**440. — Propriétés chimiques du glucose.** — La chaleur décompose le glucose. Lorsqu'il est porté à l'ébullition en présence de l'acide azotique, il se forme de l'acide saccharique, puis de l'acide oxalique. Il s'unit aux acides minéraux ou organiques pour donner des éthers. Grâce à sa fonction aldéhyde, il peut fixer deux atomes d'hydrogène et donner la sorbite et la mannite, qui sont des alcools hexatomiques, sécrétés par différentes espèce: d'arbres. Pour la même raison, c'est un corps réducteur. Cette propriété est mise à profit dans l'argenture des glaces par l'azotate d'argent ammoniacal. Il décompose ce sel. Il réduit les sels cuivriques en présence des alcalis; c'est sur cette propriété qu'est fondé le procédé de dosage du glucose par la *liqueur de Fehling* (liqueur cupro-potassique).

Enfin, le glucose est fermentescible lorsqu'il est soumis à l'influence de la levure de bière, il se dédouble en anhydride carbonique et alcool.

**441. — Usages du glucose.** — Le glucose est employé dans la fabrication de la bière. Il remplace souvent le miel dans le pain d'épices. Les confiseurs l'utilisent pour la fabrication des bonbons bon marché.

**442. — Glucosides.** — Lorsque le glucose se trouve en présence d'un acide, d'un alcool ou d'une aldéhyde, il peut s'unir avec ces corps en perdant de l'eau et former des composés qu'on appelle *glucosides*. On obtient un glucoside en faisant bouillir, par exemple, un mélange de glucose et d'alcool méthylique.

Les glucosides les plus importants sont les hexobioses :

La constitution des glucosides de la série grasse se rapproche de celle des glucosides à radicaux aromatiques, qui sont les **glucosides naturels** dont nous dirons quelques mots plus tard.

# Fructose

## $C^6H^{12}O^6$ ou $C^6(H^2O)^6$

**443. — Définitions.** — Les fructoses sont des hexoses cétoniques, autrement dit des cétoses. Il existe un fructose droit, un fructose gauche, lévogyre et un fructose inactif. Le fructose lévogyre ou lévulose est le seul important. C'est un isomère du glucose. Sa formule de constitution $CH^2OH(CHOH)^3CO.CH^2OH$, montre qu'il est 2 fois alcool primaire par les groupes $CH^2OH$, 3 fois alcool secondaire par le groupe $(CHOH)^3$ et 1 fois acétone par le groupe de carbonyle CO, qui est le groupe fonctionnel des acétones.

**444. — Généralités.** — Le lévulose existe dans les fruits sucrés. On le trouve dans le miel. Il cristallise en aiguilles brillantes. Il est très soluble dans l'eau. Comme le glucose, il s'unit aux acides minéraux et organiques pour donner des éthers; c'est un corps réducteur et il fermente.

On obtient le lévulose en *intervertissant* le saccharose par un acide étendu à chaud.

Lorsqu'on chauffe à 100° pendant un certain temps l'inuline, amidon des topinambours, avec de l'eau acidulée sulfurique, l'inuline disparaît. On enlève l'acide avec de la baryte : il reste du lévulose qui cristallise

# Saccharose

## $C^{12}H^{22}O^{11}$ ou $C^{12}(H^2O)^{11}$

**445. — Définitions.** — Certains corps qui constituent les anhydrides des hexoses sont appelés **saccharides**. Ce sont des composés qui résultent de l'union de plusieurs molécules d'hexoses avec élimination d'eau.

Lorsqu'une molécule de glucose, par exemple, qui est une hexose, réagit sur une molécule d'une autre hexose, fructose, par exemple, il y a élimination d'une molécule d'eau et il en résulte un nouveau sucre appelé hexobiose : c'est le saccharose :

$$C^6H^{12}O^6 \quad + \quad C^6H^{12}O^6 \quad = \quad C^{12}H^{22}O^{11} \quad + \quad H^2O$$
$$\text{glucose} \qquad\quad \text{lévulose} \qquad\quad \text{saccharose} \qquad \text{eau}$$

Les principales hexobioses sont : le saccharose ou sucre de canne, de betterave, etc.; le maltose produit par l'action de la diastase sur l'amidon (la diastase est un ferment soluble qui apparaît au moment de la germination); le lactose ou sucre de lait.

**446. — Propriétés physiques du saccharose.** — Le saccharose, qui est le sucre ordinaire, est un corps cristallisé, blanc, inodore, d'une saveur agréable. Il se dissout dans l'eau; il est insoluble dans l'alcool et dans l'éther. Il fond à 160° en se transformant en un liquide épais qui, refroidi, devient une masse amorphe et vitreuse : c'est le *sucre d'orge*.

Lorsqu'on casse le sucre dans l'obscurité il répand des lueurs.

Si l'on chauffe jusqu'à l'ébullition un sirop de sucre concentré, et qu'on laisse refroidir, la solution cristallise en gros prismes, que l'on appelle sucre candi. On tend des fils dans le récipient maintenu pendant 48 heures dans une étuve chauffée à 60°. Les cristaux s'attachent aux fils.

Si, après avoir chauffé le sucre, on le maintient à son point de fusion, 160°, il se dédouble en glucose et une matière sucrée appelée lévulosane :

$$C^{12}H^{22}O^{11} \quad = \quad C^6H^{12}O^6 \quad + \quad C^6H^{10}O^3$$
$$\text{saccharose} \qquad\qquad \text{glucose} \qquad\qquad \text{lévulosane}$$

Le saccharose dévie à droite le plan de polarisation de la lumière.

**447. — Propriétés chimiques du saccharose.** — Lorsqu'on chauffe le saccharose au-dessus de son point de fusion, il perd de l'eau et se caramélise; puis il se décompose : il produit du gaz carbonique, de l'acide acétique, des carbures d'hydrogène, etc. Il reste un charbon poreux.

Le caramel est employé en confiserie. On l'utilise pour colorer les eaux-de-vie, la bière et certaines liqueurs.

Maintenu à 100° pendant un certain temps avec de l'acide sulfurique ou de l'acide chlorhydrique, le saccharose se déshydrate, donne d'abord de l'acide glucique $C^{12}H^{18}O^9$, puis des matières humiques (l'humus provient de la décomposition de matières organiques).

Les alcalis donnent avec le sucre des sels. Le sucre et la chaux se combinent pour former un sucrate de calcium. Le gaz carbonique précipite la chaux des sucrates et met le sucre en liberté.

Le saccharose ne fermente pas directement, mais sous l'action d'un acide étendu qui l'hydrolise, il se transforme en un mélange de glucose et de lévulose. Il est alors *interverti*. Il est, après ce changement, directement fermentescible :

$$C^{12}H^{22}O^{11} \quad + \quad H^2O \quad = \quad C^6H^{12}O^6 \quad + \quad C^6H^{12}O^6$$

saccharose              eau              glucose              lévulose

Lorsque le sucre est en présence de la levure de bière, il est interverti également : la levure sécrète un ferment soluble, nommé *invertine*, qui fixe une molécule d'eau sur le sucre.

### 448. — **Extraction du sucre de la betterave.** — À l'aide de couteaux mécaniques les betteraves sont découpées en minces lanières appelées *cossettes*, qui ressemblent à la julienne (légumes découpés pour un certain potage). Puis les cossettes sont placées dans de grands récipients métalliques nommés *diffuseurs*.

En raison de la diffusion des solutions, le jus sucré enfermé dans une cossette traverse la membrane qui le retient, se répand dans l'eau et de l'eau rentre dans la cossette. L'eau chargée de sucre est envoyée dans un second diffuseur, empli aussi de cossettes, puis successivement dans une dizaine de diffuseurs disposés semblablement. On obtient ainsi un jus sucré de plus en plus concentré.

Le jus est chargé d'impuretés qu'on élimine en le faisant bouillir en

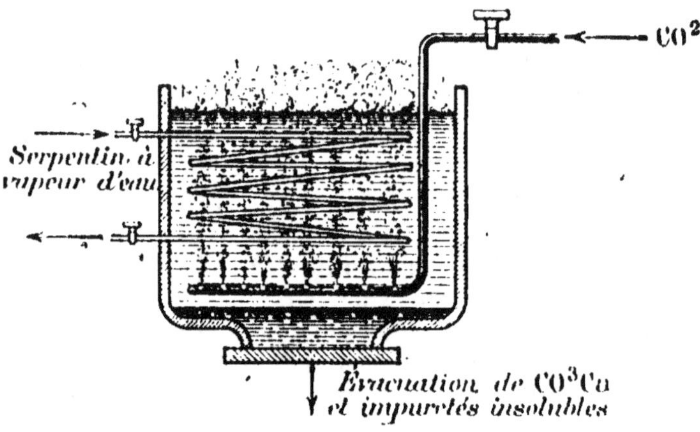


Fig. 131.

présence d'un peu de chaux (fig. 131). Il se forme du sucrate de calcium. Pendant l'ébullition, on fait pénétrer du gaz carbonique dans la chaudière par un tube percé de trous ; le sucrate de calcium est décomposé et le sucre est libéré : en même temps, il se forme du carbonate de calcium. On arrête le chauffage. Alors le carbonate de calcium se précipite en entraînant avec lui les impuretés. On fait passer le jus dans des filtres-presses qui arrêtent le sel formé et les impuretés.

On élimine ensuite l'eau en excès, en évaporant le jus sucré dans un appareil formé de quatre chaudières placées côte à côte, qui porte le nom de *quadruple-effet*. Par une tuyauterie appropriée on fait passer le jus d'une chaudière dans l'autre, à mesure qu'il s'évapore, et c'est la vapeur d'une chaudière qui sert à chauffer la chaudière suivante. Ce chauffage économique est fondé sur le fait que plus la pression diminue, plus tôt commence l'ébullition.

On n'a donc qu'à faire un vide partiel de plus en plus grand dans les chaudières qui se suivent, et l'on a besoin de chauffer de moins en moins pour porter à l'ébullition : la vapeur de la chaudière précédente suffit.

A sa sortie du quadruple-effet le jus est un sirop. On le soumet à la cuisson dans une chaudière hermétiquement fermée, où l'on fait le vide. On surveille la cuisson au moyen d'une petite fenêtre encastrée dans la paroi de la chaudière.

Lorsque la masse se change en grains, la cuisson est terminée.

La masse granulée, après avoir été additionnée d'un peu de mélasse pour la rendre fluide, est séchée mécaniquement dans une *turbine* (fig. 135). C'est un appareil composé de deux cylindres rentrés l'un dans l'autre. Le cylindre intérieur dont la paroi est une toile métallique, tourne à une grande vitesse; le cylindre extérieur est

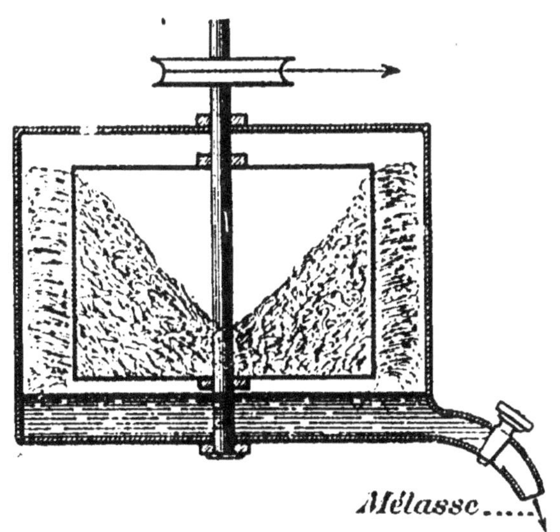


Fig. 135. — Turbine.

fixe. On verse la masse de sucre dans le cylindre intérieur et celui-ci est mis en mouvement. En raison de la force centrifuge, la masse s'étale fortement sur la paroi, elle tend à s'échapper. Mais le liquide seul traverse la paroi, les grains sont retenus.

Le sucre ressemble maintenant à une poussière cristalline. On le consomme sous cette forme ou on le soumet encore au raffinage.

Le raffinage commence par la clarification dans une chaudière où l'on verse la masse, en y ajoutant le tiers de son poids d'eau, un peu de noir animal et de sang défibriné (le sang défibriné ne se coagule pas). On porte à l'ébullition. Le noir décolore le sucre et le sang forme un réseau d'écume qui soulève à la surface le noir et les impuretés. On enlève l'écume et l'on fait passer ensuite la matière sucrée : 1° à travers des filtres en coton; 2° à travers une colonne creuse, emplie de noir animal en grains. On évapore pour enlever l'eau, et l'on coule le sucre dans des moules en forme de pyramides, le sommet en bas, vissés sur un tuyau.

On procède enfin au clairçage, qui consiste à verser un sirop très pur sur le sucre solidifié dans les moules. En même temps on fait le vide dans le tuyau, pour que le sirop descende à travers le sucre solidifié. Étant donné qu'une solution saturée ne peut plus dissoudre aucune quantité de la matière dissoute, mais peut encore dissoudre d'autres substances, le sirop traverse le sucre, entraîne les dernières impuretés et prend leur place. Après cette dernière opération, le sucre est livré au commerce.

# Lactose

$$C^{12}H^{22}O^{11}, H^2O$$

**449. — Généralités.** — Le lactose ou sucre de lait peut être considéré comme formé par la combinaison d'une molécule de galactose et d'une molécule de glucose, avec élimination d'une molécule d'eau :

$$C^6H^{12}O^6 \quad + \quad C^6H^{12}O^6 \quad = \quad C^{12}H^{22}O^{11}, H^2O$$
$$\text{galactose} \qquad \text{glucose} \qquad\qquad \text{lactose}$$

Le galactose est une aldéhyde de la dulcite. On l'obtient par l'action d'un acide étendu sur le lactose.

Le lactose existe dans le lait de tous les mammifères. On l'extrait du *petit-lait* provenant de la fabrication des fromages. C'est une substance blanche, peu sucrée. Traité par l'acide azotique, le lactose donne de l'acide mucique $C^6H^{10}O^8$. Le lactose ne subit pas la fermentation alcoolique, caractère qui le distingue du glucose; mais il subit la fermentation lactique. L'agent de la fermentation lactique est une bactériacée, le *Bacille lactique*.

En présence du Bacille lactique, une molécule de galactose ou de glucose se dédouble en 2 molécules d'acide lactique :

$$C^6H^{12}O^6 \quad = \quad 2(C^3H^6O^3)$$

galactose       acide lactique
ou glucose

Lorsque le lactose est transformé en acide lactique, celui-ci coagule la caséine. On dit vulgairement dans ce cas que le lait « tourne ».

# Maltose

## $C^{12}H^{22}O^{11}$

**450. — Généralités.** — La maltose provient de l'action de la diastase sur l'amidon d'une graine. La diastase, qui apparaît au moment de la germination, transforme l'amidon, aliment non assimilable, en maltose, aliment assimilable. La petite plante s'en nourrit jusqu'à ce que ses racines et ses feuilles remplissent leurs fonctions.

On obtient le maltose en hydratant l'amidon sous l'action d'un acide étendu; il se produit en même temps de la dextrine.

Traité par un acide étendu, le maltose se dédouble en deux molécules de glucose.

## ALCOOLS HEXATOMIQUES

**451. — Généralités.** — Il existe certaines matières sucrées, qui sont des alcools hexatomiques dont la formule de constitution est la suivante : $CH^2OH(CHOH)^4CH^2OH$. Ils sont donc deux fois primaires et quatre fois secondaires.

Ces matières sont :

**La mannite** sécrétée par divers frênes.

**La suloïte** extraite de la manne de Madagascar.

**La sorbite** extraite du fruit du sorbier.

Ces matières sucrées ont un caractère commun caractéristique : c'est de n'être pas réductrices comme le sont les sucres; elles n'agissent ni à froid ni à chaud sur le réactif cupro-potassique (tartrate).

TRENTIÈME LEÇON

# POLYSACCHARIDES

Amidons, dextrines, glycogène, inuline, mucilages, gommes.

**452. — Définition.** — Nous avons dit qu'on nomme saccharides des composés qui résultent de l'union de plusieurs molécules d'hexoses avec perte d'eau. La famille des saccharides est constituée par les hexobioses : saccharose, maltose, lactose, etc. Il existe dans les végétaux certains hydrates de carbone qui répondent à la formule $(C^6H^{10}O^5)^n$, généralement insolubles, mais qui, se gonflant au contact de l'eau, se modifient ensuite insensiblement de manière à devenir solubles. Ce sont les amidons, les dextrines, les gommes, l'inuline, les mucilages, que l'on considère comme des polysaccharides plus ou moins complexes. Ils proviennent aussi de la combinaison de plusieurs molécules d'hexoses avec élimination d'eau. Ces corps, sous l'influence de la chaleur ou des acides, peuvent fixer de l'eau et se dédoubler alors en principes plus simples.

# Amidons

$(C^6H^{10}O^5)^n$

**453. — État naturel.** — Aux amidons que l'on trouve dans les organes de la plante : racines, tubercules, rhizomes, moelle, fruit, etc., on donne le nom de *matières amylacées;* on donne plus particulièrement le nom d'*amidon* (fig. 136) à la matière amylacée des

Fig. 136. — Grain d'amidon.

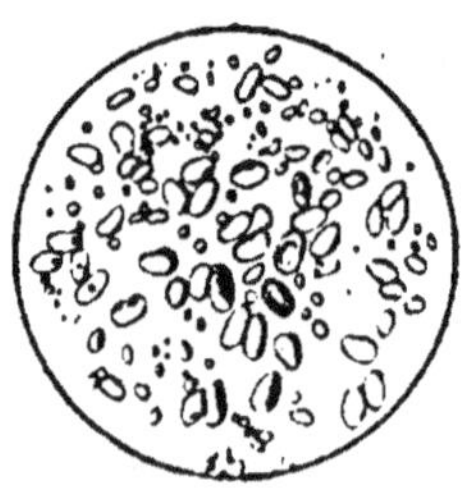

Fig. 137. — Grains de fécule.

graines de céréales et celui de *fécule* (fig. 137) à la matière amylacée provenant des autres parties de la plante, notamment des tubercules de pommes de terre.

La farine des céréales est composée d'amidon et de gluten. Le gluten est une substance azotée. En examinant au microscope un grain d'amidon, on voit qu'il présente des couches concentriques formant un globule sphéroïde ou ovoïde. On aperçoit au centre une tache noire, que l'on nomme le *hile*.

## 454. — Extraction de l'amidon.

— Râpons une pomme de terre sous un filet d'eau au-dessus d'un tamis (fig. 138). Les cellules sont déchirées et les grains d'amidon ou plutôt de fécule sont mis en liberté.

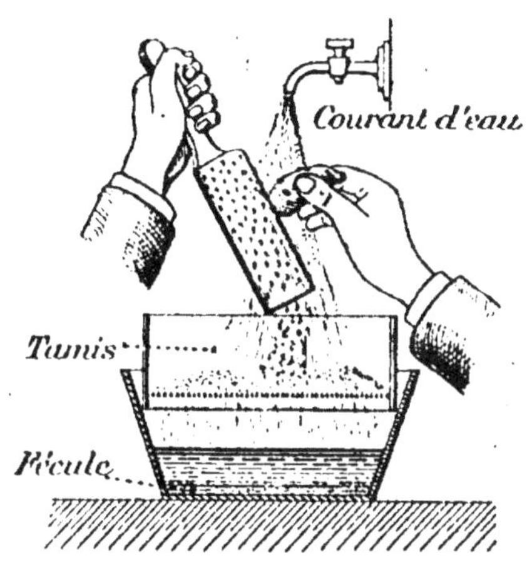


Fig. 138. — Extraction de la fécule d'une pomme de terre.

Le courant d'eau entraîne les grains de fécule qui traversent le tamis sur lequel restent les débris de cellules. La fécule se rassemble au fond du récipient; on enlève facilement par décantation l'eau qui la recouvre.

On extrait l'amidon des céréales en livrant les grains concassés et mélangés d'eau à la fermentation. Le gluten se putréfie. L'amidon, nullement attaqué, est séparé par des lavages. Ce procédé est insalubre. On préfère extraire l'amidon au moyen d'un malaxage mécanique d'une pâte faite avec de la farine. L'eau entraîne l'amidon, le gluten reste. L'amidon disséminé dans l'eau passe sur des tamis, qui retiennent les matières étrangères. Il est recueilli ensuite sur des plans inclinés, lavé plusieurs fois, égoutté sur des toiles, puis séché successivement sur un sol en plâtre et à l'étuve.

La fécule est extraite de la pomme de terre d'une manière analogue. Les pommes de terre sont nettoyées mécaniquement dans des cylindres à jour, où une vis sans fin tourne au centre en sens contraire du mouvement imprimé au cylindre. Les pommes de terre tombent ensuite dans une râpe qui les déchire, et en fait une pâte épaisse. Puis la masse est conduite sur des tamis, qui retiennent les pellicules : la fécule seule les traverse. Elle est recueillie sur des plans inclinés, lavée et séchée.

**455. — Propriétés de l'amidon.** — L'amidon est une poudre blanche insoluble dans l'alcool et dans l'éther, et presque insoluble dans l'eau.

Lorsque après avoir délayé de l'amidon dans l'eau on chauffe à 100°, la liqueur s'éclaircit, les grains d'amidon s'hydratent et se gonflent; puis il se forme un liquide épais qui constitue l'*empois* des blanchisseuses. Il sert à empeser le linge.

L'empois maintenu en ébullition devient partiellement soluble. L'*amidon soluble*, également blanc, est pulvérulent. Il n'est soluble toutefois que dans l'eau à 50°.

Si l'on chauffe l'amidon jusqu'à 160°, il se change en dextrine. Sous l'action d'un acide étendu, l'amidon se transforme en glucose. L'acide azotique le change en acide oxalique.

Un réactif extrêmement sensible à l'amidon est l'iode. Toute liqueur qui contient un peu d'amidon est immédiatement colorée en bleu par l'iode. Si l'on chauffe pendant un certain temps à 100°, la coloration bleue disparaît.

**456. — Rôle nutritif des matières amylacées.** — Au moment de la germination, il se forme dans les graines et tubercules une diastase nommée amylase (par exemple ferment soluble de l'orge germée) qui transforme la matière amylacée en dextrine puis en maltose. Le maltose sert à la nutrition primitive de la petite plante en formation.

Les matières amylacées servent à l'alimentation de l'homme et des animaux parce que sous l'action d'une diastase de la salive, appelée *ptyaline*, elles sont transformées en glucose. Les aliments riches en matières amylacées : haricots, fèves, lentilles, pois, etc. sont appelés *féculents*.

La farine qui sert à faire le pain est composée de gluten et d'amidon. Le gluten, partie essentielle, est une matière azotée, dite albuminoïde, composée de carbone, d'hydrogène, d'oxygène et d'azote. Lorsqu'on malaxe une pâte de farine sous un filet d'eau qui entraîne l'amidon, il reste une matière grisâtre, élastique, qui est le gluten.

**457. — Usages de l'amidon.** — L'amidon, en dehors de son usage alimentaire, est employé pour empeser le linge. Il sert à la fabrication du glucose et de la dextrine.

# Dextrines

$$(C^6H^{10}O^5)^n$$

**458. — Généralités.** — Les dextrines dérivent de l'amidon. On prépare la dextrine ordinaire en chauffant de la fécule en présence d'un peu d'eau acidulée azotique. On arrête l'opération lorsque la liqueur, après avoir été refroidie, n'est plus colorée en bleu par l'iode. Si l'on continuait à chauffer, la dextrine se transformerait en glucose. La fécule est humectée avec l'eau acidulée par l'acide azotique, puis séchée à l'air et maintenue ensuite pendant environ une heure dans une étuve, à la température de 120°. Il y a tout de même dans la masse transformée en dextrine un peu de glucose et d'amidon inattaqué.

La dextrine est une matière solide blanchâtre, soluble dans l'eau à laquelle elle communique sa viscosité. Elle est insoluble dans l'alcool et dans l'éther. Elle ne réduit pas la liqueur cupro-potassique. Les acides étendus la transforment en glucose, sauf l'acide azotique qui produit de l'acide oxalique.

# Glycogène

**459. — Généralités.** — Le glycogène, analogue à la dextrine, a été découvert par le physiologiste français Claude Bernard. On le rencontre surtout dans le foie. Pour l'obtenir, on réduit en pulpe le foie d'un jeune animal dans de l'eau bouillante; on filtre; on concentre ensuite la liqueur à laquelle on ajoute de l'alcool. Le glycogène est mis alors en liberté sous forme de flocons jaunâtres. Certaines préparations ultérieures le transforment en une poudre blanche, sans saveur.

En présence des acides minéraux étendus le glycogène se transforme en glucose.

# Inulines

**460. — Généralités.** — On appelle inulines certains amidons lévogyres, qui existent dans les tubercules du topinambour, du dahlia, dans le bulbe du colchique, etc.

L'inuline se présente sous forme de grains rayonnés, qui se gonflent dans l'eau froide et se dissolvent dans l'eau bouillante. L'ébullition prolongée dans l'eau la transforme en lévulose.

On obtient l'inuline en râpant des tubercules de dahlia ou de topinambour et en faisant ensuite bouillir la matière râpée avec de l'eau en présence d'un peu de calcaire. Après refroidissement on filtre. L'inuline est mise spontanément en liberté. C'est une poudre blanche qui rappelle l'amidon.

# Mucilages

**461. — Généralités.** — Les semences de coing et de lin, la racine de guimauve, etc. contiennent des principes complexes qui, dans l'eau froide, donnent une gelée épaisse. On a donné à ces principes mal définis le nom de mucilages.

# Gommes

**462. — Généralités.** — Les gommes sont des substances ayant une composition semblable à celle des dextrines. Elles sont sécrétées par diverses espèces d'arbres. Ce sont des mélanges de deux substances : l'arabine et la galactine.

En présence de l'eau, les gommes donnent un liquide mucilagineux. Sous l'action de l'acide azotique il se produit, en général, d'abord de l'acide trioxyglutarique, puis de l'acide oxalique.

Les gommes sont très répandues dans le règne végétal; les principales sont :

La *gomme arabique,* qui exsude d'une espèce d'acacia du Sénégal. C'est un corps solide, jaune brun, translucide, soluble dans l'eau. La gomme arabique est utilisée en pharmacie, en confiserie et dans l'apprêt des tissus.

La *gomme adragante,* produite par la moelle de certains végétaux d'Arménie et de Perse. Elle donne un mucilage épais. On l'emploie en pharmacie et dans l'apprêt des tissus.

La *gomme-gutte.* C'est une gomme-résine, mélange de gomme et de résine. La gomme-gutte s'écoule de certains arbres du Cambodge et de l'île de Ceylan. Elle donne avec l'eau une émulsion d'une belle couleur jaune. On l'emploie dans la peinture à l'eau.

La *myrrhe* est encore une gomme-résine, qui s'écoule d'un arbuste de l'Arabie. Elle est employée en parfumerie.

TRENTE ET UNIÈME LEÇON

# CELLULOSE, URÉE

## CELLULOSE

$$(C^6H^{10}O^5)_n$$

**462. — État naturel de la cellulose.** — La cellulose est une matière dont la composition répond généralement à un multiple élevé de $C^6H^{10}O^5$. Elle forme les parois des cellules végétales.

Dans les cellules du bois, elle est imprégnée de diverses substances, *vasculose, lignine*, etc., auxquelles on a donné le nom de matières incrustantes. Elle est à peu près pure dans les cellules jeunes, dans la moelle du sureau et dans le coton. Elle s'épaissit à mesure que la plante se développe.

**464. — Préparation de la cellulose.** — On obtient la cellulose en traitant le coton, le vieux linge ou du papier par une solution de potasse caustique faible, qui dissout les matières grasses en les saponifiant. On fait passer ensuite un courant de chlore pour décolorer la masse; puis on lave dans l'eau et après dans l'alcool. Il reste la cellulose pure.

**465. — Propriétés de la cellulose.** — La cellulose est blanche, sans odeur, sans saveur, insoluble dans l'eau, l'alcool, l'éther, les acides et les alcalis étendus. Elle se dissout seulement dans la liqueur cupro-ammoniacale de Schweizer (dissolution de tournure de cuivre dans l'ammoniaque).

Chauffée à 200°, la cellulose se détruit; elle donne des produits goudronneux, de l'alcool méthylique, de l'eau, de l'acide acétique, etc.

Chauffée à 180°-200° en présence de la potasse caustique concentrée, la cellulose se transforme en acide oxalique. C'est ainsi qu'avec la sciure de bois l'industrie prépare cet acide.

L'acide sulfurique étendu de la moitié de son volume d'eau a une action remarquable sur la cellulose. Si l'on trempe une feuille de papier dans un tel mélange d'acide et d'eau, le papier est transformé en une matière presque translucide, cohérente, analogue au parchemin, qu'on appelle *parchemin végétal*. Le parchemin végétal est très employé dans le commerce d'alimentation pour envelopper certaines matières grasses comme le beurre, la viande, etc.

L'acide sulfurique concentré attaque la cellulose. Il la transforme d'abord en amidon, puis en dextrine; enfin, par une ébullition prolongée, en glucose. Il y a, dans ce dernier cas, fixation d'une molécule d'eau :

$$(C^6H^{10}O^5)^n + nH^2O = n(C^6H^{12}O^6)$$
$$\text{cellulose} \qquad \text{eau} \qquad \text{glucose}$$

Les alcalis hydratent la cellulose, donnant de l'*hydrocellulose* qui est friable et se détruit aisément. Aussi lorsqu'on a lavé du linge, il faut le rincer à fond pour enlever le moindre résidu de savon, sans cela le linge se transforme partiellement en hydrocellulose et s'use très rapidement.

**466. — Nitrocelluloses**. — Si dans un mélange formé de 1 volume d'acide azotique fumant et de 3 volumes d'acide sulfurique, on plonge du coton pendant une dizaine de minutes, puis on lave ensuite à grande eau, le coton se change en *nitrocelluloses* dont le mélange est appelé *fulmi-coton* ou *coton-poudre*. L'acide nitrique a formé dans ce cas, avec la cellulose, par élimination d'eau, des éthers nitriques. C'est le mélange de ces éthers qui constitue le coton-poudre.

Le coton-poudre s'enflamme à 120° ou par un choc. Il brûle avec une extrême rapidité, sans laisser aucun résidu, mais en produisant un grand volume de gaz.

**467. — Collodion**. — Si dans un mélange formé de 1.000 gr. d'acide azotique fumant et de 2.000 gr. d'acide sulfurique concentré, on laisse séjourner pendant plusieurs heures 100 gr. de coton, et on lave ensuite et laisse sécher à l'air, on obtient un certain éther nitrique, qui, dissous dans l'éther additionné d'alcool donne une matière visqueuse appelée *collodion*. Étendu sur une surface quelconque, le collodion laisse, en s'évaporant, une membrane translucide très adhérente. Cette propriété est utilisée en photographie pour obtenir les négatifs et en chirurgie pour isoler de l'air et la maintenir en même temps une partie du corps.

**468. — Celluloïd**. — Lorsque après avoir déchiré en minces fragments du coton-poudre, et mélangé intimement avec du camphre et de l'éther en faisant passer le tout plusieurs fois sous des meules, on comprime ensuite la masse à la presse hydraulique et l'on chauffe dans des laminoirs spéciaux, on obtient un corps élastique assez solide, appelé *celluloïd*. Le celluloïd qu'on peut colorer, remplace dans la fabrication de certains objets la corne et l'écaille. Dissous dans l'huile, il sert à faire le *linge américain*. Le celluloïd a un grave inconvénient : il s'enflamme au contact d'une flamme. Il se décompose vers 110°.

**469. — Soie artificielle.** — La soie artificielle dite *de chardonnet*, qui diffère fort peu de la soie naturelle, mais est moins solide, est obtenue par la nitrification de la cellulose. On en fait ensuite un collodion spécial qui est filé. On le presse pour cela dans des petits tubes de verre capillaires où il se solidifie en sortant et chaque fil va s'enrouler sur une bobine. Avant l'enroulement, chaque fil est dénitré par l'acide azotique dilué : ce qui lui enlève les propriétés explosives de la nitrocellulose.

**470. — Poudre sans fumée.** — La poudre sans fumée, due à l'ingénieur français Vieille, appelée par l'administration de la guerre *poudre B*, est un mélange de coton-poudre et de collodion. Le coton-poudre très brisant par lui-même le devient encore davantage par ce mélange.

La poudre, passée à la presse hydraulique, est pressée en plaques dont on charge les torpilles.

La poudre B est peu stable; on fait disparaître cet inconvénient en ajoutant au dissolvant une petite quantité d'alcool amylique.

## PAPIER

**471. — Fabrication.** — Il existe trois sortes de papier : le papier de chiffons, le papier de pâte mécanique, le papier de pâte chimique.

**Pâte de chiffons.** — Les chiffons sont lessivés, effilochés, coupés en morceaux et réduits en pâte. La pâte est décolorée avec du chlorure de chaux. On la fait passer ensuite à travers un *épurateur*, qui retient les parties non assez finement divisées.

La pâte ainsi préparée est conduite dans un appareil appelé *presse-pâte*. Il est composé d'une table où une règle horizontale laisse passer la pâte en couche très mince. La couche s'engage aussitôt sur une toile métallique sans fin, animée en même temps qu'elle avance d'un mouvement oscillatoire. Ce mouvement fait tomber la plus grande partie de l'eau entraînée.

A mesure que la couche de pâte avance et perd de l'eau, elle se resserre : les fibres de cellulose s'enchevêtrent les unes dans les autres. Elle prend l'aspect d'une nappe. De la toile métallique, cette nappe passe sur un ruban de feutre sans fin où elle se sèche encore un peu plus, et elle est prise après successivement par deux laminoirs : les rouleaux du premier laminoir sont garnis de feutre, le second laminoir est composé d'un cylindre métallique et d'un cylindre de caoutchouc. La nappe sort de là, pressée, serrée, feutrée. C'est une feuille de papier humide. On la sèche sur des tambours de feutre à l'intérieur desquels circule de la vapeur. On l'enroule enfin sur un *bobinoir*.

Ce papier-là n'est pas propre à l'écriture : il « boit ». C'est du *papier buvard*, il est bon seulement à recevoir l'encre grasse d'imprimerie. Afin qu'on puisse s'en servir pour écrire, on le « colle ». Pour cela, on incorpore à la pâte de la résine dissoute dans un mélange d'alun, de soude et de fécule.

On donne à certains papiers d'impression une blancheur éclatante et une surface parfaitement lisse en y étendant à la brosse une couche de kaolin ou de sulfate de calcium réduits en pâte liquide. La pâte remplit les interstices. Ce papier-là est dit *couché*.

**Pâte mécanique.** — Depuis longtemps les chiffons ne suffisent plus à alimenter les papeteries. Aussi on traite directement la cellulose des végétaux dont les fibres se prêtent à un feutrage suffisant. Les plantes les plus recherchées sont l'alfa, le sapin, le peuplier, le bouleau, le hêtre.

Le bois est débité en menus fragments, qui sont soumis à l'action de la vapeur. Elle dissout les gommes et la résine. Les fragments sont ensuite usés et réduits mécaniquement en poudre sur des meules de pierre. Un courant d'eau entraîne la poudre et la fait passer entre d'autres meules rapprochées qui la broient plus finement. Cette bouillie claire traverse un épurateur qui retient les particules encore trop grosses. On décolore enfin la pâte au moyen de chlorure de chaux et on la débarrasse de son eau à l'aide d'un presse-pâte.

**Pâte chimique.** — Le papier de pâte mécanique est très bon marché, mais il n'est pas solide et n'est jamais blanc. On lui préfère le papier de pâte chimique. On l'obtient en soumettant le bois à l'action successive de la vapeur et du bisulfite de calcium. Ce traitement dissout toutes les matières incrustantes et il a l'avantage de ne point rompre les fibres.

Les lessives du bisulfite sont préparées à l'usine même. On grille des pyrites de fer pour obtenir d'abord le gaz sulfureux. Il est dirigé au bas d'une haute tour en bois remplie de calcaire. Du sommet de la tour on fait tomber de l'eau en pluie sur le calcaire. Le gaz sulfureux, au contact du carbonate de calcium, donne naissance à du sulfite de calcium; celui-ci se dissout dans l'eau saturée de gaz sulfureux et se transforme en bisulfite de calcium.

Pendant qu'on recueille la lessive, on déchiquette le bois en fragments de la grosseur d'une noix. Les nœuds sont rejetés. On en emplit un grand cylindre horizontal, mesurant une douzaine de mètres de longueur sur quatre de diamètre, appelé *lessiveur*. Ce cylindre est en tôle, mais il est revêtu de briques à l'intérieur, jointoyées en plomb, car le bisulfite attaque le fer. Il est traversé par un tube serpentin où l'on fait circuler la vapeur à volonté.

Le lessiveur possède plusieurs robinets qui permettent, l'un l'entrée de la vapeur, un autre l'entrée de la lessive, un troisième l'entrée d'eau froide et un dernier la vidange. Une grande ouverture appelée *trou d'homme* est ménagée à la surface supérieure. Elle est fermée hermétiquement pendant l'opération.

On commence par lancer la vapeur sur le bois dont le lessiveur est empli. Elle dissout la gomme et les résines et ouvre les pores du bois. On envoie ensuite la lessive de bisulfite, et l'on chauffe sous pression à une température entre 110 et 120 degrés, pendant 36 heures. Sous pression, le bisulfite n'attaque pas le bois, et il dissout les matières incrustantes. On arrête la vapeur et on fait arriver l'eau froide. Lorsque l'appareil est refroidi, on chasse l'eau et l'on retire le bois. Il est complètement réduit en pâte par la cuisson qu'il a subie.

La pâte est lavée, épurée, blanchie encore et livrée au presse-pâte pour en extraire le plus d'eau possible et la mettre en rouleaux. Une machine spéciale reçoit la pâte ainsi travaillée et la transforme en papier.

# URÉE

## $CO(AzH^2)^2$

**472. — Généralités**. — L'urée est une amide; c'est l'amide du carbonate d'ammonium $CO^2(AzH^4)^2$ qui a perdu 2 molécules d'eau.

L'urée est une des parties principales de l'urine de l'homme et des mammifères carnivores; elle existe aussi dans la sueur. Produite par la décomposition de l'acide urique, l'urée est la forme sous laquelle l'azote est éliminé du corps : c'est un déchet produit par les aliments albuminoïdes.

L'urée est une substance incolore, inodore, qui cristallise en prismes quadratiques. Elle est soluble dans l'eau.

Abandonnée à elle-même, à l'air humide, l'urée s'empare de 2 molécules d'eau et se transforme en carbonate d'ammonium.

## Acide urique.

L'acide urique existe dans l'urine de l'homme et des animaux carnivores; on le rencontre surtout dans les calculs urinaires. C'est un corps solide blanc qui cristallise en paillettes. Il est très peu soluble dans l'eau.

L'arthritisme (rhumatismes) est dû pour une grande part à la présence dans l'organisme d'un excès d'acide urique. Les dépôts se produisent surtout dans les articulations où ils déterminent une inflammation. L'urine est souvent chargée d'un dépôt pulvérulent dû aux urates formés par l'acide urique en présence de sels divers.

# SÉRIE AROMATIQUE

## CORPS PRINCIPAUX DE LA SÉRIE AROMATIQUE

### TRENTE-DEUXIÈME LEÇON

## HYDROCARBURES AROMATIQUES

**475.** — Les hydrocarbures de la série grasse ou **acyclique** ou à **chaîne ouverte**, qui répondent à la formule $C^nH^{2n}$ sont encore capables de recevoir soit deux atomes d'hydrogène ou de chlore ou de brome, etc., soit deux groupes monovalents. On connaît des corps répondant à la même formule, qui, au contraire, ne sont plus capables de prendre aucun élément ni groupe d'éléments; ils sont **saturés**. Pour expliquer cette saturation, on admet que les deux atomes de carbone qui termineraient une chaîne, échangent entre eux une valence et forment ainsi une **chaîne fermée** ou **cycle**. Tel est le cyclohexane $C^6H^{12}$ qui contient $6(CH^2)$. Encore n'est-ce pas sous cette forme que se présentent le plus souvent les corps cycliques, mais dans un état de moindre saturation, comme le benzène $C^6H^6$ possédant 3 liaisons éthyléniques dans le noyau :

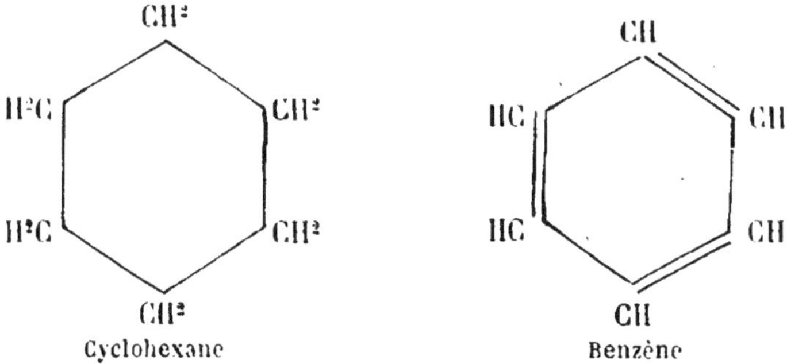


Comme la plupart des corps connus sous le nom d'aromates, qui ont une odeur pénétrante et agréable, appartiennent à cette série, on désigne souvent celle-ci sous le nom de **série aromatique**, comme on désigne la série acyclique sous le nom de **série grasse**, parce que les corps gras sont ordinairement à chaîne ouverte.

On appelle encore la série cyclique **série benzénique**, parce que tous les corps qu'elle comprend peuvent être, par des transformations diverses, ramenés au benzène.

Outre le noyau ou les noyaux (car il peut y en avoir plusieurs dans la molécule) qui forment les composés cycliques, ceux-ci peuvent encore posséder des chaînes plus ou moins longues, dans lesquelles se retrouveront les mêmes fonctions que celles de la série grasse. On aura donc en série benzénique des **fonctions propres au noyau** comme les fonctions **phénol, quinone**, etc. et des **fonctions propres aux chaînes** et semblables à celles de la série grasse, comme les fonctions alcool, aldéhyde, acide, éther, amine, etc.

La plupart des hydrocarbures aromatiques se trouvent dans les produits de la décomposition pyrogénée des matières organiques, telles que la houille, le bois, les huiles, etc. Le goudron qui en provient soumis à la distillation fractionnée, fournit :

De 80° à 200° des **huiles légères** riches en carbures benzéniques : benzène, toluène, xylène, etc.

De 200° à 300° des **huiles lourdes** contenant phénols, naphtalène, etc.

Au-dessus de 300°, les **huiles anthracéniques**, dont on retire l'anthracène, etc., et qui laissent un **brai** plus ou moins sec, suivant qu'on a poussé la distillation plus ou moins loin.

# Benzène

$$C^6H^6$$

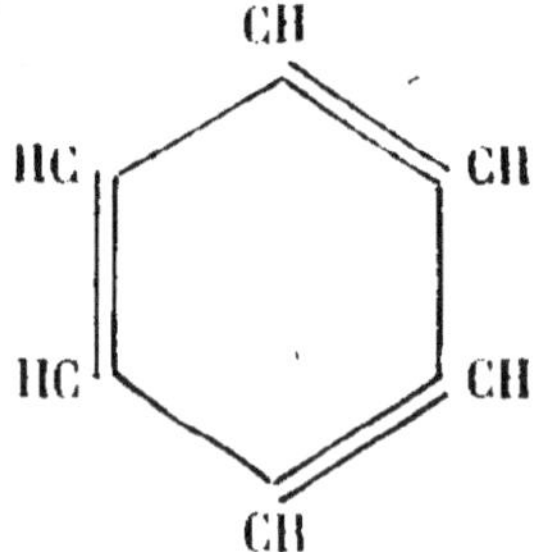

**474.** — Le benzène peut être produit par la condensation de 3 molécules d'acétylène.

Ordinairement on l'extrait par distillation fractionnée des huiles légères du goudron. On le purifie incomplètement par congélation fractionnée : le point de solidification du toluène qui l'accompagne étant beaucoup plus bas que celui du benzène.

**475. — Propriétés physiques du benzène.** — Le benzène est un liquide incolore très mobile, d'odeur non désagréable, quand il est bien pur. Il fond à 4°,5 ; il bout à 80°,4. Densité à 0° : 0,899. — Il est insoluble dans l'eau, soluble dans l'alcool absolu, l'éther, etc. ; il dissout un grand nombre de corps : iode, soufre, phosphore, corps gras, caoutchouc, gutta-percha, etc.

**476. — Propriétés chimiques du benzène.** — Le chlore ou le brome peuvent y remplacer successivement les 6 atomes d'hydrogène :

$$C^6H^5Cl \quad \text{benzène monochloré}$$
$$C^6H^4Cl^2 \quad \text{»} \quad \text{dichloré}$$
$$C^6H^3Cl^3 \quad \text{»} \quad \text{trichloré}$$
$$C^6H^2Cl^4 \quad \text{»} \quad \text{quadrichloré}$$
$$C^6HCl^5 \quad \text{»} \quad \text{pentachloré}$$
$$C^6Cl^6 \quad \text{»} \quad \text{hexachloré}$$

Ces composés se produisent d'après les équations suivantes :

$$C^6H^6 + Cl^2 = C^6H^5Cl + HCl$$
$$C^6H^5Cl + Cl^2 = C^6H^4Cl^2 + HCl$$

et ainsi de suite.

L'oxygène peut, avec la vapeur de benzène, former un mélange détonant :

$$C^6H^6 + 15O = 6CO^2 + 3H^2O$$

Mais à l'air le benzène brûle avec une flamme fuligineuse.

L'acide sulfurique fumant agit sur le benzène en donnant soit l'acide benzéno-sulfonique ou phénylsulfureux $C^6H^5SO^3H$, soit l'acide benzéno-disulfonique, soit même l'acide benzéno-trisulfonique :

$$C^6H^6 + SO^4H^2 = H^2O + C^6H^5SO^3H$$

benzène    acide sulfurique    eau    acide benzéno-sulfonique

$$C^6H^5SO^3H + SO^4H^2 = H^2O + C^6H^4(SO^3H)^2$$

acide benzéno-sulfonique    acide sulfurique    eau    acide benzéno-disulfonique

L'acide azotique fumant ou bien le mélange d'acide sulfurique et d'acide azotique agit aussi sur le benzène en donnant des produits 1 fois, 2 fois, 3 fois nitrés :

$$C^6H^6 \quad + \quad AzO^3H \quad \cdots \quad H^2O \quad + \quad C^6H^5AzO^2$$

| benzène | acide azotique | eau | nitrobenzène |

### Remarque.

Les réactions de l'acid. sulfurique et de l'acide azotique en présence du benzène, que l'on retrouve dans toute la série aromatique, sont très importantes, car elles permettent de **passer des hydrocarbures aux phénols et aux dérivés aminés correspondants.**

# Toluène ou méthylbenzène

## $C^6H^5CH^3$

**477.** — Le toluène est un hydrocarbure qui se trouve dans les huiles légères du goudron de houille. C'est un benzène dans lequel 1 atome d'hydrogène est remplacé par le radical méthyle CH³ monovalent.

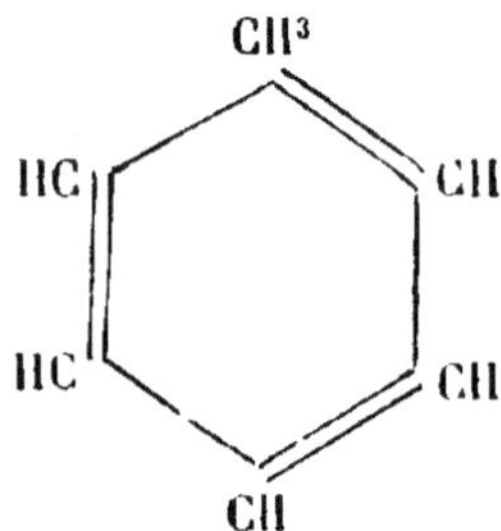


**478.** — **Propriétés du toluène.** — Le toluène est un liquide incolore à odeur de benzène. Il bout à 111°.

Le chlore et le brome se substituent à l'hydrogène :

1° Soit dans le noyau (à froid) toluène chloré $C^6H^4ClCH^3$.

2° Soit dans la chaîne (à chaud) chlorure de benzyle $C^6H^5CH^2Cl$, qui correspond à l'alcool benzylique $C^6H^5CH^2O$.

Le dérivé dichloré $C^6H^5CHCl^2$ correspond à l'aldéhyde benzylique ou essence vraie d'amandes amères $C^6H^5C \diagdown{}^{H}_{O}$

Le dérivé trichloré C⁶H⁵CCl³ correspond à l'acide benzoïque

$$C^6H^5 \diagup\!\!\diagdown {O \atop OH}$$

L'acide sulfurique donne avec le toluène des acides sulfoniques et l'acide azotique donne aussi avec le toluène trois nitrotoluènes isomères : l'orthonitrotoluène, le métanitrotoluène et le paranitrotoluène, qui ont pour formule $C^7H^7AzO^2$.

Ces préfixes ortho, méta, para, viennent du grec : le premier signifie, droit; le second, après; le troisième, au delà.

Ces corps ont la même composition centésimale, mais ils ont des propriétés différentes, qui s'expliquent par la différence de constitution de leur molécule.

L'orthonitrotoluène sert à la fabrication très compliquée de la **saccharine**, produit 500 fois plus sucré que le saccharose. On ne doit le substituer au sucre qu'avec prudence, car il diminue quelquefois l'activité de la digestion.

# Naphtalène

$$C^{10}H^8$$

**479.** — Le naphtalène est un hydrocarbure formé de deux noyaux benzéniques ayant 2 atomes de carbone communs :

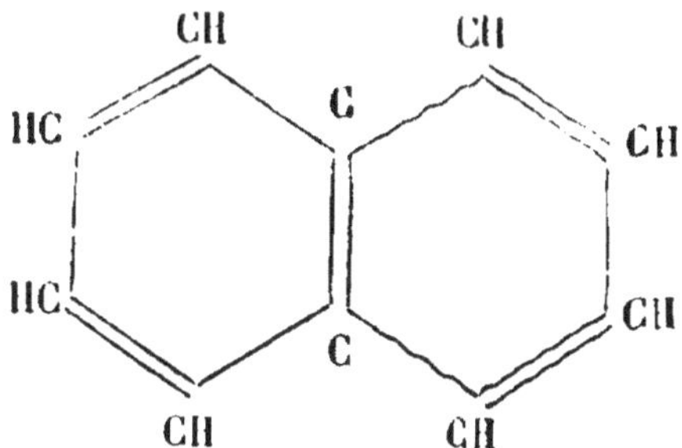

On le trouve dans les portions du goudron qui passent à la distillation au-dessus de 200°.

Le naphtalène est un corps solide blanc, qui cristallise en paillettes brillantes. Il fond à 79° et bout à 218°.

En présence de l'acide sulfurique, le naphtalène produit un dérivé sulfonique qui, traité par la potasse, donne le naphtol. L'acide azotique fournit un nitronaphtalène qui peut être transformé en naphtylamine.

Le naphtalène est livré au commerce de détail sous la forme de petites boules que l'on utilise pour chasser les insectes. On l'appelle *naphtaline,*

Le naphtalène sert à la fabrication de certaines matières colorantes, composés azoïques dérivés des naphtols.

# Anthracène

$$C^{14}H^{10}$$

**480.** — L'anthracène, extrait des dernières parties du goudron de houille, est un corps solide cristallisé; il fond à 210° et bout vers 360°.

L'anthracène est formé de deux noyaux benzéniques réunis par $C^2H^2$

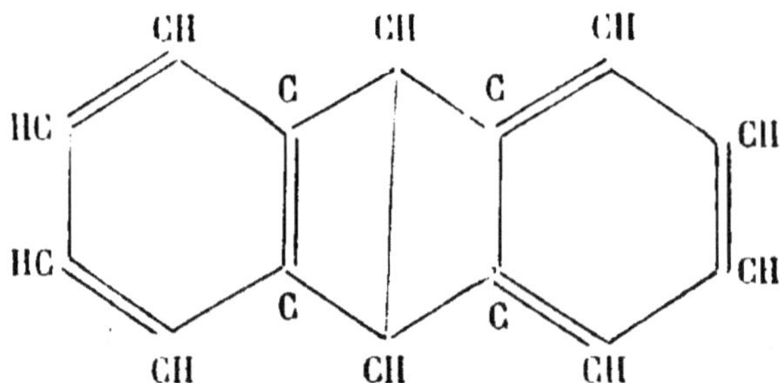

Par oxydation il donne d'abord l'anthraquinone

$$C^6H^4 \diagup \begin{matrix} CO \\ CO \end{matrix} \diagdown C^6H^4$$

que l'on transforme facilement en dioxyanthraquinone

$$C^6H^4 \diagup \begin{matrix} CO \\ CO \end{matrix} \diagdown C^6H^2(OH)^2$$

qui est **l'alizarine,** belle matière colorante de la plus grande importance, que l'on extrayait autrefois de la garance.

## TRENTE-TROISIÈME LEÇON

## ALCOOLS ET PHÉNOLS AROMATIQUES

**481.** — Si dans un hydrocarbure aromatique on remplace un atome d'hydrogène d'une **chaîne** par un oxhydrile OH, on obtient un alcool :

$$C^6H^5CH^2Cl \quad + \quad H^2O \quad = \quad HCl \quad + \quad C^6H^5CH^2OH$$

| chlorure | eau | acide | alcool benzylique |
| de benzyle | | chlorhydrique | |

L'alcool benzylique est un liquide employé en parfumerie.

Si la substitution a lieu dans le **noyau,** on a un phénol $C^6H^5OH$.

Un bon procédé de formation des phénols consiste à fondre avec la potasse un acide sulfonique :

$$C^6H^5SO^3H \quad + \quad 2KOH \quad = \quad SO^3K^2 \quad + \quad H^2O \quad + \quad C^6H^5OH$$

| acide | potasse | sulfite | eau | phénol |
| phénylsulfureux | | de potassium | | |

Les phénols sont capables de donner des éthers sels et des éthers oxydes comme les alcools, mais ils s'en distinguent en ce que les halogènes : chlore, brome, iode (corps capables de se combiner aux métaux et de former avec eux des composés binaires) fournissent par substitution des phénols chlorés, bromés, iodés, — et l'acide azotique des phénols nitrés non des éthers nitriques.

La plupart des phénols se comportent vis-à-vis des alcalis comme des acides faibles.

# Phénol

## $C^6H^5OH$

**482.** — Le phénol ordinaire ou acide phénique, est un des produits de la distillation du goudron de houille, qui passent entre 150° et 200°. On recueille ces produits et on les traite par la soude caustique qui dissout le phénol. On décante et on décompose la dissolution par l'acide chlorhydrique : le phénol se précipite. On le redistille. Il passe à 185°. Il se dépose en cristaux par le refroidissement.

On peut aussi l'obtenir en fondant avec la potasse l'acide phénylsulfureux, comme nous l'avons vu ci-dessus :

$$C^6H^5SO^3H \quad + \quad 2KOH \quad = \quad SO^3K^2 \quad + \quad H^2O \quad + \quad C^6H^5OH$$

| acide phénylsulfureux | potasse | sulfite de potassium | eau | phénol |

Le phénol est un corps solide d'une odeur caractéristique et d'une saveur brûlante. Peu soluble dans l'eau, il se dissout dans l'alcool et dans l'éther. Il fond à 42°. Il bout à 185°.

Le phénol est un antiseptique énergique. On l'emploie en chirurgie pour le lavage des plaies et l'assainissement des salles d'hôpitaux. Il entre dans la préparation de nombreuses matières colorantes. On l'utilise principalement pour fabriquer le phénol trinitré ou acide picrique.

# Acide picrique

## $C^6H^3(AzO^2)^3$

**485.** — L'acide picrique ou trinitrophénol est un des dérivés nitrés que donne le phénol en présence de l'acide azotique fumant. On l'obtient donc en chauffant un mélang de phénol, d'acide azotique et d'un peu d'acide sulfurique.

L'acide picrique est un corps solide, jaune, d'une saveur amère, soluble dans l'eau, l'alcool et l'éther. Sa puissance colorante considérable le fait employer quelquefois en teinture. Porté brusquement à une température un peu forte, il se décompose avec explosion. Il se combine avec les alcalis pour donner des picrates. Le picrate de potassium qui détonne violemment sous l'action de la chaleur, est employé à la fabrication de certaines poudres pour torpilles.

L'acide picrique fondu et coulé dans les obus porte le nom de mélinite.

# Crésols

## $C^6H^4\diagup{}^{CH^3}_{OH}$

**484.** — Les crésols sont les phénols du toluène. Ils ont des propriétés analogues au phénol ordinaire.

## *CRÉOSOTE*

**485.** — La créosote est un mélange de plusieurs substances parmi lesquelles se trouvent des crésols et des phénols. On l'obtient par la distillation sèche du bois : elle est mélangée aux goudrons desquels on la sépare par distillation.

La créosote est un liquide incolore, très soluble dans l'alcool. C'est un bon antiseptique ; son innocuité la fait employer à la conservation des viandes. Les jambons fumés se conservent bien grâce à la créosote dont ils s'imprègnent aux feux de bois. On l'administre dans le cas de tuberculose. On s'en sert pour combattre les douleurs de dents et la carie dentaire.

# Thymol

### $C^6H^3—(CH^3)—(C^3H^7)—OH$

**486.** — Le thymol est le méthyle-isopropyle-phénol. Il se trouve dans l'essence de thym. C'est un antiseptique.

# Naphtols

### $C^{10}H^7OH$

**487.** — Le naphtalène-sulfonate de potassium fondu avec la potasse fournit des naphtols.

Ce sont des corps solides qui entrent dans la préparation de nombreuses matières colorantes, de quelques parfums et de quelques antiseptiques.

# Pyrogallol

### $C^6H^3(OH^3$

**488.** — Le pyrogallol ou acide pyrogallique est un triphénol. On l'obtient en distillant l'acide gallique dans un courant de gaz carbonique. Il est employé en photographie comme réducteur ; c'est un des meilleurs révélateurs.

Le pyrogallol est un excellent antiseptique. Il est vénéneux.

# Résorcine
## $C^6H^4(OH)^2$

**489.** — La résorcine est un diphénol. On l'obtient en fondant le benzène disulfonate de potassium avec la potasse. On la prépare aussi en décomposant par la potasse l'assa fœtida.

La résorcine est un antiseptique précieux en médecine, car elle n'est pas toxique. On l'emploie pour fabriquer de belles matières colorantes telles que la fluorescéine, l'éosine, etc.

# Hydroquinone
## $C^6H^4(OH)^2$

**490.** — L'hydroquinone est un diphénol. On l'obtient par la distillation de l'acide quinique. C'est une substance solide, sans odeur, soluble dans l'eau, l'alcool et l'éther. On l'emploie quelquefois en photographie comme réducteur.

---

TRENTE-QUATRIÈME LEÇON

# ALDÉHYDES AROMATIQUES QUINONES, ACIDES AROMATIQUES TANNINS

## ALDÉHYDES AROMATIQUES

**491.** — Comme dans la série grasse, le premier degré d'oxydation d'un alcool primaire donne naissance à une aldéhyde ;

le groupe      $- CH^2OH$

est remplacé par $- C \diagdown^{\text{H}}_{\text{O}}$

Ex. :

$$C^6H^5CH^2OH \;+\; O \;\;=\;\; H^2O \;+\; C^6H^5CHO$$

alcool benzylique      oxygène      eau      aldéhyde benzoïque

# Aldéhyde bensoïque

## $C^6H^5CHO$

**492.** — L'aldéhyde benzoïque ou essence d'amandes amères se prépare ordinairement par hydrolyse de l'amigdaline, glucoside qui se trouve dans les amandes amères :

$$C^{20}H^{27}AzO^{11} \ + \ 2H^2O \ = \ 2C^6H^{12}O^6 \ + \ HCAz \ + \ C^6H^5CHO$$

| amygdaline | eau | glucose | acide cyanhydrique | aldéhyde benzoïque |

On peut encore obtenir l'aldéhyde benzoïque par **oxydation du chlorure de benzyle** $C^6H^5CH^2Cl$, par l'azotate de plomb $(AzO^3)^2Pb$, en présence de l'eau.

L'essence d'amandes amères est un liquide incolore d'odeur agréable et caractéristique. Elle bout à 179°. Elle s'oxyde facilement à l'air pour donner l'acide benzoïque.

## QUINONES

**493.** — La plus simple des quinones $C^6H^4O^2$ est obtenu par l'oxydation de l'acide quinique. On l'obtient encore en traitant l'hydroquinone par l'oxygène : ce corps perd 2 atomes d'hydrogène, qui forment de l'eau :

$$C^6H^4(OH)^2 \ + \ O \ = \ H^2O \ + \ C^6H^4O^2$$

| hydroquinone | oxygène | eau | quinone |

C'est la quinone ordinaire. Elle dérive du noyau benzénique où 2 atomes d'oxygène remplacent 2 atomes d'hydrogène.

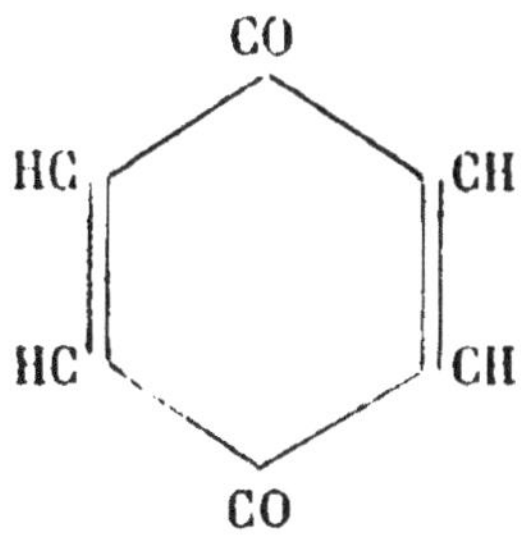

La quinone ordinaire est un corps solide, jaune, dont l'odeur rappelle un peu celle de l'iode. Elle est soluble dans l'alcool et dans l'éther.

# Anthraquinone

$$C^6H^4 \underset{\diagdown\ CO\ \diagup}{\overset{\diagup\ CO\ \diagdown}{}} C^6H^4$$

**494.** — On obtient l'anthraquinone en oxydant l'anthracène. C'est un corps solide orangé insoluble dans l'eau et très peu soluble dans l'alcool. Il sert à produire l'alizarine artificielle, qu'on retirait autrefois de la garance.

# Alizarine

$$C^6H^4 \underset{\diagdown\ CO\ \diagup}{\overset{\diagup\ CO\ \diagdown}{}} C^6H^2(OH)^2$$

**495.** — L'alizarine est un diphénol de l'anthraquinone; on la prépare dans l'industrie en fondant avec la potasse l'acide anthraquinone-disulfoné. On retirait autrefois l'alizarine de la garance, plante de la famille des Rubiacées qui, en Europe, croît dans la région méditerranéenne; la matière colorante était extraite de l'écorce de la racine pulvérisée.

## ACIDES AROMATIQUES

**496.** - Le remplacement dans la série grasse du groupe fonctionnel d'un alcool primaire —CH²OH par un groupe carboxyle —C$\underset{\diagdown\ OH}{\overset{\diagup\!\!\diagup\ O}{}}$ donne un acide. On peut aussi dans la série aromatique remplacer —CH³ d'une chaîne par —C$\underset{\diagdown\ OH}{\overset{\diagup\!\!\diagup\ O}{}}$ au moyen d'un oxydant.

Comme dans la série grasse, les acides aromatiques donnent des sels métalliques, des éthers sels et des amides.

# Acide benzoïque

## $C^6H^5COOH$

**497.** — L'acide benzoïque est un **acide monobasique**. On l'extrait soit du benjoin, soit de l'urine des herbivores. Il se prépare ordinairement par oxydation du toluène au moyen de l'acide azotique.

L'acide benzoïque est un corps solide qui cristallise en lamelles blanches et brillantes. Il fond à 121° et bout à 249°. Décomposé par la chaleur seule ou mieux en présence de chaux sodée, il fournit du benzène.

# Autres acides

**498.** — Parmi les autres acides connus, signalons :

1° Les **acides bibasiques**. Tels sont les acides phtaliques. Les phtaléines dont les dérivés forment de belles matières colorantes, viennent de l'acide orthophtalique $C^6H^4(CO^2H)^2$.

2° Les **acides phénols**. Tel est l'acide salicylique $C^6H^4 {<} {COOH \atop OH}$ dont les éthers se trouvent dans quelques essences végétales. L'acide salicylique est un antiseptique. Il est ordonné en médecine contre l'arthritisme; pourtant il irrite les voies digestives. On ne doit en user qu'avec prudence. Le *salol*, préparé par un traitement approprié de certains salicylates, est un antiseptique.

L'acide gallique $C^6H^2(CO^2H)(OH)^3$ est aussi un acide phénol; il provient de l'hydrolyse de la *noix de galle*, excroissance qui se forme sur les rameaux du chêne *quercus infectoria*, à la suite de la piqûre d'un insecte appelé *cynips*. Le tannin spécial renfermé dans la noix de galle se transforme en acide gallique lorsqu'on le soumet à une lente hydratation.

L'acide gallique est un corps solide de saveur acidulée et astringente.

## TANNINS

**499.** — On donne le nom de tannins à des substances que l'on trouve dans beaucoup de végétaux. Le plus important est celui que l'on retire de l'écorce du chêne. C'est une matière jaunâtre amorphe, inodore, astringente, soluble dans l'eau.

Le tannin fonctionne comme un acide. Il forme avec la gélatine un composé imputrescible qui le fait employer pour le tannage des peaux.

Lorsque le tannin de la noix de galle est traité par une dissolution de sulfate ferreux, il en résulte un composé qui est l'encre ordinaire, à laquelle on ajoute un peu de gomme arabique.

## TANNAGE : CUIR

**500.** — Les peaux de certains animaux : bœuf, cheval, chèvre, mouton, etc., sont transformées en cuir, au moyen du tannage. Le tannage soumet la peau à l'action du tannin. Dissous dans l'eau, le tannin forme avec la gélatine des peaux un composé insoluble imputrescible.

Le tannin est apporté par de l'écorce de chêne moulue, qu'on appelle *tan*.

Les peaux subissent d'abord une longue préparation. Elles sont salées, puis empilées pendant quelque temps pour que la matière azotée qu'elles renferment se dissolve; elles sont ensuite lavées à l'eau courante et *épilées* au moyen d'un couteau rond. Après avoir été soumises pendant quelques jours à la fermentation, elles sont *écharnées*, c'est-à-dire débarrassées des parties de chair qui y adhèrent encore; *queursées*, autrement dit assouplies par des frottements faits avec un morceau d'ardoise arrondi. Enfin, elles sont rincées dans l'eau pure.

Après ces opérations, les peaux sont placées dans des fosses, séparées chacune par une couche de tan. On charge les peaux de lourds madriers, qui les compriment, et l'on emplit d'eau les fosses. Le tannin se dissout; il pénètre les peaux; il les resserre en se combinant avec la gélatine. On laisse pendant plusieurs mois les peaux se transformer ainsi lentement en cuir.

Après ce temps, les peaux sont enlevées des fosses, brossées et martelées à coups de maillets de bois. Le cuir obtenu est rigide, c'est du cuir fort.

Lorsqu'on veut obtenir du cuir mou, on trempe avant l'épilage les peaux dans des laits de chaux de plus en plus concentrés. Dans ce cas, on ne les soumet pas à la fermentation. Puis, au lieu de les marteler, on leur fait subir un long *corroyage*.

Le corroyage comprend la *compression*, l'*étirage*, et la *mise en huile*. La compression est effectuée à l'aide d'un rabot en bois à surface courbe, cannelée, appelé *marguerite*.

L'étirage consiste à frotter la peau dans tous les sens avec un racloir émoussé, en corne ou en verre, pour en faire disparaître les plis, la rendre lisse.

Mettre en huile, c'est verser un mélange de suif et d'huile de poisson sur la peau étendue, qui l'absorbe.

Les peaux fines employées pour la ganterie sont simplement immergées dans une dissolution de sel marin et d'alun. Le sel joue le rôle d'antiseptique vis-à-vis de la matière azotée; l'alun assouplit la peau et la rend imputrescible. Les peaux sont ensuite foulonnées, séchées à l'étuve, frottées avec une pâte faite de jaunes d'œufs et de farine.

TRENTE-CINQUIÈME LEÇON

# COMPOSÉS NITRÉS AROMATIQUES, AMINES AROMATIQUES, COMPOSÉS AZOIQUES ET DIAZOIQUES

## COMPOSÉS NITRÉS

**501.** — Nous avons vu qu'une des réactions caractéristiques des corps aromatiques est celle de l'acide azotique ou du mélange d'acide azotique et d'acide sulfurique qui produit les composés nitrés : le radical $AzO^2$ peut se substituer une ou plusieurs fois à l'hydrogène dans le noyau benzénique.

On obtient de la sorte des produits mononitrés, dinitrés ou trinitrés.

## Nitrobenzène

$C^6H^5AzO^2$

**502.** — Le nitrobenzène est un liquide huileux dont l'odeur ressemble à celle de l'essence d'amandes amères. Aussi est-il employé dans la parfumerie à bon marché, pour remplacer cette essence, sous le nom *d'essence de mirbane*. Le nitrobenzène est soluble dans l'alcool et l'éther; il bout à 220°; il est toxique.

Le nitrobenzène est obtenu en traitant le benzène par l'acide azotique :

$$C^6H^6 \quad + \quad AzO^3H \quad = \quad H^2O \quad + \quad C^6H^5AzO^2$$

benzène      acide azotique     eau     nitrobenzène

Le principal emploi du nitrobenzène est la fabrication de l'aniline.

# Nitrotoluènes

$$C^6H^4 \begin{cases} CH^3 \\ AzO^3 \end{cases}$$

**303.** — Parmi les dérivés mononitrés du toluène, l'orthonitrotoluène et le paranitrotoluène sont les plus importants, parce qu'ils servent à préparer l'orthotoluidine ou la paratoluidine qui jouent un si grand rôle dans la fabrication des matières colorantes de la série des rosanilines.

Le trinitrotoluène $C^6H^2(CH^3)(AzO^2)^3$ est employé comme explosif sous le nom de *tolite*, pour remplacer l'acide picrique dans les obus.

## AMINES

**304.** — On appelle amines aromatiques des corps qui ont un ou plusieurs atomes d'hydrogène du noyau ou d'une chaîne, remplacés par un ou plusieurs groupes $AzH^2$; — ou encore des composés qui dérivent de l'ammoniaque par remplacement de 1, 2 ou 3 atomes d'hydrogène de $AzH^3$, par des radicaux hydrocarbonés, dont l'un au moins doit être aromatique.

Ex. : l'aniline ou phénylamine

$$C^6H^5AzH^2$$

On obtient ordinairement ces corps :
1° par hydrogénation des produits nitrés :

$$C^6H^5AzO^2 \quad + \quad 3H^2 \quad = \quad 2H^2O \quad + \quad C^6H^5AzH^2$$

nitrobenzène         eau         aniline

2° par réaction à chaud de l'ammoniaque sur les phénols en présence du chlorure de zinc :

$$C^{10}H^7OH + AzH^3 = C^{10}H^7AzH^2 + H^2O$$

naphtol — ammoniaque — naphtylamine — eau

Comme l'ammoniaque, les amines peuvent se combiner aux acides pour former des sels.

La fonction amine peut être associée à une autre comme dans les amines-phénols et les amines-acides.

Tous ces composés ont une très grande importance à cause de leur emploi dans la fabrication des matières colorantes.

# Aniline ou phénylamine

## $C^6H^5AzH^2$

**505.** — L'aniline est obtenue industriellement par réduction ou hydrogénation du nitrobenzène au moyen du fer et de l'acide chlorhydrique :

$$2Fe + 6HCl + C^6H^5AzO^2 = 2FeCl^3 + 2H^2O + C^6H^5AzH$$

fer — acide chlorhydrique — nitrobenzène — chlorure de fer — eau — aniline

L'aniline est un liquide incolore de saveur brûlante et d'une odeur peu agréable; elle bout à 182°; sa densité à 0° est 1,036. Elle est vénéneuse.

Les oxydants donnent avec l'aniline des réactions colorées caractéristiques.

L'aniline sert à fabriquer une grande quantité de matières colorantes.

La première matière colorante dérivée de l'aniline est la *mauvéine*. C'est un violet.

En faisant agir l'acide azoteux sur le chlorhydrate d'aniline, on obtient un produit qui teint la soie et la laine en jaune.

La *fuchsine*, d'un beau rouge, résulte de l'action de l'acide arsénique sur l'aniline.

Le *noir d'aniline* dont la constitution est encore peu connue, se produit sur le tissu même, par réaction. On imprègne le tissu de chlorhydrate d'aniline, de chlorate de potassium et de sulfure de fer. On expose ensuite à l'air qui favorise l'oxydation et on lave. Le noir apparaît et reste fixé.

Le bleu de diphénylamine dérive aussi de l'aniline.

# Toluidines

$$C^6H^4 \diagup \genfrac{}{}{0pt}{}{CH^3}{AzH^3}$$

**506.** — On connaît trois toluidines obtenues en réduisant les trois nitrotoluènes. Les plus employées sont l'orthotoluidine et la paratoluidine.

L'oxydation d'un mélange d'aniline, d'orthotoluidine et de paratoluidine donne une base dont le chlorure est la *fuchsine*.

# Naphtylamines

## $C^{10}H^7AzH^2$

**507.** — Il existe deux naphtylamines isomères, que l'on distingue par les lettres grecques α et β.

La naphtylamine α fond à 50°, la naphtylamine β fond à 112°.

On obtient les naphtylamines par l'action de l'ammoniaque sur les naphtols α et β.

Les naphtylamines servent à la préparation de nombreuses matières colorantes.

### COMPOSÉS AZOIQUES ET DIAZOIQUES

**508.** — Les composés azoïques et diazoïques sont très importants à cause de leurs applications dans la fabrication des matières colorantes artificielles.

*Composés azoïques.*

Ils sont le résultat de la substitution de 2 radicaux aromatiques $C^6H^5$ à 2 atomes d'hydrogène du groupe $Az^2H^2$.

Ex. :
$$\begin{array}{l} Az.\ C^6H^5 \\ \| \\ Az.\ C^6H^5 \end{array}$$
azobenzène

La composition de ces corps montre une double liaison de 2 atomes d'azote unis entre eux par 2 valences et de deux radicaux aromatiques divalents.

Les composés azoïques sont relativement stables. On peut leur ajouter 2 atomes d'hydrogène ou 1 atome d'oxygène ou encore 2 atomes de brome. On obtient ainsi des dérivés.

## Composés diazoïques.

Ils résultent de la substitution d'un seul radical aromatique $C^6H^5$ à 1 atome d'hydrogène du groupe $Az^2H^2$

Ex. :

$$Az. C^6H^5$$
$$\|$$
$$Az. Cl$$

chlorure de diazobenzène

Leur composition fait voir également une double liaison de 2 atomes d'azote, mais l'un d'eux est uni à un radical aromatique et l'autre est uni soit à du chlore, du brome, à un radical d'acide ou groupe $AzH^3$ ou à l'oxhydrile OH.

Les composés diazoïques sont instables. Ils réagissent sur les phénols et les amines, donnant ainsi des dérivés.

---

TRENTE-SIXIÈME LEÇON

# CARBURES TÉRÉBÉNIQUES
# CAMPHOLS, CAMPHRES,
# ESSENCES NATURELLES
# RÉSINES, BAUMES

## CARBURES TÉRÉBÉNIQUES

**509.** — Les carbures térébéniques ou terpènes répondent à la formule $(C^{10}H^{16})^n$. Ils existent dans des essences, des baumes, dans les pins et sapins. Les essences de citron, de bergamote, de lavande, de valériane, etc., sont principalement formées de terpènes.

# Térébenthène

**510.** — Le plus important des terpènes est le térébenthène, carbure de l'essence de térébenthine. C'est un liquide incolore dont l'odeur rappelle celle du camphre. Il sert à la préparation du camphre artificiel. Il a aussi les mêmes usages que l'essence de térébenthine.

L'essence de térébenthine est extraite de la résine du *pin maritime*. La résine est l'objet d'une exploitation considérable dans le département des Landes. La tige du pin est dénudée partiellement sur une grande longueur avec une hachette. Au bas de la blessure est attaché un pot de terre dans lequel s'écoule la résine. Elle s'oxyde et se solidifie à l'air. Le résidu de la distillation de la résine forme la *colophane* qui sert à donner aux cordes à violons de la résistance à l'archet.

L'essence de térébenthine est un liquide incolore, d'une saveur caustique, d'une odeur caractéristique rappelant celle de la résine. Elle dissout les corps gras, les résines, le soufre et le caoutchouc. On emploie l'essence de térébenthine dans la fabrication des vernis et de la peinture à l'huile. Elle a plusieurs applications en médecine, notamment, comme contrepoison du phosphore.

# Caoutchouc, Gutta-percha

**511.** — Le caoutchouc et la gutta-percha sont aussi des carbures d'hydrogène qui peuvent prendre place à côté des carbures térébéniques.
**Caoutchouc.**

Le caoutchouc est en suspension dans le suc laiteux de certaines plantes qui croissent à l'équateur. On l'extrait, comme la résine, au moyen de blessures faites à certains arbres tels que le *Ficus elastica*, le *Siphonia elastica*, qui croissent au Brésil, aux Indes et au Gabon.

Au bout de quelques heures, l'écoulement du suc s'arrête et la blessure se cicatrise. Après avoir réuni dans un même vase le suc recueilli, on y plonge des planchettes auxquelles le suc adhère. On passe les planchettes dans une flamme fumeuse de bois vert, qui fait se coaguler le suc. On plonge de nouveau les planchettes dans le suc frais, puis on les passe encore dans la flamme. Lorsque l'épaisseur du caoutchouc qui s'est attaché aux planchettes, est jugée suffisante on l'enlève en le fendant avec un couteau. On obtient ainsi le caoutchouc brut, qui, après avoir été ramolli par la chaleur, est transformé en feuilles, en tubes, en objets divers.

Les emplois du caoutchouc sont fondés sur son élasticité, qu'il ne conserve cependant qu'à des températures déterminées. Le froid en effet le durcit et la chaleur au contraire le ramollit.

En dehors des tubes, des fils, des feuilles, des vêtements, des chaussures, on fait encore en caoutchouc durci, appelé dans ce cas *ébonite*, des peignes, des boutons, des baleines artificielles, etc.

On conserve au caoutchouc son élasticité en le combinant avec le soufre. Après avoir séché l'objet en caoutchouc dans une étuve, on le plonge dans un bain composé de chlorure de soufre et de sulfure de carbone. Ce caoutchouc-là est dit *vulcanisé*.

## Gutta-percha.

La gutta-percha est une substance analogue au caoutchouc. C'est un suc fourni par la sève de l'*Isonandra-percha,* arbre très commun dans la Malaisie, à Bornéo et à Java. On recueille la sève comme la térébenthine, au moyen d'incisions.

A froid, la gutta-percha est rigide, elle fond à chaud. Elle s'altère à l'air. On peut la vulcaniser comme le caoutchouc. Elle sert à faire des moules pour la galvanoplastie; on en revêt aussi certains fils télégraphiques.

## CAMPHOLS, CAMPHRES

**512. — Camphols.** — Les camphols, appelés encore alcools campholiques ou bornéols, sont des alcools secondaires qui dérivent des terpènes. Le camphol $C^{10}H^{18}O$ est fourni par le *Driabalanops camphora,* arbre qui croît dans les îles de la Sonde. Il se présente en petits cristaux incolores, à odeur de camphre et de poivre et de saveur brûlante. Le camphol est insoluble dans l'eau, mais soluble dans l'alcool. Oxydé, le camphol se transforme en camphre :

$$C^{10}H^{18}O \quad + \quad O \quad = \quad C^{10}H^{16}O \quad + \quad H^2O$$

camphol    oxygène    camphre    eau

**513. — Camphres.** — Les camphres dérivent des camphols par la perte de 2 atomes d'hydrogène. Ce sont des cétones des camphols. Il existe trois camphres isomères, droit, gauche et inactif, dont l'action est différente sur la lumière polarisée, mais qui ont les mêmes propriétés chimiques. Le camphre ordinaire ou camphre droit est une matière blanche à moitié transparente, à odeur forte et aromatique, à saveur amère et brûlante. Il brûle avec une flamme fuligineuse. Il est soluble dans l'alcool et l'éther. Il est plus léger que l'eau : il surnage et s'anime de mouvements giratoires.

Sous l'action d'un oxydant, par exemple, l'acide azotique avec lequel on le chauffe, il donne, comme produit principal, de l'acide camphorique $C^{10}H^{16}O^4$.

Le camphre ordinaire est extrait du *Laurus camphora*, arbre qui croît en Chine et au Japon. Le bois débité en minces fragments est jeté dans un récipient plein d'eau, que l'on fait bouillir. La vapeur de camphre qui se dégage avec la vapeur d'eau est condensée. Le camphre obtenu ainsi, est ensuite raffiné dans des ballons de verre chauffés sur un bain de sable porté vers 200°. Le camphre se sublime à la partie supérieure des ballons.

Le camphre est employé en médecine comme calmant. Dissous dans l'alcool et dans l'huile, il donne l'alcool camphré et l'huile camphrée recommandés, dans certains cas, pour faire des frictions. C'est un antiseptique employé pour la conservation des fourrures. On en consomme de grandes quantités pour fabriquer le celluloïd.

**514. — Menthol.** — Le menthol ordinaire $C^{10}H^{20}O$ constitue la majeure partie de l'essence de menthe poivrée. C'est un corps cristallisé blanc qu'on appelle quelquefois *camphre de menthe*. Il est très peu soluble dans l'eau, mais il l'est dans l'alcool et l'éther. C'est un antiseptique puissant; il est employé en médecine particulièrement en inhalations dans les affections du larynx et de la trachée.

## ESSENCES NATURELLES

**515.** — Les essences naturelles sont généralement des mélanges de terpènes avec différents autres corps : alcools, aldéhydes ou acétones. Les essences ont des propriétés voisines; elles laissent comme les huiles une tache sur le papier, mais qui disparaît sous l'influence de la chaleur. Ce sont des substances volatiles, d'apparence huileuse, ayant chacune une odeur particulière fraîche et vive.

On extrait les essences de plusieurs manières :

1° Par enfleurage. Les fleurs sont mises en contact avec des graisses inodores qui absorbent les essences. Celles-ci sont extraites par macération. La graisse est mise dans un malaxeur qui contient de l'alcool. Après que le tout a été suffisamment malaxé, on laisse reposer : l'alcool parfumé reste au-dessus.

2° Par distillation. Les végétaux sont broyés dans de l'eau et le tout est mis dans un alambic à distiller.

3° Par expression. On retire ainsi les essences du citron, de la bergamote, du cédrat.

## Principales essences.

D'amandes amères, — d'angélique, — d'anis, — de bergamote, — de cannelle, — de citron, — de cumin, — d'eucalyptus, — de géranium, — de girofle, — d'iris, — de jasmin, — de laurier, — de lavande, — de menthe poivrée, — de moutarde noire, — de myrte, — de romarin, — de roses, — de serpolet, — de térébenthine, — de thym, — de valériane, — de verveine, — de violette. Disons que cette dernière n'est pas extraite de la violette, mais d'un corps appelé *ionone* qui a l'odeur de la violette. La ionone est une cétone.

# RÉSINES, BAUMES

**516. — Résines.** — Les résines sont dues à l'oxydation lente des essences, au contact de l'air. Ce sont des corps solides, jaunâtres ou bruns, amorphes, à cassure vitreuse, insolubles dans l'eau, mais solubles dans l'essence de térébenthine et les huiles grasses. Les résines forment avec les alcalis des composés insolubles dans l'eau, appelés *savons de résine*. On rencontre des résines dans un grand nombre de végétaux, notamment chez les Conifères.

Il arrive souvent que la résine est associée à l'essence de laquelle elle dérive. On donne à ces produits le nom d'*oléo-résines*. Les résines sont insolubles dans l'eau, mais elles se dissolvent dans l'essence qui les a produites et dans l'alcool et l'éther.

Les résines contiennent quelquefois un excès d'essence qu'on peut recueillir au moyen de la distillation. Tel est le cas de la térébenthine, qui est le type des oléo-résines. On en retire par la distillation l'essence de térébenthine.

Comme les résines brûlent en donnant une abondante fumée, elles servent à la confection de tourbes; les produits de la combustion constituent du noir de fumée.

Les principales résines sont la colophane, le copal et l'ambre.

Le copal est fourni par l'écorce et la racine de l'*hymenaea courbaril*, arbre qui croît dans l'Afrique orientale. Mélangé avec de l'huile de lin et de l'essence de térébenthine, le copal constitue un vernis pour la carrosserie.

L'ambre est une résine fossile que l'on trouve dans les lignites des terrains tertiaires, notamment en Sicile. Il sert à confectionner des objets d'orfèvrerie.

**517. — Baumes.** — Les baumes sont des matières analogues aux résines. On admet que les baumes sont formés d'essence, de résine et d'un acide libre, qui est ordinairement de l'acide *cinnamique* ou de l'acide *benzoïque*.

Le *benjoin* est un baume qui résulte des incisions faites au *Styrax benjoin*, arbre qui croît surtout à Sumatra et à Java.

Le *baume de Tolu* est extrait du *Myrospermum toluiferum*, arbre qui croît au Venezuela et en Colombie.

TRENTE-SEPTIÈME LEÇON

# MATIÈRES COLORANTES

**518. — Généralités.** — Jusque vers la moitié du xixe siècle, les matières colorantes employées dans l'industrie étaient fournies directement par la nature, lorsqu'en 1856, un savant anglais, William Perkin, découvrit une couleur violette dérivée du goudron de houille : la *mauvéine*, première couleur d'aniline. Depuis cette époque, les recherches scientifiques faites dans cette voie ont donné des résultats tels, que presque toutes les matières employées aujourd'hui sont demandées à des dérivés fournis par la distillation du goudron de houille. Les couleurs artificielles se chiffrent par milliers.

Teindre une étoffe, ce n'est pas seulement la tremper dans une matière qui la colore momentanément, c'est fixer la couleur chimiquement ou mécaniquement, de manière qu'elle reste. Et la matière colorante est fixée soit directement, soit par l'intermédiaire d'une autre substance appelée *mordant*, fixée elle-même sur le tissu. Pour cela, on combine les matières colorantes de telle manière qu'elles forment avec les tissus des composés colorés, le moins possible solubles dans l'eau savonneuse.

Les matières textiles animales, soie et laine, ont une certaine affinité naturelle pour beaucoup des colorants naturels et artificiels; mais les matières textiles végétales, coton, lin, chanvre, n'ont que peu d'affinité pour les colorants. On supplée à ce manque d'affinité en « mordançant », c'est-à-dire en fixant sur le tissu un oxyde métallique, qui formera avec la matière colorante une *laque* ou combinaison insoluble.

Les oxydes d'aluminium, de fer, de chrome, de cuivre, d'antimoine, sont les plus employés. Le mordançage se fait généralement de la manière suivante : On plonge l'étoffe : 1° dans un bain de tannin; 2° dans la dissolution d'un oxyde et quelquefois d'un sel métalliques. on obtient ainsi un tannate qui fixe assez solidement la matière colorante.

## MATIÈRES COLORANTES NATURELLES

**519.** — Les principales matières colorantes naturelles sont :

**Indigo.** La matière tinctoriale de l'indigo est l'*indigotine* : $C^8H^5AzO$; elle est bleu foncé, à reflets de cuivre. Elle est insoluble dans l'eau. On l'extrait des feuilles soumises au rouissage au moment de la floraison d'une plante de la famille des légumineuses, l'*Indigofera*, qui croît aux Indes. Les plantes coupées sont abandonnées pendant douze heures dans des cuves en présence de l'eau. Le liquide est décanté et abandonné aussi à son tour à l'air; on l'agite de temps en temps. Il se colore en bleu. La matière colorante se dépose; on le recueille, on la filtre et on la sèche.

L'indigotine a la propriété de s'hydrogéner en présence de l'eau et des corps réducteurs : il en résulte une matière colorante soluble dans l'eau; on l'appelle *indigo blanc* : $C^{16}H^{12}Az^2O^2$.

L'indigotine se transforme aussi en indigo blanc lorsqu'elle est mise en présence d'acide pyrosulfurique dans lequel elle se dissout.

**Cochenille.** Belle couleur rouge fournie par la décoction d'un insecte de ce nom, qui vit sur une espèce de cactus du Mexique.

La matière colorante de la cochenille est un acide, l'acide carminique. Traitée par une dissolution d'alun, elle donne le carmin.

**Garance.** Plante de la famille des rubiacées dont les racines contiennent un principe colorant rouge. nommé alizarine. On la cultivait dans le département de Vaucluse. La garance donne un rouge vif sur mordant d'alumine, et un violet sur mordant de fer. L'alizarine est maintenant fabriquée au moyen de l'anthracène, corps retiré du goudron de houille.

**Quercitron.** Substance tinctoriale jaune extraite de l'écorce du chêne de même nom, qui croît en Amérique. Le quercitron donne un jaune franc avec le sulfate d'alumine, un brun olive avec le sulfate de fer.

**Gaude.** Plante herbacée qui croît un peu partout, dont on extrait une matière colorante jaune très solide.

**Campêche.** Le bois de campêche croît en Amérique. La décoction concentrée de copeaux de bois de campêche est employée pour donner les couleurs suivantes : violet avec mordant d'alumine, bleu avec sulfate de cuivre, gris avec mordant de chrome.

**Cachou.** Extrait sec provenant de l'évaporation des liquides dans lesquels on a traité certaines plantes, qui croissent généralement aux Indes. Avec un sel d'étain le cachou donne une nuance bois clair, avec le chrome une nuance loutre, avec des sels de fer une nuance olivâtre.

# Matières colorantes artificielles

**520.** — Les matières colorantes artificielles dérivées du goudron de houille procèdent toutes de substances incolores qui appartiennent à la série aromatique.

Les carbures d'hydrogène sont blancs; les matières qui, en plus du carbone et de l'hydrogène, contiennent encore de l'oxygène sont, à quelques exceptions près, également blanches. Ajoutons que les colorants le plus nombreux renferment de l'azote.

Pour qu'un carbure aromatique incolore acquière la propriété de produire une couleur, il faut qu'on y introduise un groupe organique comme $AzO^2$; $Az = Az$; $O - O$; etc. Ces groupes ont reçu le nom de **chromophores**. Le carbure qui contient un chromophore devient un **chromogène**.

Les chromogènes ne sont pas encore des matières colorantes utilisables : il sont en général peu colorés et n'ont pas d'affinité pour la fibre textile. On leur donne le pouvoir colorant et l'aptitude à teindre, en leur ajoutant au moyen de combinaisons diverses au moins un autre groupe salifiable tel que $OH$; $AzH^2$; $AzH(CH^3)$; $Cl$; $Br$, etc. Ceux-ci sont nommés **auxochromes**.

Tout revient donc à choisir des produits chromogènes et à les combiner avec d'autres substances, de manière que le corps qui en résulte contienne un ou plusieurs auxochromes.

La description de la fabrication des matières colorantes dépassant le cadre de ce livre, nous nous bornerons à énumérer les groupes de matières colorantes, sans donner de formules. Celles-ci sont généralement très complexes.

## Colorants dérivés du triphénylmétane.

Ex. : *Fuchsine,* d'un beau rouge, obtenue par l'action de l'acide arsénique sur l'aniline.

## Phtaléines.

Ex. : *Céruléine,* matière colorante verte, obtenue par l'action de l'acide sulfurique à chaud sur la galléine, phtaléine du pyrogallol.

## Colorants dérivés du diphénylmétane.

Ex. : *Auramine,* qui teint en jaune pur, solide, le coton mordancé au tannin et à l'émétique. On la prépare au moyen de l'action de l'ammoniaque sur la tétraméthyldiaminobenzophénone.

## Colorants nitrés.

Ex. : *Jaune-victoria,* servant à teindre la laine et la soie en jaune orangé.

On l'obtient en nitrant le crésylol, qui est un mélange d'orthocrésol et de paracrésol. Comme cette matière n'offre aucun danger, on l'emploie quelquefois pour colorer certaines matières alimentaires.

## Colorants azoïques.

C'est le groupe le plus nombreux des matières colorantes; la plupart sont rouges, mais on en trouve aussi de bleues et de violettes, en passant par toute la gamme des nuances qui les font suivre l'une à l'autre. On en trouve encore de jaunes, comme la *chrysoïdine.*

## Colorants azoxiques.

Ce sont des composés azoïques qui renferment de l'oxygène et un acide sulfoné sodique. Tel est le *Jaune-soleil* qui teint la laine et la soie en jaune rougeâtre sur bain acide. On l'obtient en traitant à chaud l'acide paranitrotoluène-sulfonique par la soude caustique.

## Colorants initrosés.

Ex. : *Dinitrorésorcine,* qui teint en vert foncé les tissus mordancés par l'oxyde de fer. On l'obtient par l'action à froid du nitrite de sodium sur la résorcine, en présence d'acide chlorhydrique.

## Colorants dérivés de l'acridine.

Ce groupe, peu important, ne contient que des colorants jaunes peu employés.

## Indophénols.

Les indophénols se produisent par oxydation d'un mélange de paraminophénols et de phénols. Les indophénols colorent en bleu.

## Azines.

Les azines comprennent trois catégories de matières colorantes :

1° Les *eurhodines* où l'on trouve, par exemple, le *Violet neutre* que l'on obtient par l'action du chlorhydrate de nitrosodiméthylaniline sur la metaphénylènediamine ;

2º Les *indulines* où l'on trouve le *Bleu coupier* qu'on obtient en chauffant un mélange d'aniline de nitrobenzène, d'acide chlorhydrique et de limaille de fer ;

3º Les *safranines*.

La safranine teint directement la laine et la soie en rose.

## Oxazines et thiazines.

Ex. : Bleu de méthylène, obtenu par l'action de l'hydrogène sulfuré et du chlorure ferrique sur la diméthylparaphénilinediamine.

On obtient ensuite le *Vert de méthylène* en faisant agir l'acide nitreux sur le bleu de méthylène.

## Primuline et thioflavine.

Ce sont deux matières colorantes jaunes. On obtient la primuline en chauffant la paratoluidine en présence du soufre.

## Colorants cétoniques.

On trouve dans ce groupe l'*alizarine* et ses dérivés et la série des couleurs dérivées de l'anthracène.

La matière colorante la plus importante du groupe est le *Jaune d'alizarine* qu'on obtient en chauffant le pyrogallol et l'acide benzoïque en présence du zinc.

---

TRENTE-HUITIÈME LEÇON

# GLUCOSIDES ET ALCALOIDES NATURELS

## GLUCOSIDES

**521.** — Les glucosides naturels sont des principes immédiats d'origine végétale qui ont la propriété de se dédoubler en deux parties : 1º une matière sucrée, qui est ordinairement le glucose ; 2º en diverses autres matières qui appartiennent généralement à la série aromatique.

Parmi les principaux glucosides nous citerons :

La **salicine**, principe amer que l'on trouve dans l'écorce du saule.

La **coniférine** qui se rencontre dans la sève des conifères.

La **saponine** qui existe dans beaucoup de végétaux, notamment dans la saponaire.

La **digitaline** qui est extraite des feuilles de digitale. C'est un corps très vénéneux. On l'emploie en médecine pour ralentir les mouvements du cœur.

# ALCALOIDES

**322.** — On donne le nom d'alcaloïdes naturels à certains composés azotés extraits des végétaux. Ils peuvent s'unir aux acides, comme l'ammoniaque, pour donner des sels. Comme les bases, quelques-uns exceptés, ils bleuissent le papier de tournesol et neutralisent les acides minéraux.

Les alcaloïdes sont nombreux. Nous ne parlerons que des plus importants.

ATROPINE : $C^{17}H^{23}AzO^3$.

Elle existe dans toutes les parties de la belladone. C'est un corps solide incolore, d'une saveur amère, soluble dans l'alcool et le chloroforme. C'est une base puissante dont les sels sont vénéneux. Le sulfate neutre d'atropine est employé dans les maladies des yeux; il dilate la pupille. Le contrepoison de l'atropine est le tannin.

COCAÏNE : $C^{17}H^{21}AzO^4$.

On la trouve dans les feuilles de coca, arbrisseau d'Amérique. C'est un corps solide, soluble dans l'alcool et l'éther. La cocaïne est employée dans les petites opérations chirurgicales : injectée sous la peau, elle anesthésie pendant un court instant la partie touchée.

NICOTINE : $C^{10}H^{14}Az^2$.

Elle existe dans les feuilles de tabac à l'état de sels. C'est un liquide incolore, oléagineux, d'odeur irritante, de saveur âcre, soluble dans l'eau, l'alcool et l'éther. C'est un poison violent.

ACONITINE : $C^{34}H^{47}AzO^{11}$.

On l'extrait de la racine d'Aconit napel. C'est un corps solide soluble dans l'alcool, l'éther et le chloroforme. Elle est très vénéneuse.

ALCALOIDES DES PAPAVÉRACÉES.

Les alcaloïdes principaux des papavéracées sont fournis avec l'opium par le pavot.

L'opium est le latex qui s'écoule du pavot incisé. C'est un liquide laiteux et épais. Après qu'il a été recueilli, il se coagule à l'air, brunit et se dessèche. L'opium est formé de diverses substances dont les principales sont : la morphine, la narcotine, la papavérine, la codéine, la thébaïne et la narcéine.

L'opium brut n'a pas d'usage, mais il sert à la préparation de plusieurs médicaments parmi lesquels nous citerons le *laudanum*, *l'élixir parégorique*, l~ *diascordium*.

L'opium est un poison.

**MORPHINE : $C^{17}H^{19}AzO^3$.**

La morphine est une substance incolore, inodore, de saveur amère ; l'alcool absolu en dissout la 24e partie de son poids. Les sels de morphine sont solubles dans l'alcool et dans l'eau. Le chlorhydrate de morphine est employé en médecine en injections sous-cutanées, comme calmant. La morphine est un poison.

**CODÉINE : $C^{18}H^{21}AzO^3$.**

La codéine est une substance solide inodore, de saveur amère, soluble dans le chloroforme ; l'eau en dissout la 80e partie de son poids. C'est un poison violent.

**PILOCARPINE : $C^{11}H^{16}Az^2O^2$.**

La pilocarpine est extraite des feuilles de Jaborandi, arbuste du Brésil. C'est un liquide épais, incolore, soluble dans l'eau, l'alcool et le chloroforme. Le chlorhydrate de pilocarpine est employé en médecine. C'est l'antagoniste de l'atropine : il contracte la pupille.

**STRYCHNINE : $C^{21}H^{22}Az^2O^2$.**

La strychnine est extraite de la *noix vomique*, graine du *strychnos nux vomica*, arbre de l'Inde, de l'Indo-Chine et de Ceylan. La strychnine est un corps solide, soluble seulement dans le chloroforme ; sa saveur est excessivement amère. C'est l'un des poisons les plus violents que l'on connaisse : une dose de 2 centigrammes est mortelle pour l'homme. Elle est employée en médecine, le plus souvent sous forme d'arséniate.

**ÉMÉTINE : $C^{30}H^{44}Az^2O^4$.**

L'émétine est extraite de la racine de l'*Urayoga ipecacuanha*, arbrisseau du Brésil. L'émétine est un corps solide amorphe, incolore, altérable à l'air et à la lumière ; il est soluble dans l'alcool, l'éther et le chloroforme. Ce corps est utilisé en médecine sous le nom abréviatif d'*ipéca* ; il est prescrit comme vomitif.

**QUININE : $C^{20}H^{24}Az^2O^2$.**

La quinine est extraite de l'écorce de quinquina.. Les quinquinas sont des arbres qui croissent dans l'Amérique tropicale. La quinine est un corps solide, amorphe, blanc, inodore, de saveur très amère ; elle est soluble dans l'alcool, un peu moins dans l'éther. Les sels de quinine sont employés en médecine comme fébrifuge : ce sont généralement le sulfate ordinaire ou basique, le chlorhydrate, l'acétate et le bromhydrate.

**COLCHICINE** : $C^{22}H^{25}AzO^6$.

La colchicine est extraite des bulbes de colchique, petite plante dont les fleurs bleu-lilas émaillent à l'automne les prairies d'Europe. C'est un corps solide, soluble dans l'eau froide, très amer. C'est un poison violent. On l'emploie en médecine comme purgatif; on prescrit aussi la colchicine contre la goutte et le rhumatisme.

**ERGOTININE** : $C^{35}H^{40}Az^4O^6$.

L'ergotinine est retirée de *l'ergot de seigle*. L'ergot de seigle est une excroissance produite sur le grain par un champignon. L'ergotinine est un corps solide amorphe employée en médecine en injections sous-cutanées.

On extrait de l'ergot de seigle l'**ergotine**, poudre brune, amère, qui a la propriété d'exciter la contraction musculaire. On l'emploie en médecine dans le cas d'hémorragie.

# MATIÈRES ALBUMINOIDES



## NOTIONS
## SUR LES MATIÈRES ALBUMINOIDES

**525.** — Le nom de matières albuminoïdes dérive d'*albumen* ou blanc d'œuf où l'albumine a d'abord été découverte. Les matières albuminoïdes constituent la plus grande partie des tissus des animaux. Ces matières sont composées de quatre éléments essentiels qui ne font jamais défaut : carbone, hydrogène, oxygène et azote; il s'y ajoute presque toujours du soufre et accessoirement du phosphore et du fer. Si la masse des tissus animaux est formée de substances albuminoïdes, c'est que les animaux trouvent ces substances dans les végétaux dont ils se nourrissent. On rencontre en effet dans les végétaux à chlorophylle des éléments albuminoïdes fabriqués aux dépens des sels minéraux qu'ils absorbent.

Les matières albuminoïdes sont généralement solides, amorphes, inodores et à saveur faible. Les unes, comme le blanc d'œuf, sont solubles dans l'eau : elles s'y coagulent lorsqu'on les soumet à la cuisson; les autres ne le sont pas. Aucune n'est soluble dans l'alcool ni dans l'éther. Incristallisables, elles sont réfractaires à la dyalise, elles ne traversent pas les membranes. Elles se décomposent sous l'action de la chaleur en gaz carbonique, ammoniaque, carbures d'hydrogène, produits oxygénés, etc. Hydratées dans le tube digestif des animaux auxquels elles servent de nourriture, elles se transforment en *peptones* solubles. La composition des peptones est naturellement très voisine de celle des matières albuminoïdes; elles sont très solubles et directement assimilées par les tissus. Aussi, injectées dans le torrent sanguin, elles sont immédiatement absorbées.

Les albumines sont puisées par l'organisme dans les matières alimentaires. Les produits de décomposition qui en résultent, solubles dans l'eau, sont entraînés par le torrent sanguin. Le rein a pour fonction de recueillir l'eau en excès qu'il expulse au dehors dans les urines, en même temps que les résidus des décompositions dissous, tel l'azote de l'albumine utilisé.

Abandonnées à l'air, les matières albuminoïdes deviennent la proie des ferments putrides et se transforment en produits divers, hydrogène sulfuré, hydrogène phosphoré, azote, ammoniaque, acides gras, etc., d'odeur repoussante. La putréfaction (engendrée par des bactéries et des champignons) dont elles sont le siège produit des matières analogues aux alcaloïdes, appelées *ptomaïnes*, qui sont très toxiques.

Les matières albuminoïdes sont mises en évidence au moyen de plusieurs réactions : le ferro-cyanure de potassium auquel on ajoute un peu d'acide acétique permet de les déceler dans un liquide où elles se trouvent en quantité infime; en présence du sulfate de cuivre ou de la potasse, elles prennent une coloration bleue ou violette.

Les sels métalliques donnent avec l'albumine des composés insolubles dans l'eau appelés *albuminates*. Ils sont solubles dans les alcalis concentrés.

La désassimilation des matières albuminoïdes qui ont nourri l'animal donne lieu à des produits nouveaux divers, dont le dernier terme est l'*urée*, le gaz carbonique et l'eau. L'urée est la principale forme sous laquelle l'azote est éliminé de l'organisme.

Les principales matières albuminoïdes sont : l'*albumine*, la *fibrine*, l'*osséine*, la *gélatine*, la *chondrine*, la *caséine*, le *gluten*, la *légumine* qui provient des graines des légumineuses (haricots, pois, lentilles), c'est une caséine.

## ALBUMINE

**524.** — L'albumine est constituée par le blanc d'œuf, dans lequel on trouve encore des sels divers et de l'eau. L'albumine existe dans le sérum du sang et dans la lymphe. Elle constitue encore le *gluten* des céréales.

Le blanc d'œuf se dissout dans l'eau en donnant un liquide filant qui est coagulé par la chaleur.

L'albumine coagulée n'est plus soluble dans l'eau, mais elle se dissout dans les alcalis.

Les acides minéraux coagulent généralement l'albumine.

L'acide chlorhydrique la transforme en une substance non coagulable par la chaleur, appelée syntonine.

L'alcool précipite l'albumine.

On peut extraire l'albumine du blanc d'œuf de la manière suivante : on dissout des blancs d'œufs dans un acide étendu. On concentre la dissolution et on la place dans un dyaliseur. C'est un vase dont le fond, constitué par une feuille de papier parchemin, plonge dans une cuvette d'eau distillée. Après quelques jours, l'acide a traversé la feuille de papier parchemin et il ne reste sur le dyaliseur qu'une solution pure d'albumine. On l'évapore.

L'albumine est une matière solide, amorphe, transparente. Elle est soluble dans l'eau.

L'albumine est employée comme mordant dans la teinture des étoffes.

Elle est employée aussi pour clarifier le vin : en se coagulant, elle forme un voile qui entraîne les impuretés.

## PEPTONES

**525.** — Les peptones sont des matières qui résultent de la digestion des albuminoïdes. Car les albuminoïdes ne sont assimilés par l'organisme qu'après avoir été, par les sucs gastrique, pancréatique et intestinal, transformés en peptones. La composition des peptones est par conséquent très voisine de celles des albuminoïdes. Les peptones sont très solubles dans l'eau. Elles ont la propriété de se combiner avec d'autres matières pour donner des sels. Elles sont dyalisables. C'est sous cette forme que la médecine les emploie comme reconstituants. Tel est, par exemple, le peptonate de fer.

## HÉMOGLOBINE

**526.** — L'hémoglobine est une substance albuminoïde qui contient du fer et du soufre; c'est un pigment rouge qui colore les *hématies* ou *globules* rouges du sang. C'est sur l'hémoglobine que se fixe l'oxygène dissous que la respiration amène dans les poumons, y formant un composé stable qui se dissocie ensuite dans les tissus. C'est encore sur l'hémoglobine que se fixe ensuite le gaz carbonique produit dans l'organisme qui s'échappe en fin de compte par les poumons où se fait l'échange que l'on appelle l'*hématose* : absorption d'oxygène et rejet de gaz carbonique.

On peut séparer l'hémoglobine en la dissolvant dans l'eau qui détruit les globules. L'hémoglobine isolée est, chose remarquable, la seule substance albuminoïde qui peut cristalliser. Sous l'action d'un acide ou d'un alcali, l'hémoglobine se dédouble en deux substances : l'une, albuminoïde, appelée *globuline*; l'autre, ferrugineuse, nommée *hématine*.

L'hémoglobine pouvant se combiner avec l'oxyde de carbone et former un composé stable, il est dangereux de respirer de l'oxyde de carbone, par exemple près d'un poêle à combustion lente qui tire mal. L'échange gazeux ne peut plus se faire alors dans les poumons et l'asphyxie et la mort s'ensuivent.

## FIBRINE

**527.** — La fibrine se trouve dans le sérum du sang. Lorsque quelques gouttes de sang frais sont abandonnées à elles-mêmes, on voit le sang se diviser en deux parties : l'une molle, c'est le *caillot*; une autre liquide, c'est le *sérum*. Le caillot est formé, en dehors des globules, d'une multitude de petits filaments. Ils sont constitués par de la fibrine qui est la cause de la coagulation. La fibrine peut être séparée par un battage du sang avec un petit balai : elle s'y attache.

La fibrine est une matière isomère de l'albumine, blanche, insoluble dans l'eau, dans l'alcool et l'éther.

Le sang est recherché pour clarifier le sucre à cause de la fibrine qu'il contient.

La fibrine du sang n'est pas assimilable par l'organisme; mais la fibrine des muscles qu'on obtient en lavant la chair à grande eau est assimilable. Elle peut être transformée en syntonine par l'acide chlorhydrique.

## OSSÉINE

**528.** — Les os sont composés de deux substances : une matière organique, l'osséine, pour un tiers, et une matière minérale, cabonate et phosphate de calcium, pour les deux autres tiers. Nous avons vu dans la préparation du phosphore qu'en traitant les os par l'acide chlorhydrique, on enlève les matières minérales et on isole l'osséine. L'osséine est une substance solide, blanche, élastique, que l'eau bouillante transforme en gélatine. C'est ce qui arrive dans la préparation du *pot-au-feu*. Les os mis avec la viande ajoutent de la gélatine au bouillon. Or, comme ces matières sont plus riches en azote qu'en carbone, elles bonifient un peu le bouillon.

## GÉLATINE

**529.** — La gélatine n'existe pas dans les tissus des animaux; c'est un produit de la transformation de l'osséine des os et de la peau sous l'action de l'eau bouillante. Lorsque la matière refroidit, elle se prend en gelée qu'on découpe et qu'on sèche à l'étuve.

La gélatine est un corps solide, inodore, transparent, cassant. Elle est insoluble dans l'eau froide : elle s'y ramollit seulement et s'y gonfle.

La gélatine chauffée avec de l'acide sulfurique étendu, se transforme en glycocolle, appelé *sucre de gélatine,* à cause de sa saveur qui se rapproche de celle du glucose.

La gélatine est utilisée dans la cuisine. On en fait, mélangée au bromure d'argent, des pellicules pour la photographie. Comme elle est inaltérable à l'air, on l'emploie encore souvent comme colle; elle constitue la colle forte employée en ébénisterie.

La *colle de poisson,* fabriquée avec la vessie natatoire de l'esturgeon, est de la gélatine à peu près pure; elle sert à coller le vin. On l'emploie dans l'apprêt de certaines étoffes.

La *colle de Flandre* est préparée avec la gélatine extraite des peaux, surtout des peaux de lapin. C'est avec la colle de Flandre qu'on fait la *colle à bouche.*

La *colle forte* est fabriquée avec des déchets organiques divers.

## CHONDRINE

**530.** — La chondrine est extraite des cartilages soumis à l'ébullition dans l'eau.

La chondrine, comme la gélatine, se prend en gelée par le refroidissement. Elle n'a pas d'usage propre. On la mélange simplement à la gélatine.

## LAIT

**531.** — Le lait est un aliment complet. C'est un liquide blanc, opaque, savoureux, qui renferme de la *caséine,* des *globules gras* d'une extrême finesse émulsionnés dans la masse, du sucre nommé *lactose,* et des *matières minérales.* Toutes ces substances, en proportions diverses, forment au total environ le septième d'un volume de lait : le reste est de l'eau.

Ce sont les globules gras, partie la plus légère du lait, qui, après un repos suffisant, montent à la surface et y forment la couche onctueuse, jaunâtre, qu'on appelle la *crème*. Peu de temps après, la caséine se coagule en grumeaux, c'est-à-dire se solidifie en parcelles molles nommées *caillé*. Le caillé nage dans un liquide bleuâtre appelé *petit-lait*; il y reste aussi le sucre en partie décomposé.

Dans la pratique, on n'attend pas que la crème se sépare du lait : on l'enlève mécaniquement. On fait tourner rapidement le lait dans une *écrémeuse* (fig. 139); c'est un vase cylindrique placé debout, la crème qui est la partie la plus légère du lait monte à la surface.

Le lait est très altérable. Abandonné à l'air, il devient la proie du bacille lactique et il fermente. Pour le conserver un jour ou deux de plus, il faut le faire bouillir ou l'additionner d'un peu de bicarbonate de

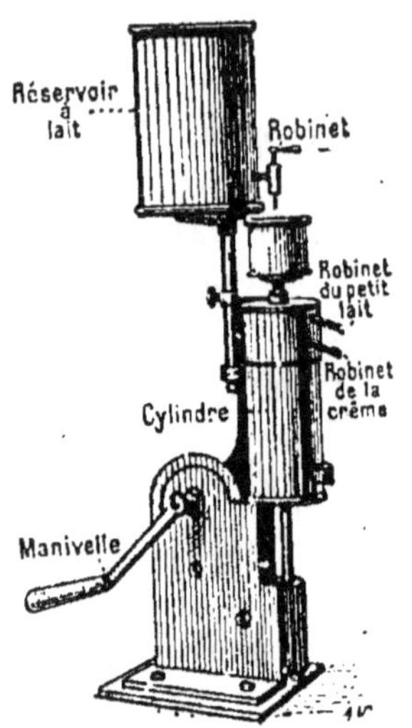


Fig. 139. — Écrémeuse.

sodium, qui empêche la fermentation et retarde la coagulation de la caséine. Pour conserver le lait on emploie encore le formol à la dose de 0 gr. 03 à 0 gr. 04 par litre.

On stérilise le lait en le chauffant au bain-marie dans des flacons bouchés, à 70°, pendant deux heures. Cette température détruit le bacille lactique.

De la crème on extrait le *beurre*. Le caillé est transformé en *fromage*. Le petit-lait est rejeté ou donné aux animaux de la ferme.

Pour séparer le beurre de la crème, il suffit d'agiter celle-ci violemment. Cette séparation est faite

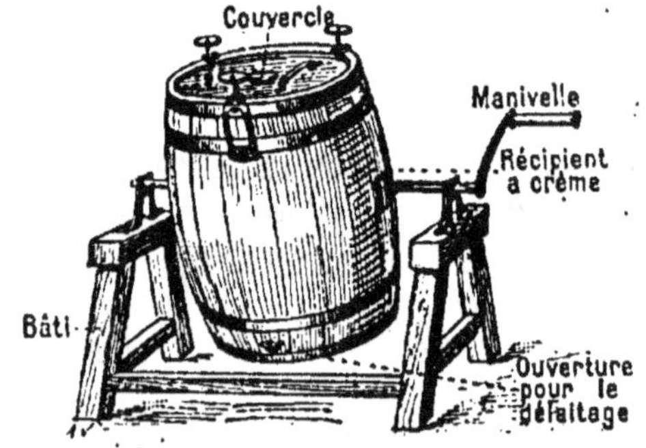


Fig. 140. — Baratte.

ordinairement dans un petit tonneau (fig. 140) appelé *baratte*. Il est traversé suivant son axe, dans le sens de sa longueur, par une tige de fer armée de palettes, qui repose sur deux tourillons. Une manivelle est fixée à la tige. Lorsqu'on tourne la manivelle, les palettes frappent la crème et la divisent; alors les globules gras se soudent entre eux en une masse jaunâtre d'odeur agréable. La partie liquide est du petit-lait.

Le beurre est éminemment altérable. Il doit être pétri et lavé à grande eau, pour être débarrassé des éléments étrangers qu'il a entraînés. Il ne faut jamais le toucher avec les mains; on le triture avec des palettes de bois.

Le beurre ne peut pas se conserver frais au delà de quelques jours. On peut le conserver pendant quelque temps en l'enfermant dans des pots après l'avoir salé, et mieux après l'avoir fait fondre.

Les fromages, dont la variété est considérable, sont préparés soit avec du caillé seul, soit avec du lait partiellement écrémé, soit avec du lait non écrémé du tout. On fait coaguler artificiellement le lait en y incorporant une petite quantité d'une substance appelée *présure,* qui est de l'estomac de veau. La présure contient certains ferments qui lui donnent sa propriété.

## *CASÉINE*

**532.** — La caséine est une substance albuminoïde; c'est la partie nutritive essentielle du lait. Lorsque le lait se caille, le caillé est la *caséine;* c'est la partie du lait qui constitue le fromage.

La caséine pure est un corps solide, amorphe, blanc, insoluble dans l'eau, soluble dans le carbonate de sodium, insoluble dans les acides.

Le bicarbonate de sodium ou le formol qu'on ajoute au lait pour le conserver, neutralisent l'acide lactique à mesure qu'il est produit par la fermentation lactique, et retardent ainsi la coagulation de la caséine.

Les fromages sont fabriqués avec le lait, grâce à l'action des ferments de la présure. La caséine précipite en grumeaux blancs. Comprimée dans des moules, elle constitue les fromages frais.

Lorsqu'on les laisse exposés à l'air, ils deviennent le siège d'une fermentation butyrique et l'on obtient de la sorte les fromages *faits.*

Les fromages *gras* proviennent d'un lait non écrémé; les fromages *maigres* d'un lait écrémé.

Quelques fromages, comme le fromage de Gruyère, sont cuits.

# Gluten

**555.** — Le gluten est une matière albuminoïde végétale qui existe dans les graines des céréales où, dans l'albumen, elle forme comme un réseau dont chaque maille enchâsse un grain d'amidon. Par conséquent, le gluten se trouve dans la farine lorsqu'on a moulu le grain. On obtient le gluten en malaxant de la farine sous un léger filet d'eau. L'eau entraîne l'amidon et il reste une masse grise, molle, élastique, qui est le gluten. C'est la partie azotée de la farine.

Le gluten pur est employé à faire des pains pour les diabétiques qui ne doivent point absorber d'amidon, lequel est transformé en sucre par la digestion.

C'est avec le gluten additionné de farine que l'on prépare les pâtes diverses qui servent à faire le macaroni, le vermicelle, etc.

**554. — Mouture. Panification.** — On moud le blé de deux manières :

La méthode la plus ancienne repose sur l'emploi de deux meules de pierres, placées horizontalement face contre face. On les rapproche ou on les éloigne l'une de l'autre à volonté. Ces meules sont traversées au centre par une tige d'acier, qui fait tourner seulement la meule supérieure. Le grain tombe entre les meules par un entonnoir ménagé autour de la tige. Il est déchiré, broyé, réduit en poudre. La farine et les pellicules d'enveloppes qui constituent le *son*, tombent au pourtour des meules.

Le second procédé, le plus répandu aujourd'hui, consiste à faire passer les grains successivement entre cinq paires de cylindres en fonte. Ces cylindres sont striés de petits canaux de plus en plus fins sur chaque paire. Les deux cylindres de la même paire tournent en sens contraire, comme un laminoir.

Dans la première paire de cylindres, le grain est fendu et le germe est enlevé. Dans les paires suivantes, surtout dans la dernière dont la surface est unie au lieu d'être striée, la farine est réduite peu à peu en une poudre impalpable.

La farine est séparée du son au moyen de plusieurs tambours en gaze, aux mailles de plus en plus fines. On fait passer le produit de la mouture à travers ces tambours; ils retiennent le son. Les tambours sont placés entre les premières paires de cylindres. Cette opération s'appelle le *blutage.*

Dans le procédé des meules, le blutage est exécuté après la mouture.

Le pain de farine de cylindres est plus blanc que le pain de farine de meules, mais il est un peu moins riche en matière azotée puisque le germe est rejeté.

Voici comment on fait le pain. On verse dans la farine de l'eau salée dont le poids est égal à la moitié du poids de la farine, et on y ajoute un peu de *levain*, pâte aigrie de la veille, ou de la levure de bière. Le levain ou la levure feront « lever » la pâte. On pétrit énergiquement. Lorsque la pâte pétrie, battue, déchirée et repétrie pendant longtemps, forme une masse bien homogène, on la laisse reposer pendant quatre ou cinq heures. Grâce au levain, il se produit dans la pâte du gaz carbonique. Ce gaz ayant besoin de beaucoup de place, soulève la pâte, la creuse d'innombrables cavités pour se loger. La pâte est ensuite mise au four.

# Œufs

**535. — Généralités.** — Un œuf de poule (fig. 141) est composé de quatre parties : au centre un globule jaune, appelé *vitellus*, formé surtout de matières grasses, enclos dans une enveloppe nommée *membrane vitelline*. Le jaune est maintenu en place par deux cordons appelés *chalazes*, formés par un tortillement des couches internes d'albumine.

Les chalazes s'attachent aux deux extrémités de la *membrane coquillière*. Celle-ci renferme le blanc de l'œuf com-

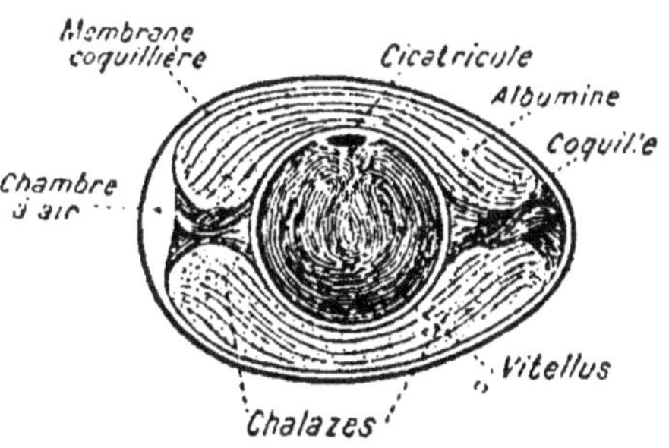


Fig. 141. — Coupe schématique d'un œuf.

posé de plusieurs couches d'albumine, substance azotée qui est le type des matières albuminoïdes. Enfin, sur la membrane coquillière se moule la *coquille*, composée de sels calcaires. Elle est poreuse, perméable aux gaz. La membrane coquillière est formée de deux membranes accolées l'une à l'autre, sauf vers le gros bout de l'œuf, où elles laissent entre elles un petit espace appelé *chambre à air*.

A la surface du jaune, on voit une petite tache transparente, nommée *cicatricule*. C'est une partie importante de l'œuf, aux dépens de laquelle se formera l'embryon, première forme du petit oiseau.

L'œuf, comme le lait, est un aliment complet. La coquille étant poreuse, l'œuf s'altère assez vite. On conserve plus longtemps les œufs en les mettant dans de la cendre, de la sciure de bois, de l'eau de chaux ou dans une solution de silicate de sodium. Le carbonate de calcium ou le silicate de sodium bouchent les pores de la coquille.

## CONSERVATION DES ALIMENTS

**556. — Généralités.** — La chair des animaux, les fruits, les légumes sont susceptibles de se putréfier. Il faut, pour les conserver, prendre certaines précautions. Les principaux moyens de conservation sont les suivants :

*Emploi des substances antiseptiques.* — Certains antiseptiques, d'une innocuité suffisante, détruisent les ferments et les germes qui se déposent sur les aliments. Le sel de cuisine est très propre à conserver les viandes. Pour que la salaison soit efficace, il faut que les morceaux de viande ne soient pas trop gros et que chacun d'eux soit frotté partout de sel, puis saupoudré avant d'être déposé dans le saloir. On les arrose tous les jours avec l'eau de saumure, que l'on pompe au fond du saloir. Après une quinzaine de jours on peut enfermer hermétiquement dans des tonneaux la viande salée.

La viande fumée est également conservée grâce à la créosote qui l'imprègne. On conserve les jambons de cette façon. On conserve encore la viande à l'aide du formol. On l'emploie généralement à la dose de 0 gr. 01 p. 100.

*Cuisson et privation d'air.* — Les aliments sont préparés comme s'ils devaient être consommés de suite. Ils sont enfermés dans des boîtes de fer-blanc et le couvercle est soudé de manière à ne laisser qu'un minimum d'espace libre. Par une ouverture ménagée, on achève de remplir avec la sauce, on ferme l'ouverture et on immerge la boîte pendant quelque temps dans l'eau bouillante. On conserve ainsi les viandes et les légumes.

On conserve bien aussi les viandes cuites en les divisant et en les enrobant de graisse dans des vases hermétiquement clos. Les viandes sont ainsi isolées de l'air et les ferments en sont éloignés. On conserve les condiments, cornichons, piments, etc. dans du vinaigre.

Certains fruits sont passés au feu et mis baignés dans un sirop de sucre. Crus, les fruits sont conservés dans l'alcool.

Les poissons tels que les sardines, le thon, sont, après avoir été cuits, placés dans des boîtes pleines d'huile chaude, dont le couvercle est ensuite soudé.

**Dessiccation.** — On peut conserver la viande en la découpant en lanières, que l'on fait sécher au soleil. C'est un procédé très ancien, puisque les historiens nous disent que lorsque les Huns envahirent la Gaule, les soldats d'Attila se nourrissaient de lanières de chair séchées, suspendues à la selle de leurs chevaux.

La dessiccation ne donne de bons résultats qu'avec les légumes et les fruits. Les pruneaux, les abricots, les pommes, les raisins, les figues desséchés se conservent très longtemps. Les légumes employés à préparer le potage nommé *julienne* (carottes, pommes de terre, etc.) découpés en lanières et séchés, se conservent aussi très longtemps. Les oignons, les ails, etc. sont consommés secs.

**Usages du froid.** — Les ferments ne se développent pas à une basse température : on peut par conséquent conserver certains aliments dans la glace. C'est ainsi qu'on expédie au loin le poisson de mer. On transporte d'Amérique en Europe des viandes, des légumes et des fruits, conservés dans des navires aménagés spécialement pour y produire le froid. Mais ce procédé a un inconvénient : comme le froid ne tue pas les ferments, les viandes sorties des chambres frigorifiques doivent être utilisées dans un court délai.

**Action de la chaleur.** — La chaleur est employée pour stériliser les boissons fermentées. On chauffe jusque vers 60° la bière et le vin mis en bouteilles. On stérilise de même le lait en le chauffant. On conserve de la même manière les viandes, les poissons, les légumes introduits dans des boîtes en fer-blanc où ils baignent dans des liquides spéciaux. Les boîtes fermées, au couvercle soudé, sont placées dans des autoclaves emplis d'eau, et chauffées sous pression jusque vers 110°.

Les légumes peuvent être conservés aussi dans des flacons emplis d'eau, que l'on fait bouillir au bain-marie. Toutes les ménagères font de cette façon des conserves de tomates,

# TABLE DES MATIÈRES

## CHIMIE MINÉRALE



## MÉTALLOIDES

## MÉTAUX



# CHIMIE ORGANIQUE

## SÉRIE AROMATIQUE

TYPOGRAPHIE FIRMIN-DIDOT ET Cⁱᵉ. — MESNIL (EURE).